R ... Edition

R绘图系统

（第3版）

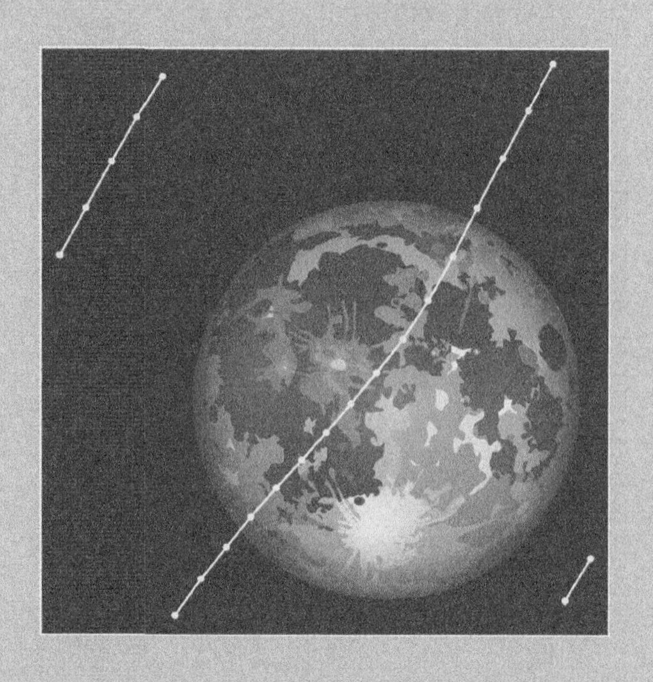

[新西兰] 保罗 · 莫雷尔（Paul Murrell） 著

刘旭华 译

人 民 邮 电 出 版 社

北 京

图书在版编目（CIP）数据

R绘图系统 ：第3版 / （新西兰）保罗·莫雷尔
(Paul Murrell) 著 ；刘旭华译. -- 2版. -- 北京 ：人
民邮电出版社，2020.12（2023.4重印）
ISBN 978-7-115-54360-8

Ⅰ. ①R… Ⅱ. ①保… ②刘… Ⅲ. ①自动绘图 Ⅳ.
①TP391.72

中国版本图书馆CIP数据核字(2020)第114335号

版权声明

◆ 著　　　　［新西兰］保罗·莫雷尔（Paul Murrell）
译　　　　刘旭华
责任编辑　王峰松
责任印制　王　郁　焦志炜
◆ 人民邮电出版社出版发行　　北京市丰台区成寿寺路 11 号
邮编　100164　　电子邮件　315@ptpress.com.cn
网址　https://www.ptpress.com.cn
固安县铭成印刷有限公司印刷
◆ 开本：800×1000　1/16
印张：23　　　　　　　　　2020 年 12 月第 2 版
字数：435 千字　　　　　　2023 年 4 月河北第 5 次印刷
著作权合同登记号　图字：01-2019-2395 号

定价：89.00 元

读者服务热线：(010)81055410　印装质量热线：(010)81055316
反盗版热线：(010)81055315
广告经营许可证：京东市监广登字 20170147 号

内容提要

R 作为一种流行的开源软件工具，具有强大的数据可视化能力，常用于统计分析和绘图。本书包括 4 个部分，共 13 章，介绍 R 核心绘图系统。为了说明 R 所绘制图表的多样性与复杂性，第 1 章给出关于 R 绘图设备的概述。第 1 部分着重讲述基础绘图系统。其中，第 2 章介绍基础绘图系统的简单用法，第 3 章关注如何自定义图形细节、组合多个图形以及向图形添加更多的输出。第 2 部分介绍 grid 绘图系统。其中，第 4 章和第 5 章分别详细介绍 lattice 包和 ggplot2 包，第 6 章和第 7 章则包括大量翔实的关于 R 绘图系统如何工作的内容，第 8 章对于如何开发新的绘图函数与对象给出介绍。第 3 部分介绍 R 绘图引擎。其中，第 9 章介绍控制 R 绘图输出的格式，第 10 章介绍指定颜色和字体的绘图参数。第 4 部分介绍整合 R 绘图系统。其中，第 11 章介绍利用 grImport 包和 grImport2 包将其他系统的图像导入 R 中，第 12 章关注组合绘图系统的问题，第 13 章介绍如何利用 R 绘图本身并不支持的高级绘图特征，特别是 gridSVG 包。

本书不仅适合 R 语言的初学者阅读，也适合 R 语言的中级用户和高级用户学习参考。

前言

作为一种流行的开源软件工具，R 常用于统计分析和绘图。在本书中，作者将聚焦于 R 所提供的强大的绘图库，以绘制出达到出版物水平的图表以及各类图形。

关于本书

本书介绍了 R 的核心绘图系统。第 1 章给出了对 R 绘图系统的概述。为了阐述 R 所绘制图表的多样性与复杂性，本章展示了大量用 R 绘制的图形，此外，为了让读者找到用于实现某个特定目标的绘图函数，本章还介绍了 R 绘图系统的总体组织结构。

R 绘图功能一个重要的特征是 R 中同时存在两个不同的图形绘制系统，即基础绘图系统和 grid 绘图系统。在 1.2 节，我们会给出如何在这两个系统中进行选择的建议。

本书的第 1 部分着重讲述了基础绘图系统。它实现了许多 S 语言（最初由贝尔实验室开发，在商业化应用中以 S-PLUS 形式出现）中“传统的”绘图功能。这个系统由 graphics 包提供。基础绘图系统早于 grid 绘图系统，基础绘图系统中有大量的绘图函数和包。然而，更现代的基于 grid 的系统，特别是 ggplot2 现在更流行。第 1 部分介绍了如何使用基础绘图函数，特别强调了如何对一个图形进行修改和添加输出以准确生成正确的最终输出。第 2 章介绍了用于生成完整图形的可用函数。第 3 章关注如何自定义图形细节、组合多个图形以及向图形添加更多的输出。

本书的第 2 部分介绍了 grid 绘图系统，该系统专属于 R 并且比基础绘图系统更加灵活。基于 grid 绘图系统的绘图设备主要由 3 个绘图包构成。

第 4 章介绍了 Deepayan Sarkar 基于 Bill Cleveland 的网格范式开发的 lattice 包，该绘图包提供了一组完整且一致的用于绘图的图形函数集。

第 5 章则详细介绍了 Hadley Wickham 的 ggplot2 包，该绘图包提供了另一组完整且一致的绘图函数集，该绘图包基于 Leland Wilkinson 的绘图范式语法。

最后讲述 grid 包本身，该包提供了一个能够操作低级、通用目标的绘图系统，以制作包含绘图在内的内容广泛的图像。lattice 包和 ggplot2 包都采用了 grid 来绘制图形，但是使用时不需要与 grid 同时存在。grid 包可以独立使用，或者以一种底层的方式参与 lattice 或者 ggplot2 包所生成图形的定制、修改和组合。第 2 部分剩下的章节介绍了怎样使用 grid 系统在一个空白页中绘制出一个场景。特别地，这里还讨论了怎样利用 grid 系统开发出新的便于供他人使用和构建的绘图函数。

本书第 3 部分关注 R 绘图引擎，它由 grDevices 包提供。R 绘图引擎由 graphics 和 grid 包的底层函数构成，为指定颜色和字体（参见第 10 章）以及控制 R 绘图输出的格式（无论是画在屏幕上还是以文件方式，比如 PDF 文档，保存图形，见第 9 章）等提供底层基础。

最后，第 4 部分介绍了 R 绘图系统与其他系统的整合。第 11 章介绍了如何利用 grImport 包和 grImport2 包将其他系统的图像导入到 R 中。第 12 章则关注利用 gridBase 和 gridGraphics 包组合 grid 和 graphics 输出的问题。第 13 章介绍了如何利用 R 绘图本身并不支持的高级绘图特征，特别是 gridSVG 包，生成包含诸如渐变填充和滤镜效果等特殊效果的 SVG 输出。

第3版所做的修改

本书第 1 版和第 2 版所介绍的 R 绘图系统中的大部分内容在这一版中仍然存在并且被频繁使用，但是在一些细节上已经做了大量的修改。第 3 版的一个主要目的是提供核心绘图引擎、基础绘图系统以及包含 lattice 和 ggplot2 包的 grid 绘图系统的更新信息。特别地，这一版对第 8 章进行了彻底的重写以适应所推荐方法的新变化，从而开发新的 grid 绘图元件。该章的主要例子也做了简化从而更容易展示和讨论开发新的绘图函数和对象时涉及的问题。

与第 2 版相比，第 3 版的主要变化在于重新组织了第 4 部分。在第 2 版中，这一部分尝试覆盖 R 绘图的大范围的应用，但是 R 绘图中可用的方式方法已经增长到仅关于这一部分的内容就能写出几本书的程度；事实上有许多书都包含着 R 绘图不同方面的内容（例如，Thomas Rahlf 的 *Data Visualisation with R*，Oscar Perpinan Lamigueiro 的 *Displaying Time Series, Spatiol, and Space-time Data with R* 等）。

第 4 部分的重新组织反映了这样一个变化，即本书的关注点回到了静态绘图。例如，不再有关于交互绘图一章的内容（这是一个发展非常活跃的领域，特别是为了网页使用而将 R 与 JavaScript 库连接起来）。第 3 版的重点在于能够以各种格式生成有丰富细节的自定义图形，能够分享和重用这些图形，以及能够在不同的系统整合图形（例如，关于在 R 中导入和组合图形的章节就被保留下来并做了拓展）。

如同之前一直做的，这一版仍然关注从代码生成绘图，以及由此产生的所有益处：自动化、重用和分享等。

本书特色

自从本书的第 1 版出版以来，有许多关于 R 的图书出版，其中也有许多包含甚至就是专注于用 R 绘图的。典型的例子如，Winston Chang 的 *R Graphics Cookbook*，Deepayan Sarkar 的 *Lattice: Multivariate Data Visualization with R*，以及 Hadley Wickham 的 *ggplot2: Elegant Graphics for Data Analysis* 等。

本书的一个特色是它明确了 R 中的绘图系统可以用来绘制超越统计图形的各种各样的图像。

本书的另一个独有特色是它提供了关于 R 核心绘图系统（即基础绘图系统和 grid 绘图系统）独有、完整的介绍。相比于 R 绘图的其他大部分书籍，本书更关注底层的概念。本书不仅包含创建完整图形的包和函数的概览，包括 lattice 和 ggplot2，而且包括如何修改这些图形的细节，进一步添加图形，以及组合这些图形或在其他系统中使用这些图形。如果你需要的话，本书的内容可让你从零开始或者从一张空白页开始绘制图形。

这本书仍未涉及的内容

这本书不包含对于特定形式的数据最适用于何种形式的绘图的讨论，同时亦不涉及如何绘制正确图形表达的指导原则。事实上，对于通常不被采用的某些形式的图形以及绘图元素，例如饼图以及交叉线填充模式，本书已经提供了一些合适的使用说明。

一旦确定了图形的格式以及尝试了展示数据集合的不同方式，本书中的内容将被应用于绘制相应的图形。没有哪种形式的图形会被故意排除在外，部分原因在于没有一个图形在任何情况下都是糟糕的（如一个饼图能够有效地表示简单的比例），还有部分原因在于某些绘图元素，例如交叉线，会被某个特殊的出版商要求应用。

R 绘图的灵活性鼓励用户不要局限于按照传统的形式绘图。这本书的目的是提供大量有用的工具并阐述如何去使用它们。本书还提供了其他关于绘图指导以及推荐的绘图形式的信息。

大多数统计学导论教材会包含如何选择合适的绘图类型的基本准则。下面列举的书籍专门介绍如何有效地绘图：Naomi Robbins 的 *Creating More Effective Graphs*，Edward Tufte 的 *Visual Display of Quantitative Information and Envisioning Information*。关于上述问题更技术性的讨论见于 Kevin Keene 的 *Graphics For Statistics and Data Analysis With R*，Bill Cleveland 的 *Visualizing*

Data and Elements of Graphing Data 和 Leland Wilkinson 的 *The Grammar of Graphics*。

关于如何采用适当的图形表示某些特殊类型的分析和特殊类型的数据，一些初步的讨论可见于 John Maindonald 和 John Braun 的 *Data Analysis and Graphics Using R*，John Fox 的 *An R and S-Plus Companion to Applied Regression*，Richard Heiberger 和 Burt Holland 的 *Statistical Analysis and Data Display*，Michael Friendly 的 *Visualizing Categorical Data* 以及 Antony Unwin 的 *Graphical Data Analysis with R*。

本书并不是一本完整的关于 R 系统的参考书。有许多免费的可用文档提供了关于 R 系统的介绍以及深度的解释。位于 R 项目站点主页的“Documentation”选项提供了最好的入门平台。这里有两本入门图书，一本是 Peter Dalgaard 的 *Introductory Statistics with R*，另一本是 John Verzani 的 *Using R for Introductory Statistics*。

本书适合的阅读对象

这本书适用于各类 R 语言的用户。对于那些刚入门的用户，本书给出了 R 绘图系统的总览，这有助于用户了解如何使用R的绘图函数以及如何修改或者在生成图形中添加新的元素。为了实现这个目标，第 1 章可以作为阅读的开始。特别地，在 1.2 节中关于使用哪种绘图系统的讨论会非常有趣。第 2、4 章和第 5 章提供了关于绘制标准图形的主要程序包的相关简介，学习这些章节有助于快速地入门。

对于 R 的中级用户，本书提供了在 R 中定制复杂绘图功能所需要的所有必要信息。由于 R 中有众多的软件应用，因此即使是常年使用 R 工作的人，仍有可能没有意识到 R 中那些重要并且有用的特征。本书可以帮助用户在 R 绘图系统中开阔眼界，并且指导用户正确使用 R 绘图工具工作。第 3、6 章和第 7 章包括了大量翔实的关于 R 绘图系统如何工作的内容。

对于 R 的高级用户，本书包含帮助用户开发一致的、可重用的并且可拓展的绘图函数所必需的内容。对于这些高级用户，请特别关注本书的第 6、7 章和第 8 章。

排版约定

本书介绍了大量的 R 函数并提供了许多代码示例。可以在 R 命令行中交互输入的示例代码格式如下：

```
> 1:10
```

这里 > 表示 R 的命令行提示符，其他内容则是由用户完成的输入。当一个表达式的长度超过一行的时候，其格式如下所示，超出一行后的内容会适当地缩进显示在接下来的行上：

```
> plot(1:10,1:10,col="blue",lty="dashed",
       axes=FALSE,type="l")
```

通常，由于本书中所介绍的函数只是用来输出图形的，因此运行一个函数所产生的结果将用一幅图来表示。对于函数返回的结果是一个值的情况，结果将显示在产生该结果代码的下方，其格式如下：

```
[1] 1 2 3 4 5 6 7 8 9 10
```

在本书的某些位置，会定义一个全新的 R 函数。这些代码通常可以写入一个脚本文件中并被 R 一步加载（而不是在命令行中输入多行代码），因此新 R 函数的代码将以下面的格式表示：

```
1  myfun<- function(x,y){
2    plot(x,y)
3  }
```

前面的行号清晰地展示了特定代码在脚本文件中的引用位置。

当需要调用脚本文件中的某个函数的时候，函数以打字机字体输入，其后跟一对圆括号，例如 `plot()`。

当需要引用函数中的参数或者赋予参数某个特定值的时候，同样以打字机字体输入，但是不需要在后面添加任何括号，例如，`x`，`y` 或者 `col="red"`。

当需要调用 R 中的 S3 类时，需要这样的格式声明：`"classname"` 类，并以打字机字体输入。其中，类名需要用双引号括起来。但是，当要使用类的一个实例对象时，格式声明则变成：`classname` 对象，以打字机字体输入，但是类名不需要加双引号。

版本信息

软件开发是一个持续性的过程，本书只能提供 R 绘图系统的一个简介。所有关于本书的介绍和示例代码可以正确运行在 3.4.0 版本的 R 系统上，但是未来的变化是不可避免的。本书第 1、2 部分以及第 3 部分的大部分内容也可以正确运行在 R 的早期版本中，但是本书并没有提及某些特定的不相容部分。

致谢

撰写本书新版的一个好处是它给我提供了一个难得的机会，让我能在著作中表达对 R 核心开发团队的感谢，他们的工作使得 R 变成了如此强大、可靠并且充满乐趣的系统。

同时，深深感谢广大为使 R 平台能够顺利推广而努力工作的团队及人员，包括 CRAN 以及 R-Forge 网站。

向那些大量的从 R 用户转变为 R 开发者并开发出种类繁多的 R 图形扩展包的人表达我的谢意。

最后感谢 Ju.，Ju. 是我最需要感谢而且一直需要感谢的人，感谢 Ju. 为我所做的一切！

Paul Murrell

奥克兰大学

新西兰

资源与支持

本书由异步社区出品，社区（https://www.epubit.com/）为您提供相关资源和后续服务。

配套资源

本书提供如下资源：

- 生成本书所有图片的 R 语言源代码；
- 书中配图。

要获得以上配套资源，请在异步社区本书页面中点击 配套资源 ，跳转到下载界面，按提示进行操作即可。注意：为保证购书读者的权益，该操作会给出相关提示，要求输入提取码进行验证。

如果您是教师，希望获得教学配套资源，请在社区本书页面中直接联系本书的责任编辑。

提交勘误

作者和编辑尽最大努力来确保书中内容的准确性，但难免会存在疏漏。欢迎您将发现的问题反馈给我们，帮助我们提升图书的质量。

当您发现错误时，请登录异步社区，按书名搜索，进入本书页面，点击“提交勘误”，输入勘误信息，点击“提交”按钮即可。本书的作者和编辑会对您提交的勘误进行审核，确认并接受后，您将获赠异步社区的 100 积分。积分可用于在异步社区兑换优惠券、样书或奖品。

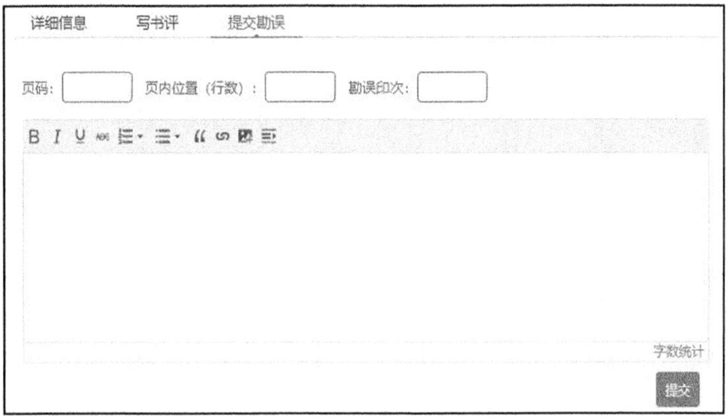

扫码关注本书

扫描下方二维码，您将会在异步社区微信服务号中看到本书信息及相关的服务提示。

与我们联系

我们的联系邮箱是 contact@epubit.com.cn。

如果您对本书有任何疑问或建议，请您发邮件给我们，并请在邮件标题中注明本书书名，以便我们更高效地做出反馈。

如果您有兴趣出版图书、录制教学视频，或者参与图书翻译、技术审校等工作，可以发邮件给我们；有意出版图书的作者也可以到异步社区在线投稿（直接访问 www.epubit.com/selfpublish/submission 即可）。

如果您来自学校、培训机构或企业，想批量购买本书或异步社区出版的其他图书，也可以发邮件给我们。

如果您在网上发现有针对异步社区出品图书的各种形式的盗版行为，包括对图书全部或部分内容的非授权传播，请您将怀疑有侵权行为的链接发邮件给我们。您的这一举动是对作者权益的保护，也是我们持续为您提供有价值的内容的动力之源。

关于异步社区和异步图书

“异步社区”是人民邮电出版社旗下 IT 专业图书社区，致力于出版精品 IT 技术图书和相关学习产品，为作译者提供优质出版服务。异步社区创办于 2015 年 8 月，提供大量精品 IT 技术图书和电子书，以及高品质技术文章和视频课程。更多详情请访问异步社区官网 https://www.epubit.com。

“异步图书”是由异步社区编辑团队策划出版的精品 IT 专业图书的品牌，依托于人民邮电出版社数十年的计算机图书出版积累和专业编辑团队，相关图书在封面上印有异步图书的 LOGO。异步图书的出版领域包括软件开发、大数据、AI、测试、前端、网络技术等。

异步社区

微信服务号

目录

第1章 R绘图简介

本章预览

本章介绍关于R绘图入门最基础的信息。首先，用一个3行的代码示例展示绘制一个图形的基本步骤。然后用一系列的示例展示R能够生成的图像种类。最后，用一节的内容介绍R如何组织其图形库，帮助读者寻找特定的函数。

下面这段代码展示了如何用R绘制一幅图形（见图1.1）:

```
> plot(pressure)
> text(150, 600,
       "Pressure (mm Hg)\nversus\nTemperature (Celsius)")
```

表达式 plot(pressure) 绘制了一幅反映压强和温度关系的散点图，图中包含坐标轴、坐标轴标签以及矩形边框。调用 text() 函数在坐标为 (150,600) 的位置添加文本标签。

这个例子只是R基础绘图的一个缩影，为了绘制图形并将其显示出来，用户需要调用一系列绘图函数，每一个绘图函数要么能绘制出完整的图形，要么能在已绘制图形的基础上添加新的元素。R的图形绘制模式遵循“画家模型”，即逐步绘制图形元素，在当前已绘制图形的基础上添加后续元素。

认可在R中通过写代码的方式生成图形是很重要的。有许许多多针对R的图形用户界面提供了各种菜单和对话框来绘制图形，然而利用代码仍然是通往完全实现R绘图强大功能的唯一途径。本书认为代码也是生成R图形的最好方式，有如下原因：代码能够记录你绘图的行为过程，所以我们可以很容易地重现所绘之图，能与别人分享绘图的方法，能调整绘图方法在图上进行改动而不需要每次都重头开始，我们还能利用编程工具比如循环语句有效地大量生成各种图形。另外，基于代码的绘图方式也非常适合版本控制工具，如 GitHub，以及适合那些提高再现性的工具，如 knitr 和 rmarkdown 等。

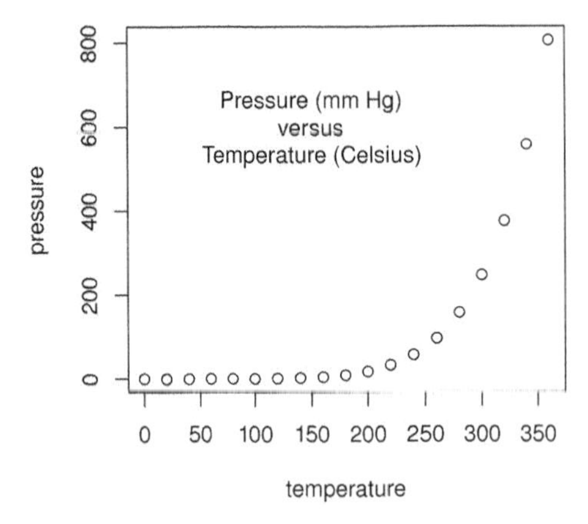

图1.1

一幅简单的散点图，该图表示水银气压温度计中水银压强作为温度的函数随着温度变化的走势。这里用到了两个简单的 R 表达式：一个表达式绘制基础图形，其中包括坐标轴、坐标轴标签以及矩形框，另一个表达式用来在图形中添加文本标签

R 和 R 的扩展包提供了许多绘图函数，因此，在描述单个绘图函数之前，1.1 节展示了 R 所能绘制的各种各样的图形。这为 R 用户提供了如何利用 R 绘图系统绘制他们所希望得到图形的思路。

1.2 节将简要介绍 R 中的绘图函数是如何组织的，这将为用户寻找完成特定任务的函数提供一些基本的思路。在本章的末尾，读者将会开始了解 R 核心绘图函数的更多细节。

1.1 R绘图示例

本节将通过一系列示例来介绍 R 的绘图功能。生成这些图形的源代码不在本书中列出，读者可以到异步社区本书页面下载这些源代码。目前，只是希望通过这些图形示例，读者能对 R 绘图系统有一个总体的印象。接下来是图形示例的简单介绍。

1.1.1 标准绘图

R 提供了标准统计图形所囊括的通用工具，包括散点图、箱线图、直方图、条形图、饼图以及基本的三维图形。图 1.2 展示了一些例子。

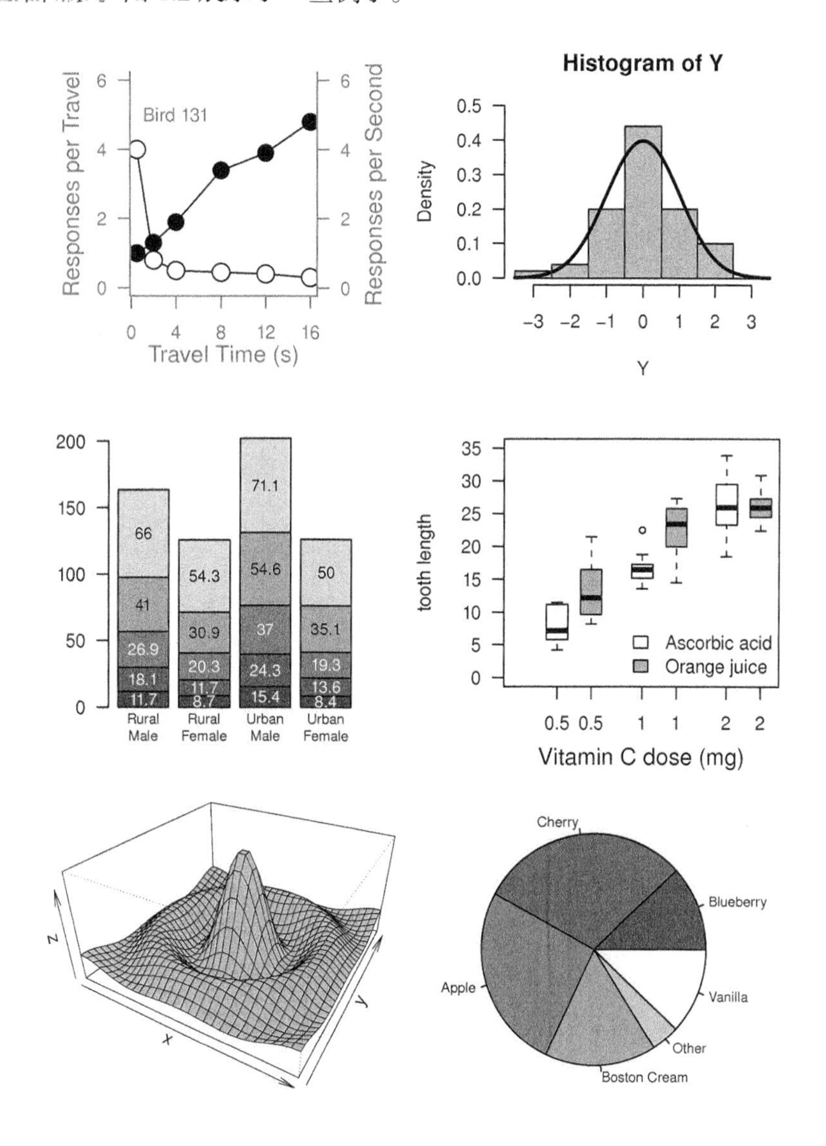

图1.2

R 绘制的一些标准图形：（顺序依次是从左到右和从上到下）散点图、直方图、条形图、箱线图、三维图以及饼图。在前 4 个例子中，在标准图形类型的基础上通过添加额外的标签、线段和坐标轴来实现对图形的扩充

在 R 中，这些基本的绘图类型可以通过一个简单的函数调用绘制（例如 `pie(pie.sales)` 将会绘制一个饼图），但是这些图形也可以被视为绘制更复杂图形的起点。例如，在

图 1.2 的左上角的散点图中，一个文本标签被添加到图形区域内（在图中用以标明一个对象的识别编号），同时，在图形的右侧添加了另一个 y 坐标轴。类似地，在直方图中，添加了一条曲线来对比理论正态分布与观测数据的差异。条形图中，在构成条形的每个元素中添加一个数字标签来表示每个元素对总的条形的贡献。此外，在箱线图中添加了图例来区分绘制出的两个不同数据集。

在基本图形单元的基础上添加更多图形元素进而绘制出最后的完整图形是 R 的基本特征。图 1.3 展示了 R 绘图的这种灵活性，在这幅图中，展示了如何通过统计散落在考古遗迹内破损碎片的数量来对器皿的原始数量进行估计：根据遗迹中的碎片来估量“完整”器皿的数量；一个理论关系用来从观测到的完整器皿给出“抽样比”的估计范围；另一个理论关系则确定了通过抽样比所得到的原始器皿数量。该图虽然基于简单的散点图，但是需要增加额外的曲线、多边形以及文字段，还要叠加多个坐标系来绘制出最后的图形。

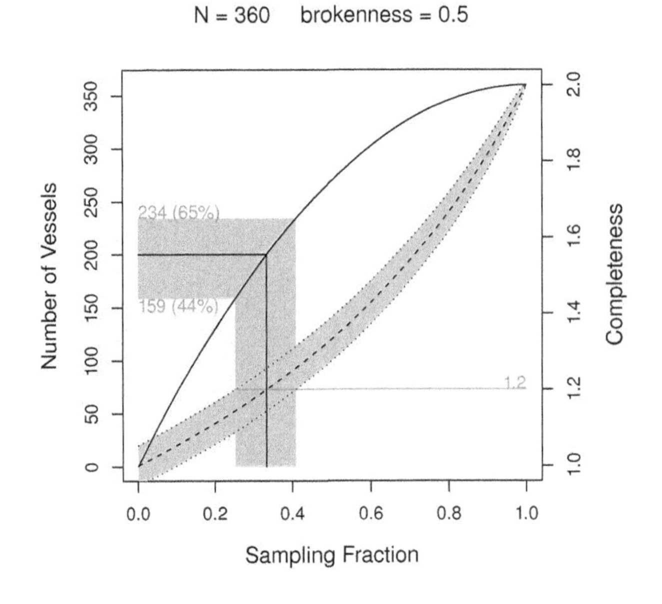

图1.3

一幅用 R 绘制的自定义散点图。该图是从一个简单的散点图开始，通过添加一条额外的 y 轴和一系列额外的包含线段、多边形以及文本标签的集合而绘制完成的

R 绘图系统允许精确地控制绘图的底层部分，这样的特性使得 R 所绘制的图形能够创造很多引人注目的效果（存在弱化数据中信息的风险）。图 1.4 则给出了这样一个例子，在这个例子中，只是用简单的条形图来反映老虎种群的数量，但是背景中的一只老虎头像却对图片起到

了画蛇添足的作用。

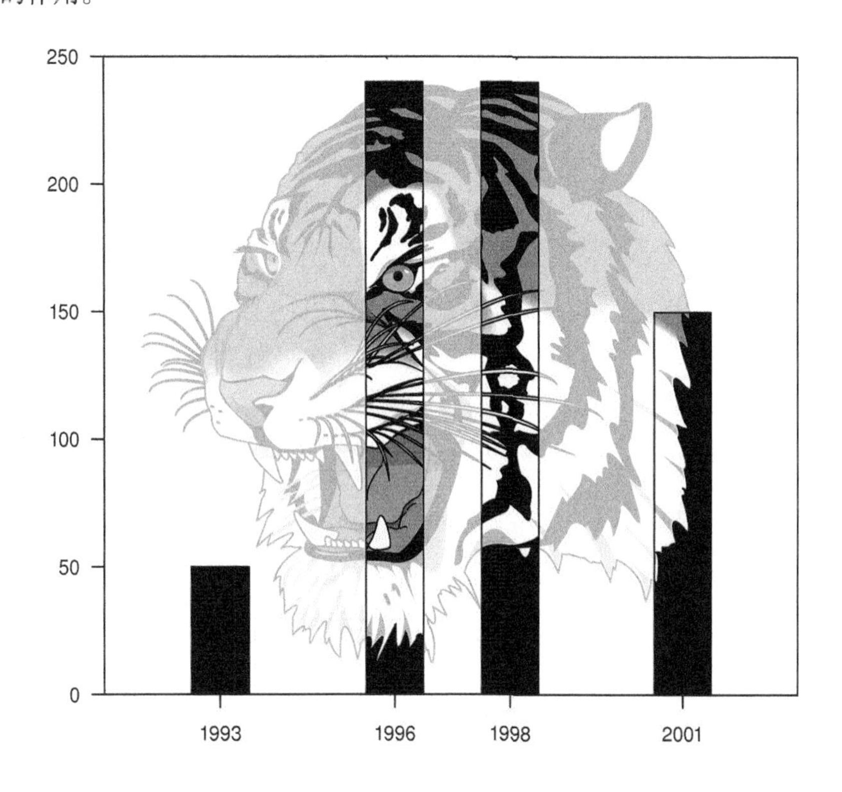

图1.4

一幅用R绘制的效果夸张的条形图。该图通过在一个简单条形图的基础上，添加浅灰色背景图像并且将图像与每个条形重合的部分加亮来实现

更多关于使用R绘图函数绘制标准图形的内容，参见第2章。第3章则阐述了更多在绘图时添加图形元素的方法。

1.1.2 框架图

除了基础的统计绘图，R还通过Deepayan Sarkar开发的lattice包实现了绘制框架图（trellis plots）的方法。框架图包含了大量由Bill Cleveland提出的设计原则，其目的是确保通过统计图形准确而忠实地传递数据背后的信息。在框架图中，这些原则贯穿于大量新型绘图类型、默认颜色、符号形状以及线条样式的选择中。此外，框架图还提供了一项特性："条件多框图"，其将数据按其他因子的水平分割成数据的不同子集，并按子集逐个绘制出一个多框统计图形。

图1.5展示了框架图的一个例子。采集到的数据表示的是在过去两年中，6个地点种植的不同品种的大麦的产量。该图由6个框图组成，每个框图对应一个地点。每个框图由一个表示

不同品种产量的点图组成，使用不同的符号来区分不同的年份，并且在框图上方用一个条带显示地点的名称。

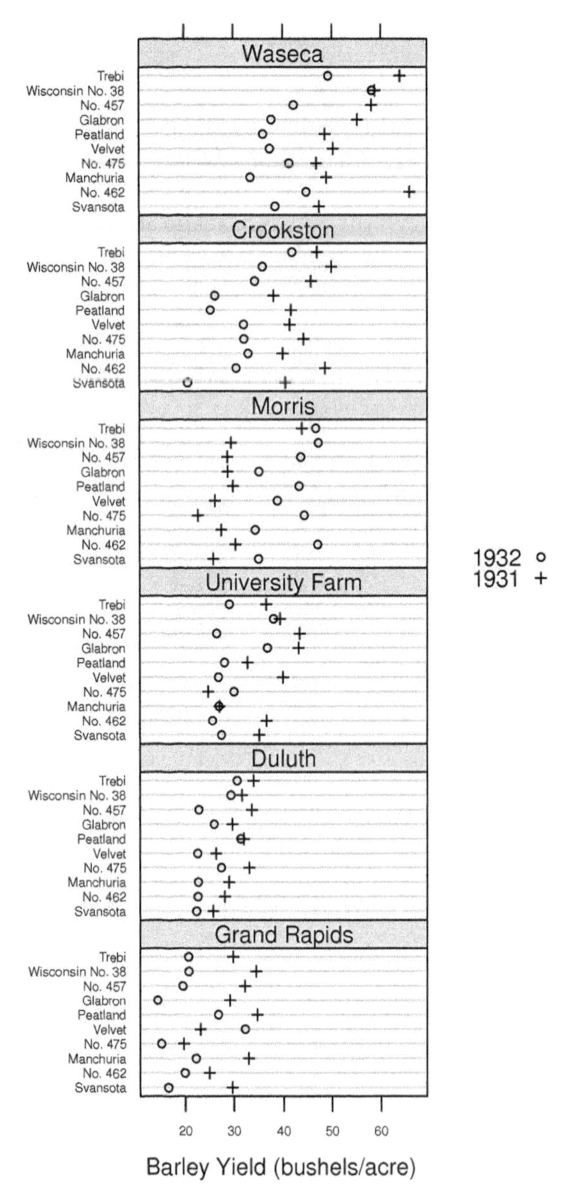

图1.5

使用 lattice 包绘制的单点框架图。该图展示了大麦产量和大麦品种之间的关系，不同的点图对应不同的试验地点，并且不同的图形符号对应不同年份采集到的数据。该图是对 Bill Cleveland 的 *Visualizing Data* 一书中的图 1.1 做了小幅修改（重新绘制获得了 Hobart 出版社的许可）得来的

更多关于框架图的介绍以及如何利用 lattice 包绘制框架图的内容参见本书第 4 章。

1.1.3　绘图语法

Leland Wilkinson 提出的绘图语法提供了另一个完全不同的绘图范式来绘制统计图形。绘制该种范式的图形已被 Hadley Wickham 开发的 ggplot2 包所实现。

应用此包的一个好处是，它使我们可以通过一组相对较小的基础图形元素集合绘制出大量不同种类的统计图形。此外，ggplot2 包还有一个被称为分面的特性，该特性类似于 lattice 包的多框架图。

图 1.6 展示了一幅用 ggplot2 绘制的图形示例。更多的关于 ggplot2 程序包的内容参见本书第 5 章。

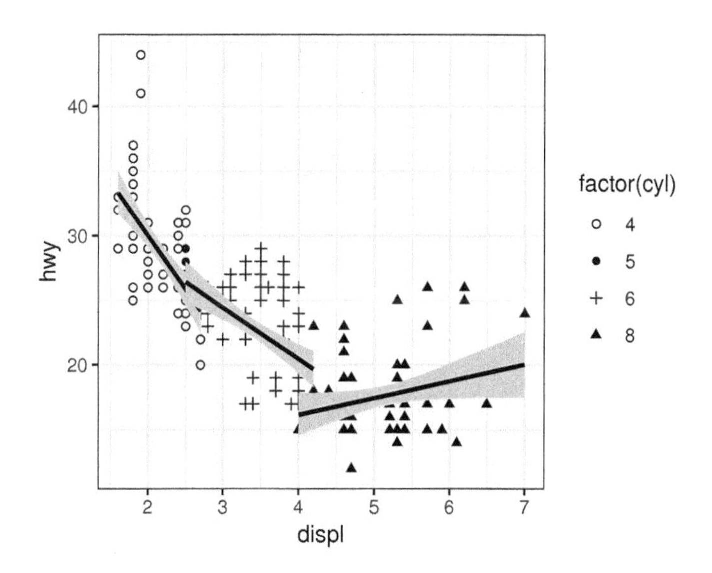

图1.6

一幅由 ggplot2 绘制的图形。该图反映了高速公路上每英里所耗油量（以加仑为单位）和发动机排量（以升为单位）之间的关系。图中所用到的数据基于发动机中气缸数目的不同被分成了 4 组，不同的绘图符号对应于不同的分组，并且该图同时展示了对每一组数据分别做线性拟合所得到的分段结果

1.1.4 绘制专门的图形

除了提供了各式各样用途广泛的绘制完整图形的函数，R 还提供了绘制单一图形单元的函数，例如线段、文本、矩形以及多边形。这为用户定义自己的函数去创建更多专业领域的图形提供了便利。这里有许多为实现特定目的而开发的 R 扩展包的例子。例如，图 1.7 展示了使用 quantmod 包绘制的金融图表。

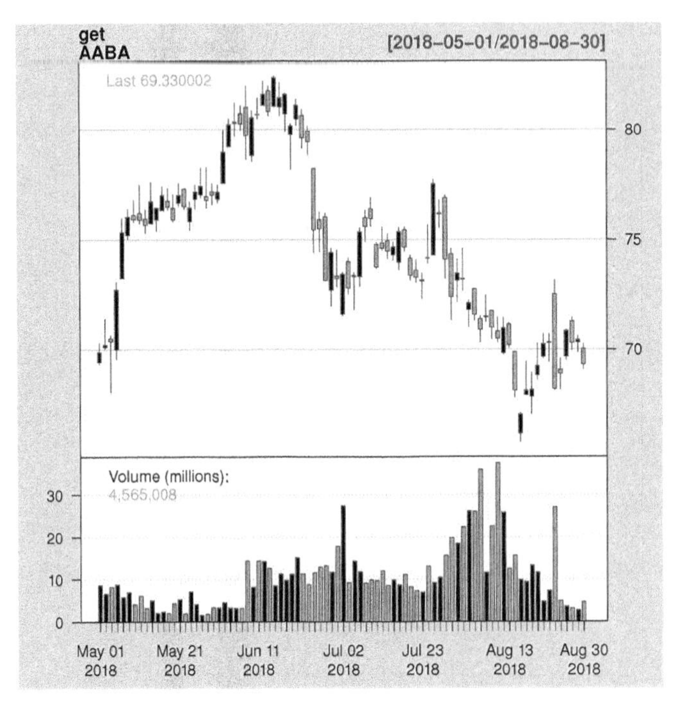

图1.7

一幅使用 quantmod 包中的 chartSeries() 函数所绘制的金融图

在某些情况下，研究人员会突发奇想创建一个适用于他们所研究数据的全新类型的图形。R 不仅是一个试验新式图形的优秀平台，它也非常适合研究者将自己的最新绘图技术分享给其他人。图 1.8 展示了一幅新颖的决策树图，可以把在每一个终端节点上的自变量的分布可视化（利用 party 包绘制）。在本书的第 4 部分会提到许多用于绘制不同图形的程序包及函数。

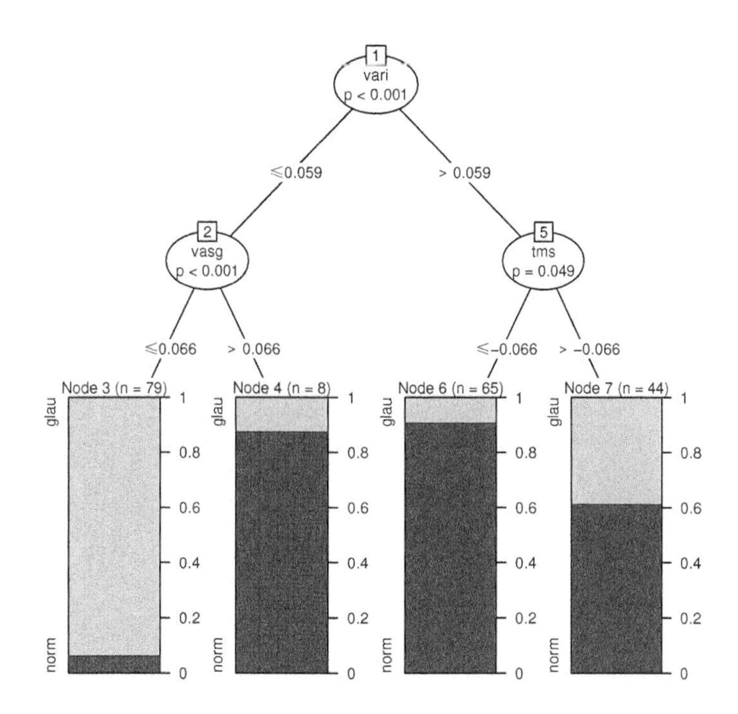

图1.8

一幅决策树图，将每个终端节点的因变量的分布可视化。该图是使用 party 包绘制的

更多关于如何应用基本绘图函数从一个空白页开始进而生成图形的内容参见第 3 章。grid 图形包提供了更加强大而灵活的工具去创建定制图形（参见第 6 章与第 7 章），特别是创建供他人使用的绘图函数（参见第 8 章）。

1.1.5　绘图背景综述

除了绘制传统意义上的统计图形，R 绘图功能的通用性和灵活性使得它还能够绘制出更加丰富多彩的图像，即使图像所展示出来的信息通常被认为是某些特殊的数据类型。一个很好的常见例子就是 R 将文本以表格样式组织起来作为图形元素嵌入图形中的能力，如图 1.9 所示。

R 还可以绘制那些用于辅助以可视化方式演示重要概念和教学要点的图形。图 1.10（由 Arden Miller 提供）给出了两个例子，这两个例子展示了 F- 检验的几何表示的扩展。R 还可以用来绘制不同类型的流程图，如图 1.11 所示。当然这些例子所展示出来的图形不可能通过调用单一的绘图函数来绘制，需要读者付出更多的努力才能最终实现。

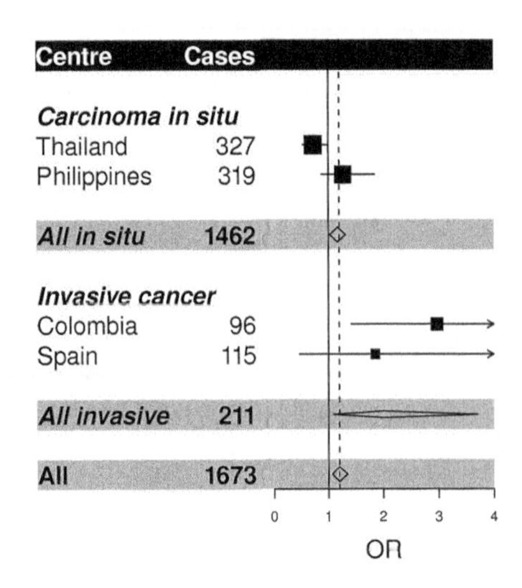

图1.9

一幅使用 R 绘图功能绘制的类表格图。该图给出了一组元分析结果的典型表示

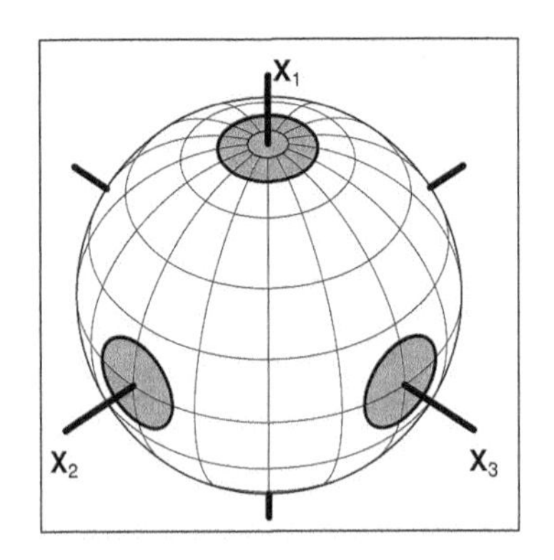

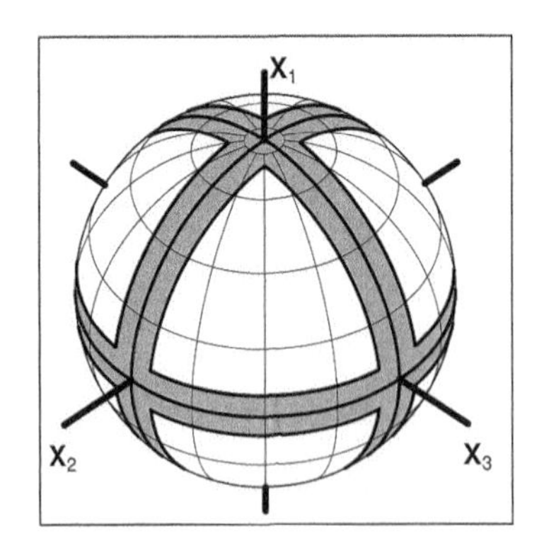

图1.10

使用 R 和 Arden Miller 开发的函数绘制的教学示意图。该图展示了对 F- 检验的几何表示的扩展

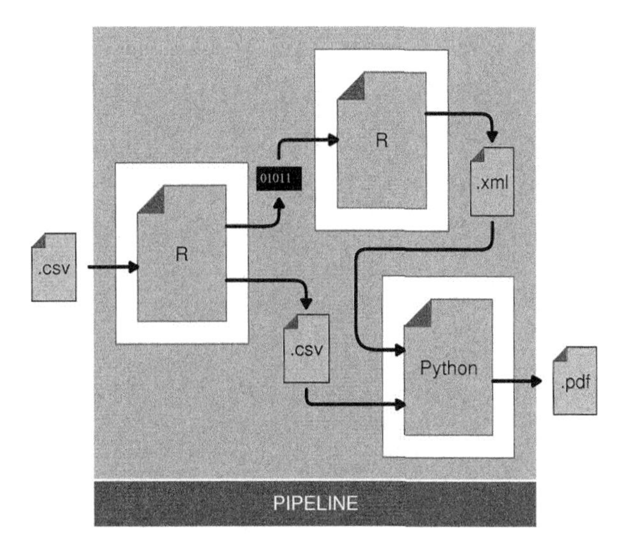

图1.11

使用 R 绘制的流程图

以上这些例子仅仅是 R(以及 R 的聪明且狂热的用户) 所拥有的强大绘图能力的小小展示。这些例子凸显出 R 绘图系统不仅可以用来绘制那些被认为只需付出少量努力就可以实现的标准绘图类型，还提供了强大的工具用于绘制通常意义上的除统计图形以外更加广泛的各类其他图形。

1.2 R绘图系统的组织结构

这一节简要介绍一下 R 核心绘图函数库中的函数和包是如何组织的，以使用户能够了解怎样开始寻找一个特定的函数 (见图 1.12)。

在 R 绘图工具库中占据核心地位的是 grDevices 包，该包可以被称为绘图引擎。grDevices 包提供了一系列 R 中的基本绘图函数，如选择颜色、字体以及选择绘图输出格式。尽管几乎所有的 R 绘图应用都使用了 grDevices 包，但是这其中绝大部分只需要通过学习一些基本知识即可掌握，所以关于该包中绘图函数的细节被安排在本书第 3 部分介绍。

在绘图引擎的基础上直接搭建了两个包：graphics 包和 grid 包。这两个包代表着两个巨大的不相容的绘图系统，并将 R 的绘图功能从主体上分割成了两个不同的部分。

graphics 包，也被称为基础绘图系统，提供了创建一系列丰富的通用图形要用到的完整函数集，以及用户在自定义图中控制非常具体的细节所需要的绘图函数。这些内容在本书第一部分将具体介绍。

grid 包则提供了一系列不同的基本绘图工具。它并没有提供绘制完整图形的函数，所以通常并不直接用于绘制统计图形。相反，人们广泛使用基于 grid 之上所开发的绘图包中的函数，特别是其中的 lattice 包和 ggplot2 包。这 3 个包构建起了 R grid 绘图系统中的核心，关于这 3 个包的介绍安排在本书的第 2 部分。

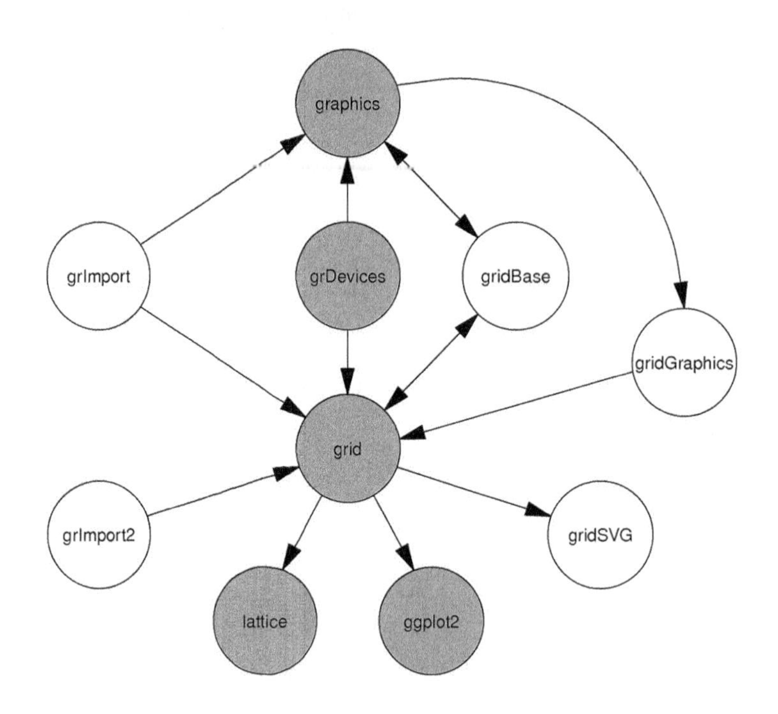

图1.12

R 绘图系统的结构。灰色背景的包构建起了绘图系统的核心。本书第 1 部分介绍了 graphics 包，第 2 部分会介绍 grid、lattice 和 ggplot2 包，第 3 部分会介绍 grDeivces 包。白色背景的包将在第 4 部分介绍，它们是一些 R 核心绘图系统内部或者与外部绘图系统整合的包

本书第 4 部分介绍了一些 R 核心绘图系统内部或者与外部绘图系统整合的包。如 gridBase 和 gridGraphics 包可以将基础绘图系统和 grid 绘图系统的绘图结果整合输出。grImport 和 grImport2 包提供了将外部图片导入 R 中的工具，gridSVG 包则提供了在 grid 绘图结果中加入复杂的 SVG 格式特征的工具。

此外，本书第 3 部分和第 4 部分还提到了其他一些绘图包，它们是内部绘制所用到的一

些主要的包。

基础绘图与 grid 绘图

R 中存在着两个不同的绘图系统：基础绘图系统与 grid 绘图系统。这就带来了一个问题：在什么时侯选用什么样的绘图系统？

对于某些以通过简单函数调用来绘制完整图形为目的的用户来说，如何选择绘图系统大多数时候依赖于需要绘制何种类型的图形。如果没有在现有图形上添加更多图形的需要，选择使用哪一种绘图系统很大程度上是无关紧要的。

如果有在现有图形上添加更多图形的需要，最重要的事情是要知道该用何种绘图系统绘制原始图形。通常，应该使用同一绘图系统添加额外的图形（尽管在第 12 章中提供了一种绕开这种限制的方法）。

对一系列通用标准图形来说，可以通过使用 lattice、ggplot2 和 graphics 包提供的函数来绘制 3 种不同样式的同类图形。作为通用准则，lattice 和 ggplot2 包所默认的样式通常会被优先使用，因为它们都是根据人们的认知规律而开发设计的，从而使得图形能够更好地传递信息。

对于多元数据集的可视化，lattice 和 ggplot2 包也提供了更多复杂精细的支持，例如要向一个简单的散点图中（有两个连续型变量）添加内容，可以通过对数据内不同子集使用不同的线段或者使用不同的图形符号来表示，或者通过对不同的子集绘制单独图形的方式来实现。

当然，使用 lattice 和 ggplot2 包中的高级特性也有代价：用户需要付出很大的努力学习并熟悉这些包所对应的知识体系。对于 lattice 包，用户需要专门学习如何显式地定制默认样式；而对于 ggplot2，则需要一段时间去适应 ggplot2 的设计理念，尽管掌握了这种理念就可以设计出更多一致且强大的图形样式。

总之，用户可能会从快速上手的角度选择基础绘图系统，但是从长远来看，lattice 和 ggplot2 包能够提供更多有效并且复杂精细的选项。

一个不同的问题是当绘制那些没有现成函数可以使用的图形时，需要借助低级绘图函数。在这种情况下，相比于基础绘图系统的低级函数，grid 绘图系统提供了更加广泛的可用选择，代价是需要深入学习一些概念。

如果用户的目的是创建新的绘图函数供其他人使用，那么 grid 绘图系统再一次提供了比基础绘图系统更好的支持，使用户更容易绘制混合了各类图形的复杂图形。

最后需要考虑的是速度。没有任何绘图系统能够盲目地被描述为快速的，但是基于 grid 的绘图系统的速度明显慢于基础绘图系统，并且这个缺点在某些应用中会表现得特别明显。

本章小结

R 绘图系统由一个核心绘图引擎和两个低级绘图系统（基础绘图系统和 grid 绘图系统）构成。基础绘图系统包含了很多高级函数用于绘制完整图形。搭建于 grid 绘图系统之上的 lattice 包和 ggplot2 包也提供了高级绘图函数库。许多扩展程序包为这两个绘图系统提供了更多的绘图工具，这意味着用户有可能利用 R 创造出许多丰富多彩的图形和图像。

第1部分
基础绘图

第2章　基础绘图系统的简单用法

本章预览

本章介绍基础绘图系统中主要的高级绘图函数的用法。这些函数用来绘制完整的图形，例如散点图、直方图以及箱线图。本章介绍了这些高级绘图函数的名称、调用这些函数的标准方法，以及一些能够丰富图形内容的标准参数。上面介绍的部分参数的内容在扩展绘图包的高级绘图函数中也是同样适用的。

这一章的目的是介绍基础绘图系统中会用到的一系列绘图的思想，为用户指明重点，并了解使用它们的标准方法。

虽然本书的关注点在于控制绘图的细节，但我们首先要有一张图来进行精细调整。这一章将介绍如何在基础绘图系统中绘制一系列完整图形。

构成基础绘图系统的绘图函数是由一个名为 graphics 的扩展包提供的，该扩展包会在以标准方式安装的 R 程序中自动加载。在非标准安装的 R 程序中，可能需要按下面的方法进行加载来调用基础绘图函数（当然，如果 graphics 包已经加载，下面的操作也不会造成任何影响）。

```
> library(graphics)
```

本章提到了许多 graphics 包中的高级绘图函数，但是并没有完全给出关于这些函数所有可能的使用方式。若想了解关于这些具体函数的详细内容，可以使用 help() 函数查阅相关帮助页面。例如，下面的代码展示了如何利用帮助页面显示 barplot() 函数的详细信息。

```
> help(barplot)
```

此外，还有一个方式可以帮助了解如何使用一个特定的绘图函数，即利用 example() 函数。该函数可以运行帮助文档中的“示例”代码。下面的代码将运行 barplot() 文档中的“示例”代码。

```
> example(barplot)
```

2.1 基础绘图模型

正如第 1 章开头所描述的那样，在基础绘图系统中创建一幅完整图形需要调用高级绘图函数才能实现，如果需要的话再调用低级函数添加更多元素。

如果每一页只有一幅图，那么高级绘图函数会在新的页面绘制新的图形。有时也会需要在一页中绘制多幅图，在这种情况下，高级绘图函数会在同一个页面中绘制下一幅图，只有在绘图数超过每页规定图像数量的时候才在新的一页绘图（见 3.3 节）。所有的低级函数在现有图形的基础上添加元素。在基础绘图系统中，返回到上一步所绘制的图形通常是不可能的（见 3.3.3 小节的例外）。

2.2 plot()函数

在基础绘图系统中最重要的高级函数是 plot() 函数。在许多情况下，该函数提供了在 R 中绘制完整图形最简单的方法。

plot() 函数中的第一个参数是需要绘图的数据，指定数据的方式很灵活。例如，下面代码中每一个 plot() 函数的调用都可以用来绘制本质上基本相同的一幅散点图（见图 2.1），只是在坐标轴标签的设置上有轻微变动。在第一种情况下，所有的绘图数据都被包含在一个简单的数据框内。在第二种情况下，两个不同的变量分别被设置为 x 参数与 y 参数。在第三种情况下，绘图数据被设置成一个关系式的形式 y~x，同时将包含关系式中所提到变量的数据框作为参数传入函数。

```
> plot(pressure)
> plot(pressure$temperature, pressure$pressure)
> plot(pressure ~ temperature, data=pressure)
```

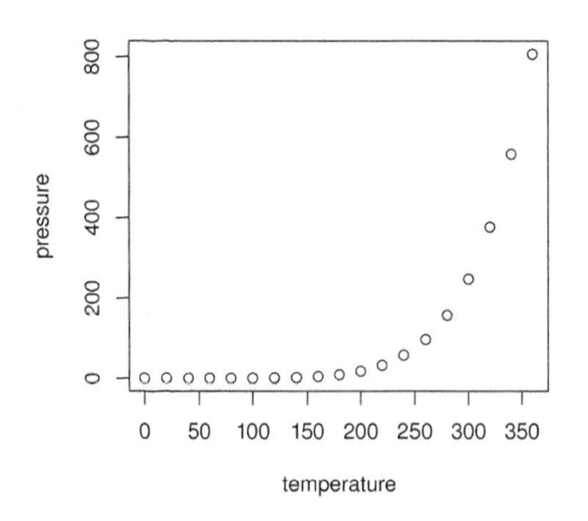

图2.1

使用 plot() 函数绘制的散点图。这个图可以通过一个简单的数据框、两个数值向量或一个关系式作为 plot() 函数的第一个输入参数绘制出来

基础绘图系统并不能区分不同绘图样式，例如不能区分只在每一个（x,y）坐标位置绘制数据符号的散点图和绘制一个连接每一个（x,y）坐标位置的直线段的散点图（线图）。这些样式都是由基本绘图函数 plot() 中一个名为 type 的参数控制的。下面的代码通过设定 type 参数的不同取值绘制 4 幅不同的图像，来演示 type 参数是如何控制绘图样式的（见图 2.2）。

```
> plot(pressure, type="p")
> plot(pressure, type="l")
> plot(pressure, type="b")
> plot(pressure, type="h")
```

同样地，基础绘图函数也不能够区分一个简单数据集所绘制的图形与一个包含多项序列的复杂数据集所绘制的图形。更多数据项可以通过使用低级函数来添加到已绘制的图形中，例如使用 points() 函数和 lines() 函数（参见 3.4.1 小节；同时关于函数 matplot() 的介绍，参见 2.5 节）。

事实上，plot() 函数是一个*泛型函数*。对这句话的解释前面已经做了描述。plot() 函数能够接受类型相同但格式不同的数据作为参数（当然这仍将输出相同的结果）。但是，plot() 函数作为泛型函数的事实也意味着，如果给 plot() 函数传入不同类型的数据，则会绘制出不同类型的图形。例如，如果传给 x 变量的参数是一个因子，那么 plot() 函数会默认绘制一幅箱线图，而不是散点图。另一个例子则如下面的代码所示。该例中，通过调用 lm() 函数创建了一个 lm 对象。当把该对象传递给 plot() 函数时，plot() 函数会针对 lm

对象调用特定的绘图方式绘制几个回归诊断图（见图 2.3）[①]。

```
> lmfit <- lm(sr ~ pop15 + pop75 + dpi + ddpi,
              data = LifeCycleSavings)
> plot(lmfit)
```

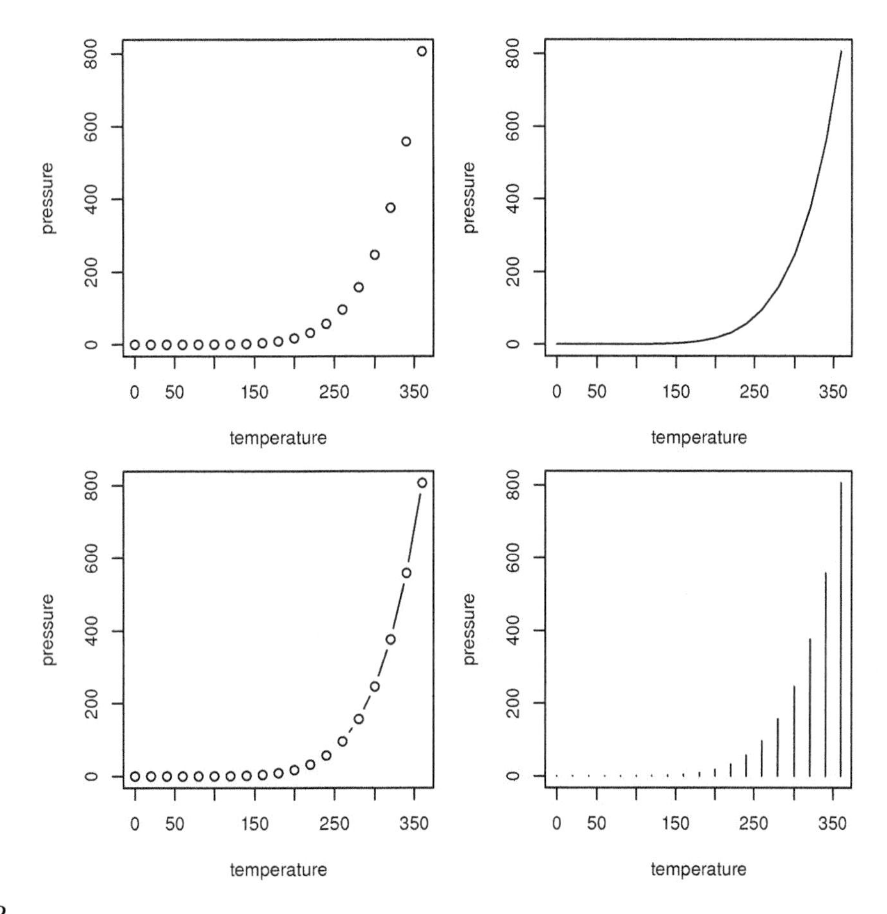

图2.2

散点图的 4 种变化。在每一个例子中，图形都是通过调用 plot() 函数并使用相同的数据作为参数实现的；仅有的变化是对type 参数取了不同的值。在左上方的示例图中，type="p" 用来绘制散点（数据符号），在右上方的示例图中，type="l" 用来绘制折线，在左下方的示例图中，type="b" 用来同时绘制散点和折线，在右下方的示例图中，type="h" 用来绘制类似直方图的垂直线段

① 在本例中使用的数据是关于 1960 年至 1970 年间 50 个国家平均储蓄率的一个度量（个人储蓄总和除以可支配收入），使用的数据集 LifeCycleSavings 包含在 datasets 包中。

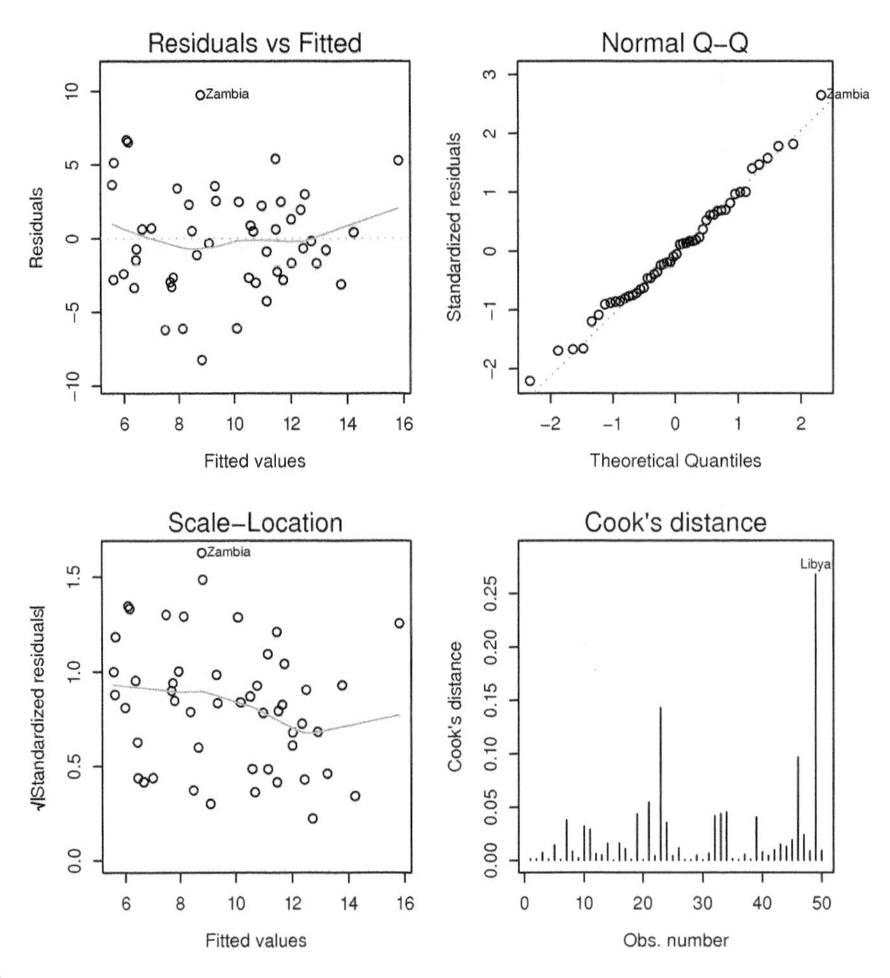

图2.3

绘制 lm 对象。在 plot() 函数中，有一类专门用来绘制 lm 对象的方法，能够根据线性模型分析所得到的结果绘制出一系列回归诊断图

如果想了解更多关于 plot() 函数中 lm 绘图方法的内容，输入 help(plot.lm)。

在大多数情况下，绘图扩展包中提供的新型绘图功能都是通过在 plot() 函数中定义一个新的绘图方法实现的。例如，cluster 包给 plot() 函数提供一个方法用于创建表示凝结聚类过程结果的图像（对应于一个 agnes 对象）。该方法能够绘制一个特殊的条幅图和一个反映数据结构的谱系图（见下面的代码以及图2.4）[①]。前面一部分的代码用来生成数据以及创建一个

① 在本例中使用的数据是 dataset 包中著名的鸢尾花数据集，该数据集给出了 3 个不同品种鸢尾花物理维度的度量，可以通过载入 datasets 包中的 iris 数据集来使用。

agnes 对象，后面一部分的代码用来绘制 agnes 对象的图形。

```
> subset <- sample(1:150, 20)
> cS <- as.character(Sp <- iris$Species[subset])
> cS[Sp == "setosa"] <- "S"
> cS[Sp == "versicolor"] <- "V"
> cS[Sp == "virginica"] <- "g"
> ai <- agnes(iris[subset, 1:4])

> plot(ai, labels = cS)
```

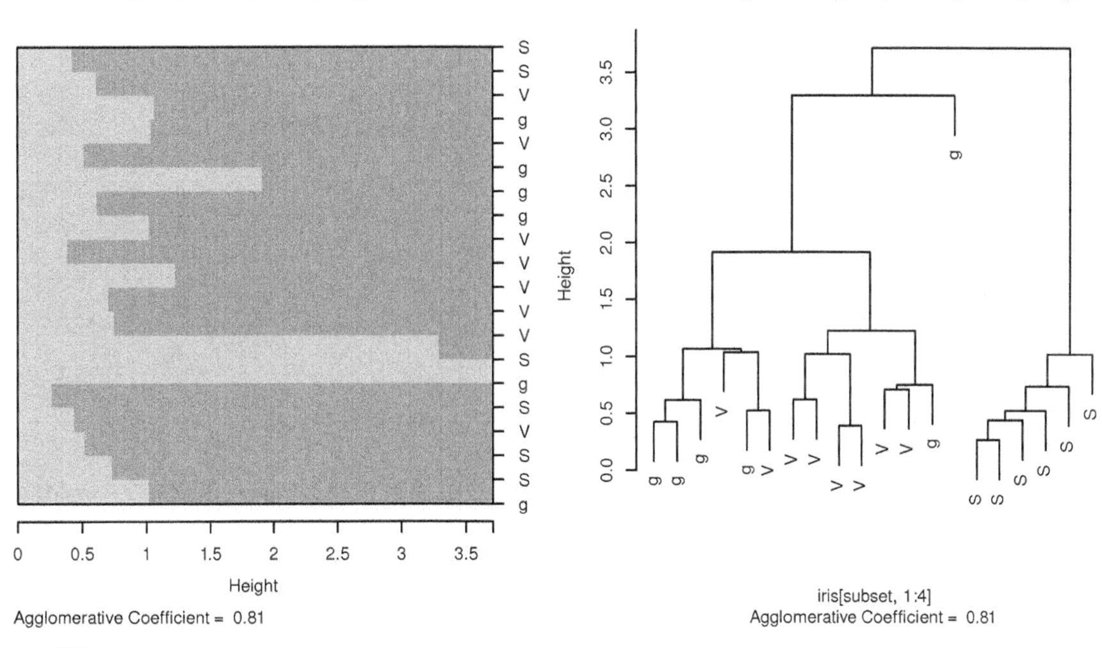

图2.4

绘制 agnes 对象。在 plot() 函数中，有一类专门用来绘制 agnes 对象的方法，能够绘制凝聚层次聚类分析结果的图形

简单调用函数 plot(x)，其中 x 是一个包含了需要可视化数据的 R 对象，通常就能以最简单的方式获取对数据的一个初步认知。

接下来的几节简要介绍了使用 `plot()` 函数或者 graphics 包中其他高级函数所能绘制的主要图形类型。本章接近结尾的部分将讨论这些函数中能够控制图形详细内容的重要参数（见 2.6 节）。

2.3 单变量绘图

表 2.1 和图 2.5 展示了可以用于绘制单变量图形的基础绘图函数。

表2.1

基础绘图系统中用于绘制单变量图形的高级绘图函数

函数	数据类型	描述
plot()	数值	散点图
plot()	因子	条形图
plot()	一维表	条形图
barplot()	数值（条形的高度）	条形图
pie()	数值	饼图
dotchart()	数值	点图
boxplot()	数值	箱线图
hist()	数值	条形图
stripchart()	数值	一维散点图
stem()	数值	茎叶图

`plot()` 函数可以接受一个空参数、一个单独的数值向量，或者是一个因子、一个一维表（一个按因子计数的表）。赋予 `plot()` 函数一个数值向量可以创建一幅散点图，散点图中向量的每一个数值将作为其对应序数的函数，而无论是因子还是表都将绘制一幅条形图，条形图的每一个条形都代表因子中一个对应水平的计数。`plot()` 函数还可以接受形如 `~x` 的关系式，并且如果 `x` 是数值的，那么调用 `plot()` 函数会生成一个一维散点图（散列图）。如果 `x` 是因子的话，结果仍是条形图。

条形图也可以通过显式调用 `barplot()` 函数创建。但有一点不同的是该函数要求接受一个数值向量，而不是一个因子作为输入的参数，该数值向量的每一个数值被设置为条形图中对应条形的高度而被绘制出来。

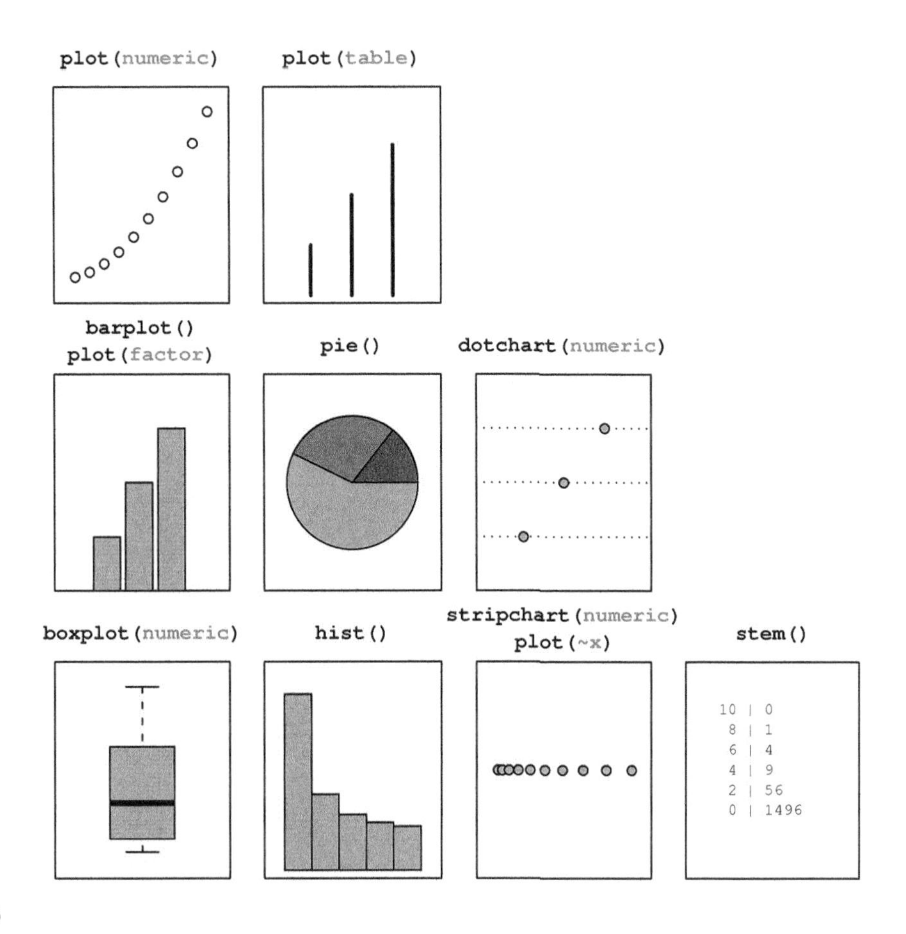

图2.5

用于绘制单变量图形的高级绘图函数。在所有示例图中，当某一个函数可以绘制超过一种数据类型时，示例中所绘制图形对应的数据类型将被标记出来（用灰体）。例如，plot(numeric) 表示当输入一个单变量数值型参数时，plot() 函数画出的图形

绘制条形图的一个问题是在每一个条形下面如何给出一个有意义的标签。plot() 函数使用因子的水平作为条形的标签，而 barplot() 函数则在数值向量的 names 属性可用时使用该属性作为标签。

作为条形图的替代，pie() 函数可以将数值向量的值以饼图的形式绘制出来，而 dotchart() 函数可以绘制一个点图。

很多绘图函数都提供了各种不同的方式来查看某一个数值向量中元素取值的分布。boxplot() 函数可以绘制一幅箱线图（又称为箱须（box-and-whisker）图），hist() 函数则可以绘制一幅直方图，stripchart() 函数可以绘制一幅一维散点图（散列图），而 stem() 函数可以

绘制一幅茎叶图（但是输出是以文本方式通过控制台输出的，而不是通过图形界面输出）。

2.4 双变量绘图

表 2.2 和图 2.6 展示了可以用于绘制双变量图形的基础绘图函数。

表2.2

基础绘图系统中用于绘制双变量图形的高级绘图函数

函数	数据类型	描述
plot()	数值，数值	散点图
plot()	数值，因子	散列图
plot()	因子，数值	箱线图
plot()	因子，因子	脊柱图
plot()	二维表	马赛克图
sunflowerplot()	数值，数值	向日葵散点图
smoothScatter()	数值，数值	光滑散点图
boxplot()	数值向量列表	箱线图
barplot()	矩阵	堆积式/并列式条形图
dotchart()	矩阵	点图
stripchart()	数值向量列表	散列图
spineplot()	数值，因子	棘状图
cdplot()	数值，因子	条件密度图
fourfoldplot()	二乘二表	四扇图
assocplot()	二维表	关联图
mosaicplot()	二维表	马赛克图

plot() 函数也可以接受不同形式的两个变量作为参数：一对数值向量；一个数值向量和一个因子；两个因子；一个包含两个向量或者两个因子的列表（以 x 和 y 命名）；一个二维表；一个有两列的矩阵或者数据框（第一列被认为是 x 参数）；一个形如 y~x 的关系式。

如果两个变量都是数值的，那么输出结果就是一幅散点图。如果 x 是一个因子而 y 是一个数值向量，那么输出结果将是一个箱线图，箱线图中每一个箱形对应 x 的一个水平。如果 x 是数值类型而 y 是因子，结果将是一个（分组的）散列图；如果两个变量都是因子，结果将是一个脊柱图。如果赋给 plot() 函数的是一个计数表，输出结果会是一个马赛克图。

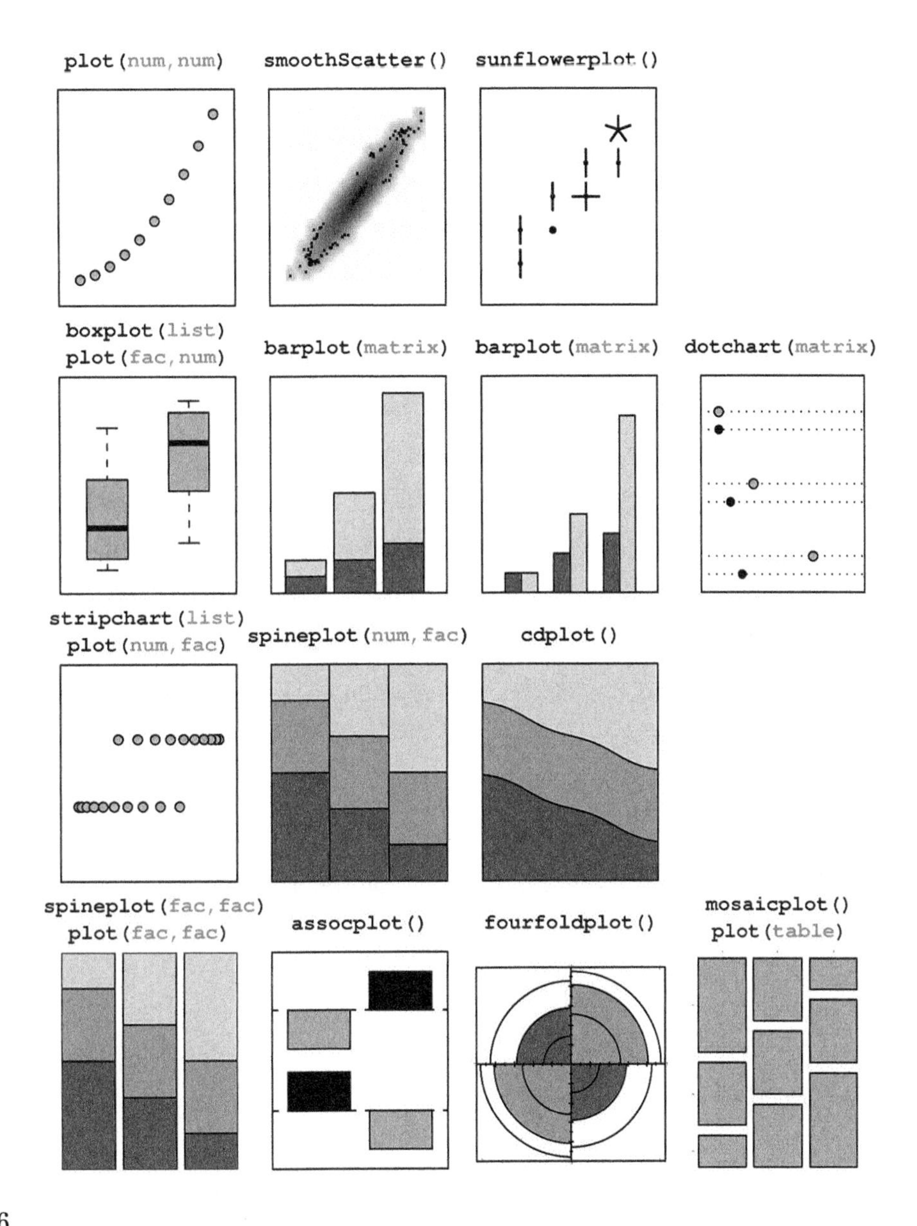

图2.6

用于绘制双变量图形的高级绘图函数。在所有示例图中，当某一个函数可以绘制超过一种数据类型时，示例中所绘制图形对应的数据类型将被标记出来（用灰体）。例如，plot(num,fac) 表示调用 plot() 函数时，以一个数值向量作为第一个参数，一个因子作为第二个参数

两个函数可以用于替代散点图以解决过多点的绘制问题，这些问题经常发生在数值有重复或者有大量的点要绘制的时候。sunflowerplot() 函数在每一个给定的位置绘制一个特

殊的符号来表示有多少点被重复绘制了，而 smoothScatter() 函数则绘制了散点图中表示数据点密度的图形（而不是绘制单个数据点）。另外，有一个绘制多重散列图的方法是给 stripchart() 函数提供一个包含数值向量的列表。

当 x 是一个因子而 y 是一个数值向量的时候，另一个绘制多重箱线图的方法是使用 boxplot() 函数，而提供给 boxplot() 函数的数据要么是一个包含数值向量的列表，要么是一个形如 y~x 的表达式，而这里 x 是一个因子。

如果数据是由数值矩阵构成的，其中每一列或者每一行代表一个不同的分组，那么 barplot() 函数可以根据数值绘制一个堆积式的或者并列式的条形图，而函数 dotchart() 可以绘制一个点图。

如果 x 是数值而 y 是一个因子，那么 spineplot() 函数可以绘制一幅棘状图，而 cdplot() 函数则会绘制一幅条件密度图。这两个函数都可以接受形如 y~x 关系式的数据。

如果要绘制的两个变量都是因子，也有很多选项可以绘制所需要的图形。给定初始的因子，spineplot() 函数将创建一幅类似 plot() 函数接受两个因子所绘制的棘状图。而另一个选项就是处理两个因子所对应的计数表。给定一个计数表，mosaicplot() 函数将创建一幅类似 plot() 函数所绘制的马赛克图。mosaicplot() 还可以接受形如 y~x 的表达式作为参数，这里 y 和 x 都是因子。

在两个因子都只有两个水平的特殊情况下，assocplot() 函数可以绘制一幅 Cohen-Friendly 关联图，而 fourfoldplot() 函数可以绘制一幅四扇图。

此外，除了数值向量和因子等数据类型，还有一种重要的基本数据类型日期（或者称为日期－时间）。如果赋予 plot() 函数的 x 或者 y 变量“Date”或“POSIXt”类型的对象，那么对应的坐标轴将会以日期作为标签（例如，使用月份的名称）。

2.5 多变量绘图

表 2.3 和图 2.7 展示了可以用于绘制多变量图形的基础绘图函数。

表2.3

基础绘图系统中用于绘制多变量图形的高级绘图函数

函数	数据类型	描述
plot()	数据框	散点图矩阵
pairs()	矩阵	散点图矩阵
matplot()	矩阵	散点图

续表

函数	数据类型	描述
stars()	矩阵	星形图
image()	数值，数值，数值	印象图
contour()	数值，数值，数值	等高线图
filled.contour()	数值，数值，数值	填充等高线
persp()	数值，数值，数值	三维表面图
symbols()	数值，数值，数值	符号散点图
coplot()	关系式	条件分割图
mosaicplot()	N 维表	马赛克图

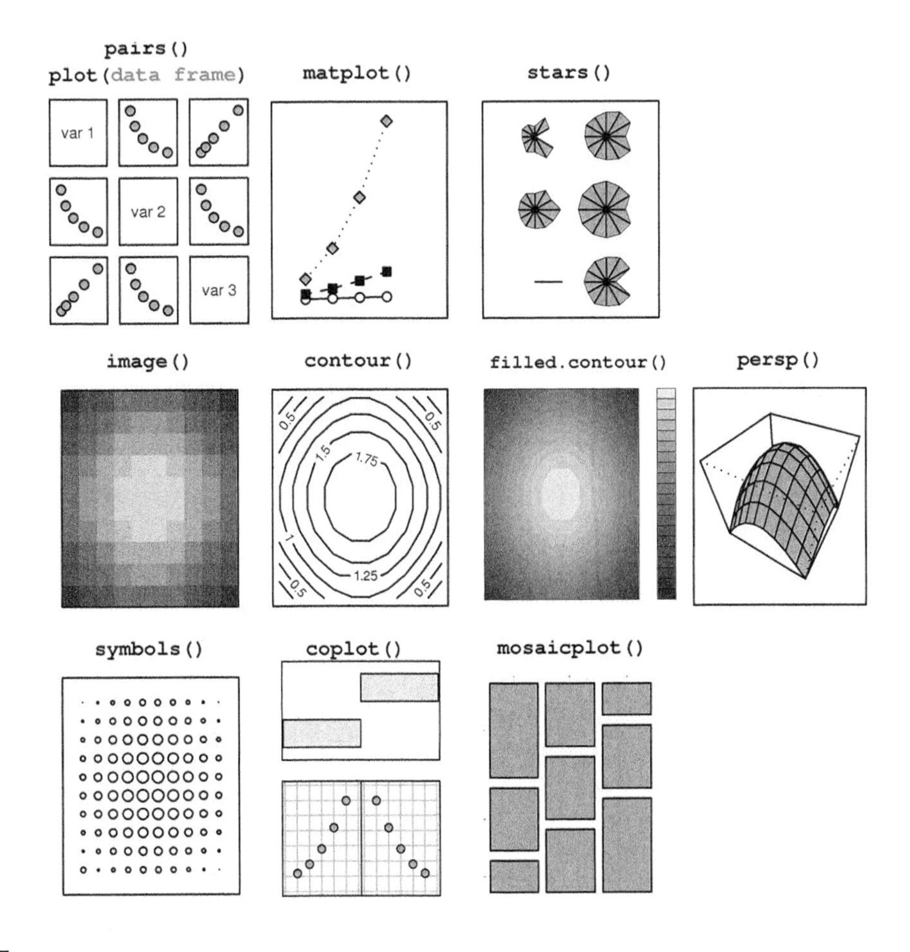

图2.7

用于绘制多变量图形的高级绘图函数。在所有示例图中，当某一个函数可以绘制超过一种数据类型时，示例中所绘制图形对应的数据类型将被标记出来（用灰体）

给定一个数据框，其所有列都是数值类型，plot() 函数在接受该数据框作为参数后会绘制一个散点图矩阵，数据框内每一对相互对应的变量都被绘制成矩阵的一幅散点图。pairs() 函数也可以实现相同的目的，但是 pairs() 也可以接受矩阵形式的参数。

当数据是矩阵形式的时候，还可以选择 matplot() 函数，该函数可以用一系列不同的数据符号或者线段表示数据矩阵的每一列，并绘制出一幅对应的散点图。赋给 matplot() 函数的数据可以是不同的 x 和 y 矩阵，也可以是一个单一的矩阵，在后一种情况下，矩阵的数值被视作 matplot() 函数的 y 参数，而矩阵的行序数 1：nrow 则作为 matplot() 函数的 x 参数。

还有一个选择是 starts() 函数，该函数为数据矩阵的每一行绘制一个星形，而一行中每一列都对应星形的一个支撑臂，每列的数值用支撑臂的长度来表示。这种类型的绘图是实现微多元图技术的一个例子，即在一个页面内同时绘制许多微小的图形（详见 3.3 节关于如何将任意类型的多个图形绘制于单独的一页）。

有些函数适用于数据包含 3 个数值变量的特殊情况。当 x 变量和 y 变量的值被限定在一个规则网格上，并且只有一个响应变量 z 的时候，image() 函数将把 z 绘制成一个彩色区域的网格图案，contour() 函数用来绘制等高线图（z 取常量的曲线），filled. contour() 则在等高线之间添加颜色区域，此外 persp() 函数可以用来绘制一个三维表面图来表示 z。

除了以上函数，还有 symbols() 函数，该函数可以用来绘制一个用小型符号来表示 z 的关于 x 和 y 的散点图，例如，一个半径与 z 成比例的圆圈。R 系统提供了大量的符号，其中有一些符号允许在同一个符号内表示多个变量，例如，一个长方形符号能够通过其宽度和高度来表示两个不同变量。

当数据是由两个数值变量以及一个或者两个分组因子组成的时候，coplot() 函数可以用来绘制一幅条件分割图，在该图中分组因子的每一个水平被分开绘制出来。作为参数的数据必须是形如 y~x|g 或者 y~x|g*h 的条件关系表达式，这里 g 与 h 都是因子。coplot() 函数所包含的思想在 lattice 包（见第 4 章）和 ggplot2 包（见第 5 章）中被应用到了更深的层次。

对于由多个因子组成的数据，可以用 mosaicplot() 函数在给定多维计数表的情况下绘制多维马赛克图。

2.6 绘图函数的参数

在通常情况下，特别是绘制用于出版的图形时，通过简单调用一个高级绘图函数绘制的图形并不能满足我们的所有需求。R 提供了许多方式，可以用来修改绘图函数的输出，并且本书第 3 章有关于这个话题的详细讨论。这一节仅仅探讨一下通过指定高级绘图函数的参数来改进输出图形的可能性。

对于给定的某个函数，其大多数参数是特定的。例如，在 boxplot() 函数的所有参数中有两个参数：width 和 boxwex，用于控制图形中箱子的宽度，而在 barplot() 函数中有一个参数 horiz，用来控制是否水平地绘制条形而不是竖直地绘制。接下来的代码展示了在 boxplot() 函数中使用 boxwex 参数以及在 barplot() 函数中使用 horiz 参数的例子（见图 2.8）。

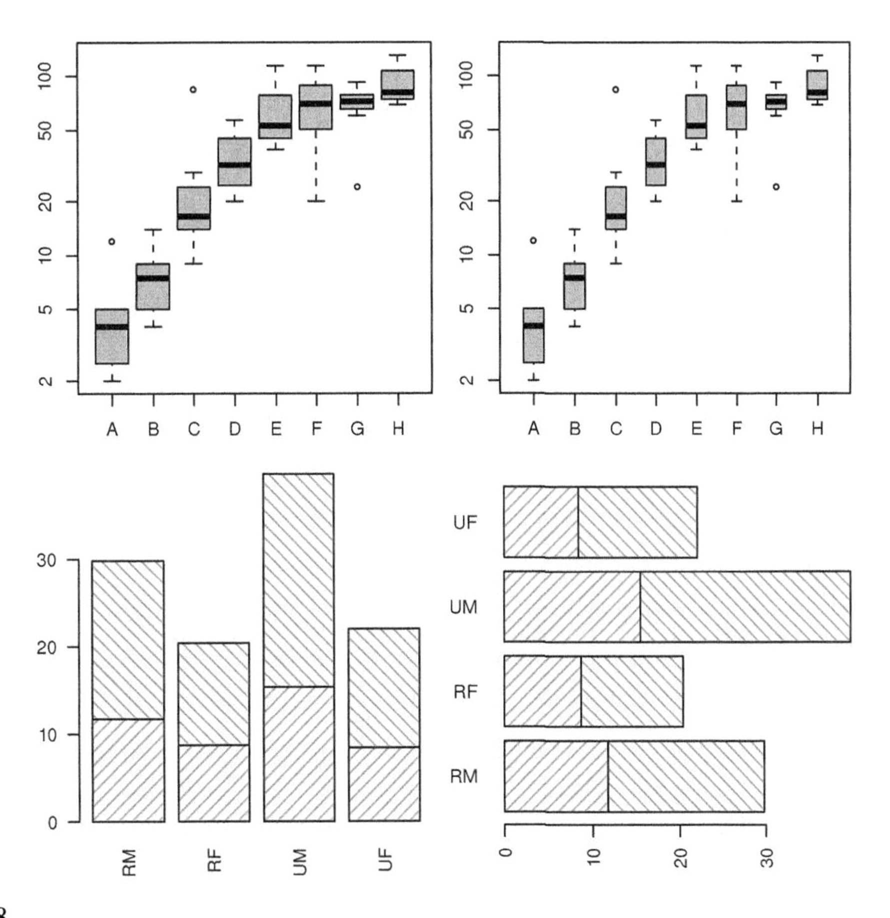

图2.8

修改前后 barplot() 函数和 boxplot() 函数的输出比较。上面的两幅图调用 boxplot() 函数绘制同样的数据，只是 boxwex 参数的值不同。下面的两幅图也调用 barplot() 绘制同样的数据，只是 horiz 参数的值不同在第一个例子中，boxplot() 函数调用了两次，调用基本上是相同的，只是第二次调用指定每个箱子的宽度是默认宽度的一半（boxwex=0.5）。[①]

```
> boxplot(decrease ~ treatment, data = OrchardSprays,
          log = "y", col="light gray")
> boxplot(decrease ~ treatment, data = OrchardSprays,
          log = "y", col="light gray",
          boxwex=0.5)
```

在第二个例子中，函数 barplot() 调用了两次，调用基本上是相同的，只是第二次调用指定箱子是水平绘制而不是竖直绘制的（horiz=TRUE）。[②]

```
> barplot(VADeaths[1:2,], angle = c(45, 135),
          density = 20, col = "gray",
          names=c("RM", "RF", "UM", "UF"))
> barplot(VADeaths[1:2,], angle = c(45, 135),
          density = 20, col = "gray",
          names=c("RM", "RF", "UM", "UF"),
          horiz=TRUE)
```

总之，用户需要参考针对某个特定函数的说明文档来决定哪个参数可用以及使用参数所产生的效果。

绘图函数的标准参数

尽管许多参数的存在仅仅是针对某一个特定的绘图函数的，但 R 系统中仍然存在着许多"标准"参数，"标准"意味着很多高级基础绘图函数都可以接受该参数。

---

① 在本例中使用的数据是不同效力下蜜蜂吸入的果园喷雾量，可以通过载入 datasets 包中的 OrchardSprays 数据集获取。

② 在本例中使用的数据是 1940 年弗吉尼亚州的死亡率数据，根据性别和城乡位置分成了不同的年龄组，可以通过载入 datasets 包中的 VAdeaths 矩阵获取。

大多数高级函数都能够接受那些控制例如颜色（col）、线段类型（lty），以及字体（font 和 family）等属性的绘图参数。3.2 节给出了一个完整的标准参数列表并描述了它们对绘图的影响。第 10 章将讲述这些参数可取的所有可能值。

不幸的是，这些标准参数的解释在某些情况下是不同的，所以需要特别注意。例如，如果在标准散点图中 col 参数的作用是特定的，那么它只影响数据符号的颜色（而不影响坐标轴以及坐标轴标签的颜色），但是在 barplot() 函数中，col 参数指定了条形内部填充条形或者应用模式所使用的颜色。

此外，对于标准绘图参数，有专门用来控制绘图中坐标轴以及标签等外观的标准参数。通常在调用高级绘图函数绘制一个图形的过程中，通过指定 xlim 或 ylim 参数来调整坐标轴尺度的范围，并且通常有一个参数集用来指定图形中的标签：main 参数用于标题，sub 参数用于子标题，xlab 参数指定 x 轴的标签，ylab 参数指定 y 轴的标签。

尽管并不能够保证这些标准参数可以被图形扩展包中的高级绘图函数接受，但在多数情况下，这些参数是可以被接受的，并且可以产生期望的效果。

接下来的代码展示了一些在 plot() 函数中设置这些标准参数的例子（见图 2.9）。所有对 plot() 函数的调用都使用同一组数据，并用来绘制所有数据点通过线段连接的散点图：第 1 个调用设置了较宽的线条（lwd=3），第 2 个调用设置了线条颜色为灰色(col="gray")，第 3 个调用将线条类型设置为虚线（lty="dashed"），第 4 个调用设置了较宽的 y 轴尺度范围(ylim=c(-4,4))。

```
> y <- rnorm(20)
> plot(y, type="l", lwd=3)
> plot(y, type="l", col="gray")
> plot(y, type="l", lty="dashed")
> plot(y, type="l", ylim=c(-4, 4))
```

对于不能够只通过指定高级绘图函数的参数来改变高级绘图函数默认输出的情况，可能的选项是通过低级绘图函数在已有图形上添加额外的输出（见 3.4 节），或者是从头开始生成一个完整的图形（见 3.5 节）。

有些高级函数提供了一个能够阻止某些默认输出的参数，以帮助用户定制自己的图形。例如，默认的 plot() 函数有一个 axes 参数用来帮助用户隐藏坐标轴，以及一个 ann 参数用来在图形中隐藏坐标轴标签，这样用户就可以自己定制图形中的坐标轴和坐标轴标签了（见3.4.4小节）。

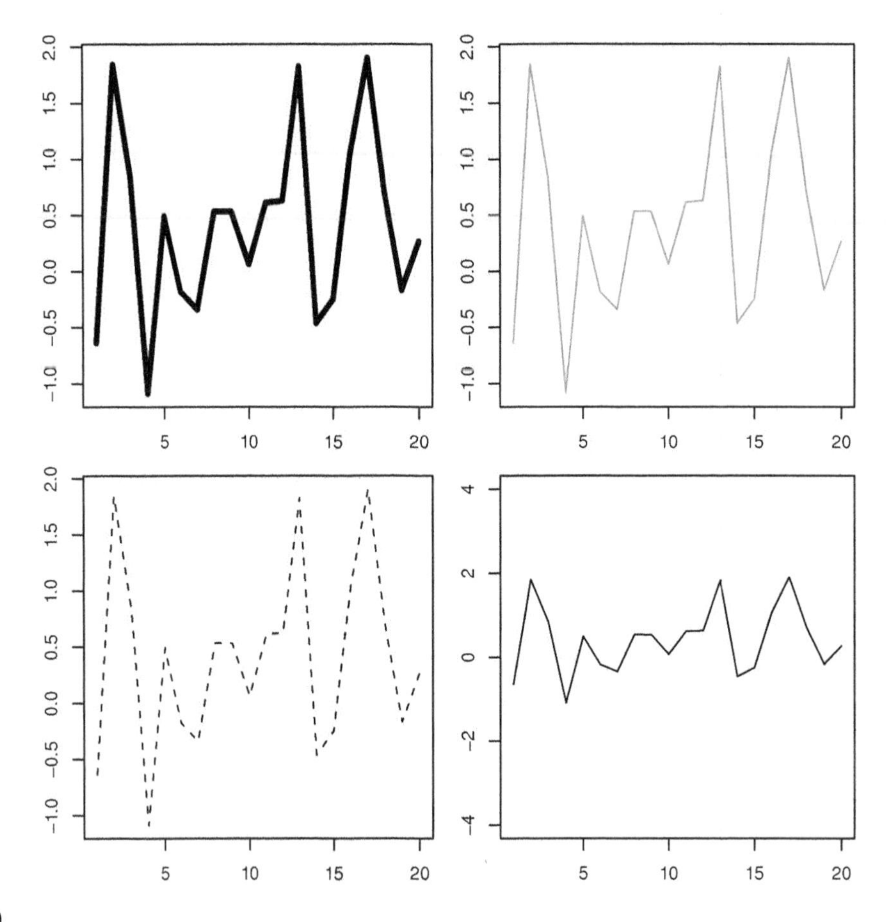

图2.9

高级绘图函数中的标准参数。4幅图都是通过调用 `plot()` 函数对同一组数据进行绘制产生的，只是指定了不同标准参数的值。左上方的图形通过设定 `lwd` 参数来控制线段粗细；右上方的图形通过设定 `col` 参数来控制颜色；左下方的图形通过设定 lty 参数来控制线条类型；右下方的图形通过设定 `ylim` 参数来控制 y 轴的尺度

2.7 专业绘图

基础绘图系统以及基于基础绘图系统开发的扩展程序包，包含了大量能够针对某种特定数

据类型或者特定分析方法，或者某一个特别的研究领域绘制专门图形的函数。

这些专业绘图中很多都仅仅是在基本的散点图基础上做了一些变形，并将数据符号或者线段绘制在笛卡尔坐标系上。例如，qqplot() 函数和 qqnorm() 函数生成了分位数 - 分位数图（即将观测到的值与从理论分布得到的值作比较），plot() 绘图方法接受“ecdf”对象（经验累积分布函数）后可以绘制出阶梯图，plot() 绘图方法接受“ts”对象（时间序列）或者密度估计（从 density() 函数得到）后会自动绘制一条连接各值的折线来显示大致的趋势。

一个有趣的情形是参数曲线的展示，不同于指定显式数据点，参数曲线接受的是 x 与 y 之间的关系表达式。这可以通过两种方式实现：利用针对函数对象的 plot() 绘图方法以及利用 curve() 函数。下面的代码展示了两种绘制正弦波曲线的方式（见图 2.10）。在第一种情形下，我们必须提供一个函数作为第 1 个参数赋给 plot() 函数，但在第 2 种情形下，我们只需提供一个表达式作为第 1 个参数赋给 curve() 函数。

```
> plot(function(x) {
           sin(x)/x
     },
     from=-10*pi, to=10*pi,
     xlab="", ylab="", n=500)

> curve(sin(x)/x, -10*pi, 10*pi)
```

还有许多能够绘制完全不同类型图形的函数。plot() 绘图方法接受 dendrogram 对象后可以绘制分层或者树形结构，这些结构可以展示例如通过聚类方法或者递归分割回归树所得到的结果。图 2.10 下方的两幅图就展示了调用 plot() 方法绘制 dendrogram 对象所输出的示例图形[①]。本书第 4 部分很多章节描述了如何绘制不同类型的特定图形。[①]

① 在本例中使用的数据反映了 1973 年美国不同州的犯罪率，这些数据可以通过加载 datasets 包中的 USArrests 数据集获取。

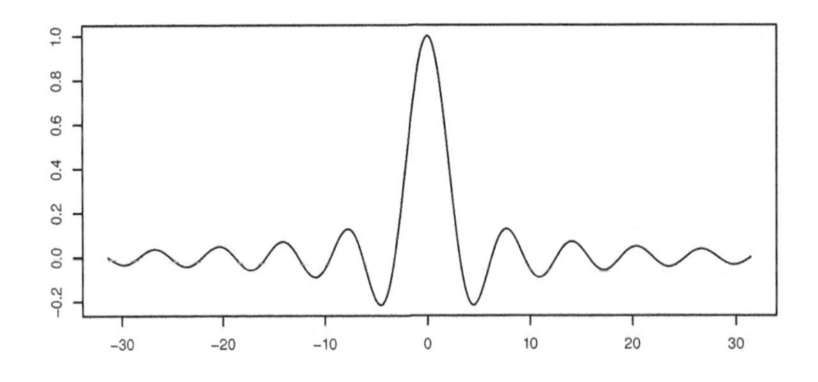

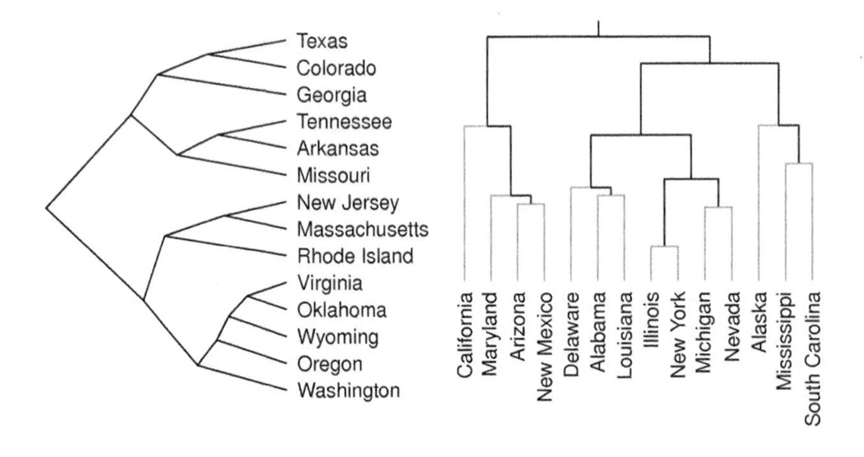

图2.10

一些专业绘图。上方的图展示的是由R函数绘制的曲线，下方的两幅图展示的是树形图的两种不同表现形式

本章小结

基础绘图系统中的函数可以用来绘制标准的统计图形，例如直方图、散点图、条形图以及饼图；还有用于绘制高维图形的函数，例如三维表面图、等高线图以及更多专业新颖的图形，例如点图、谱系图以及马赛克图。在大多数情况下，函数会提供大量的绘图参数以使用户能够控制绘图的细节，例如箱线图中箱形的宽度。同时，R也为用户提供了标准参数集用于控制绘图的外观，例如，颜色、字体、线段类型、坐标轴范围和标签，尽管这些参数并不是在所有绘图类型中都可以使用。

第3章　定制基础绘图

本章预览

通常情况下，一个高级绘图函数并不能够精确地生成一个完全满足用户需求的最终输出结果。本章介绍可以用于精确控制绘制内容细节，并在现有图形上添加输出（例如添加描述性标签）的低级基础绘图函数。

为了使这些低级函数更有效率地工作，本章也包含了用于定位由低级函数输出的绘图区域和坐标系的介绍。例如，相对于在数据绘制区域（即绘制数据符号的区域）添加文本，在本书中还有关于使用何种函数在图形边缘空白处添加文本的介绍。此外，本书中也讨论了如何将多个绘图安排在同一个页面的方法。

有时，用户不太可能仅仅通过修改一个由高级绘图函数绘制的图形就得到最终的结果。在这种情况下用户可能需要创建一个仅使用低级函数绘制的图形。同时，结合这种情况，本章也介绍并讨论了关于如何开发一个新的绘图函数供他人使用的内容。

通常，由一个高级绘图函数以默认或者标准方式输出的图形并不能够完全满足用户的需求，特别是绘制那些用于出版的图形。输出的图形从各个方面都有可能需要被修改甚至完全替换。本章将详细介绍对传统高级绘图函数输出的图形进行定制与扩展的不同方法。

基础绘图系统最强大的地方就在于其能够控制具体绘图外观的方方面面，在已有图形上添加额外输出，甚至从头开始创建一个新的图形以精确地实现最终输出。

3.1 节介绍了绘图区域、坐标系以及图形状态等正确地从底层操作基础绘图系统所要用到的重要概念。3.2 节介绍如何控制图形输出的具体方面，例如颜色、字体、线段类型以及绘图符号等。3.3 节介绍了如何将多个输出图像安排在同一个页面上。3.4 节介绍了如何通过添加额外输出绘制定制图形。3.5 节就如何开发一个全新的绘图类型进行了探讨。

3.1 基础绘图模型详解

为了介绍更多帮助用户定制图形的工具，有必要对作为绘图系统基础的绘图模型作进一步的阐述。

3.1.1 绘图区域

在基础绘图系统中，每一个页面都被分成了 3 个主要的区域：外部边缘区域、图像区域，以及绘图区域。图 3.1 展示了当只有单张图片的时候这些区域在页面中的位置，图 3.2 展示了当有多张图片时这些区域在页面中的位置。

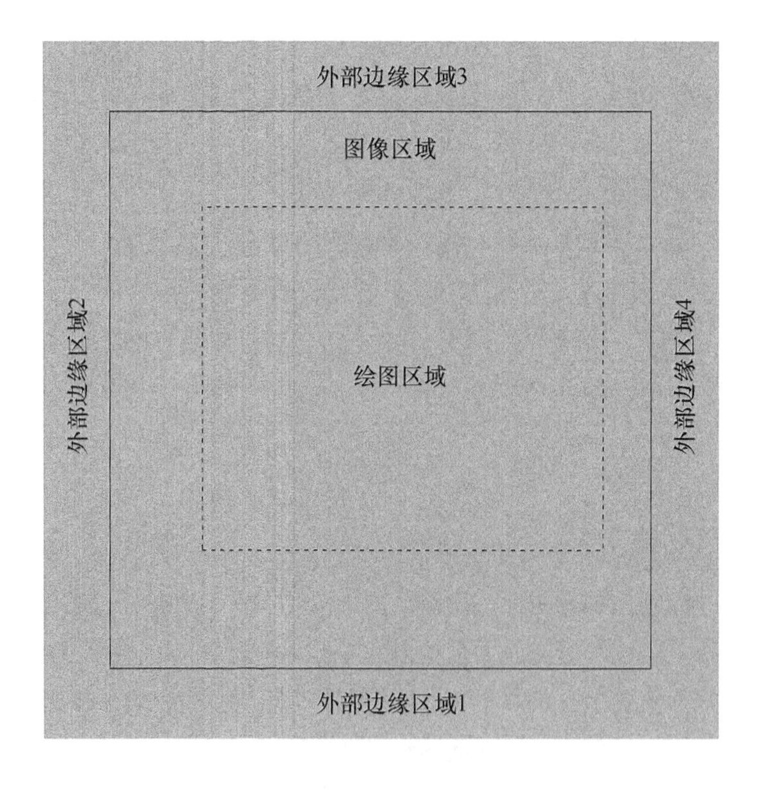

图3.1

基础绘图系统的绘图区域布局：当页面只有一张图片时，外部边缘区域为空白处，内部为图像区域以及绘图区域。

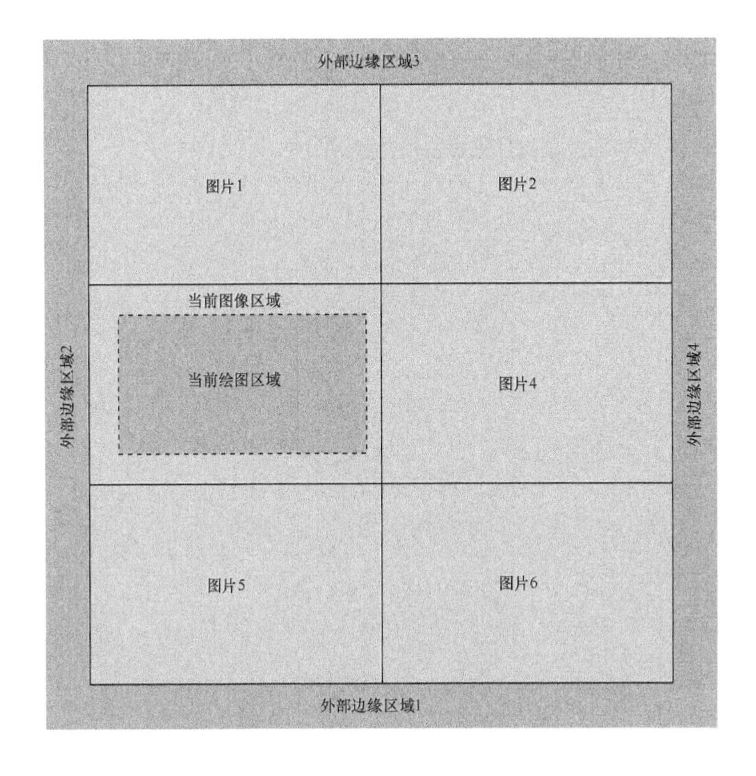

图3.2

基础绘图系统中包含多个图像区域的情形：当有多张图片需要绘制在同一个页面中时，外部边缘区域为空白处，当前图像区域以及当前绘图区域在中间。

将外部边缘空白区域从输出设置移除后剩下的区域称为内部区域。当只有一张图片的时候，这个内部区域通常就对应着图像区域，但是当有多张图片的时候，内部区域则对应着所有图像区域整体。

绘图区域外部图像区域内部的部分称为图片边缘。一个典型的高级函数会在绘图区域内部绘制数据符号和线段，而在图片边缘或者外部边缘区域绘制坐标轴和标签（关于在不同区域绘图的函数的更多信息，参见 3.4 节）。外部边缘区域按下、左、上、右的次序依次被编号为 1、2、3、4。例如，“边缘 3”即指上部边缘。

不同区域尺寸与位置等属性都是通过 `par()` 函数或者使用专门用来绘图的函数（见 3.3 节）控制的。对页面的特定布局通常不影响当前绘图，因为设置只在下一个绘图开始时产生影响。

坐标系

对于每一个绘图区域，都有一个或者多个坐标系与之联系。在一个区域内绘图的行为发生在与之相关的坐标系内。在绘图区域内的坐标系通常称之为用户坐标系，它是最容易被用户理解的，因为它简单地对应于图形坐标轴上的取值范围（见图3.3）。在绘图区域内绘制数据符号、线段以及文本的行为都发生在对应的用户坐标系内。

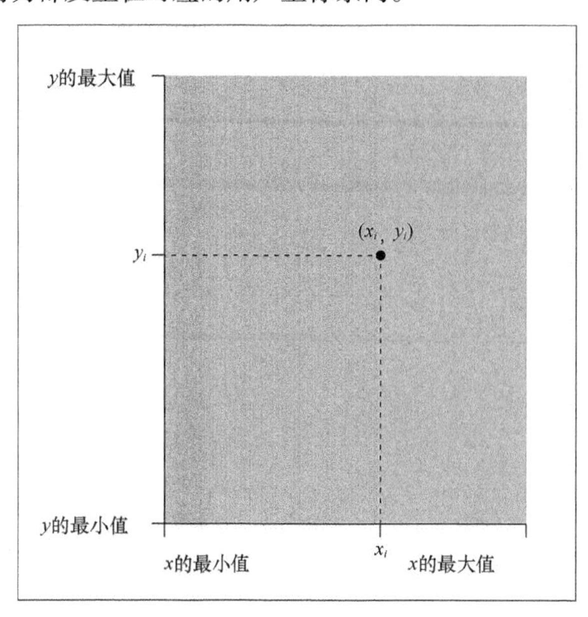

图3.3

绘图区域中的用户坐标系。该坐标系中的位置介于坐标轴规定的尺度范围之间

绘制图形中坐标轴的尺度通常由R自动设定，2.6节与3.4.4小节中介绍了手动调整坐标轴尺度的方式。

图片边缘空白区域包含下一个最常用的坐标系。在这些边缘空白区域的坐标系是 x 取值范围或者 y 取值范围的一个组合（类似用户坐标系），以及距离绘图区域边界的文本行数。图3.4展示了两种不同的图像边缘坐标系。在图像边缘区域处绘制的坐标轴使用这些坐标系。

还有一组“归一化”的坐标系可以在图像边缘处使用，在该系统中，x 与 y 的取值范围被缩放到0到1之间。换句话说，可以沿坐标轴方向基于坐标轴总体长度的比例确定一个特定的位置。坐标轴标签和图形标题就是根据这个坐标系绘制的。所有的图像边缘坐标系都是根据图像边缘在页面的布局以及用户坐标系的设定隐式创建的。

外部边缘区域与用户坐标系有相似的设定，但是沿着内部区域边界的位置设定只能通过归一化坐标（总是相对于完整的外部边界的范围）来实现。图3.5展示了4个外部边缘坐标系中的两个。

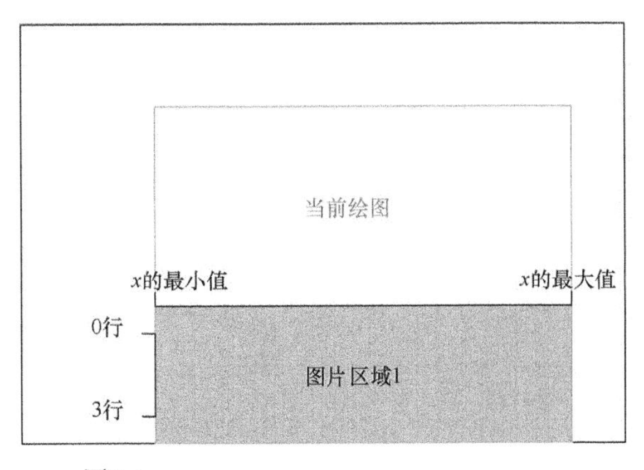

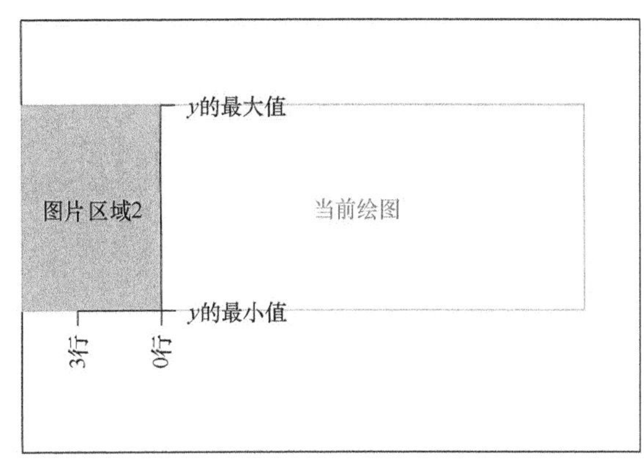

图3.4

图片边缘坐标系。位于图片边缘区域 1（左侧的图）和图片边缘区域 2（右侧的图）中的典型坐标系

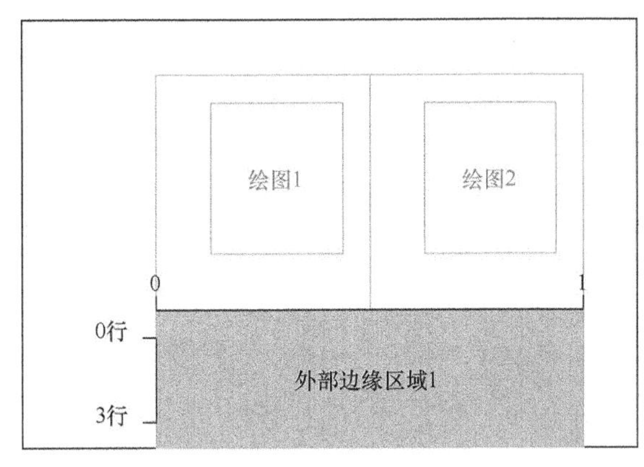

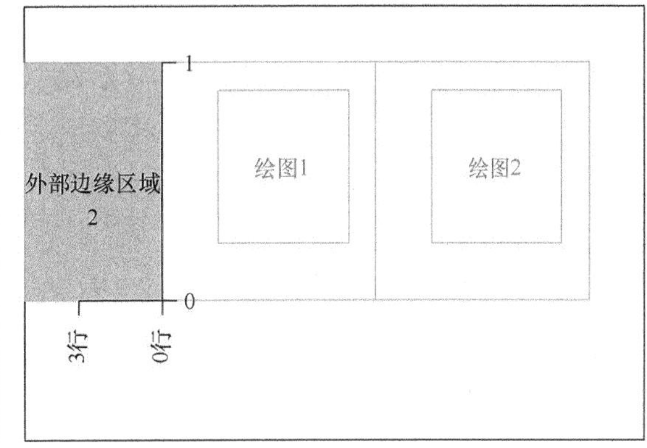

图3.5

外部边缘坐标系。位于外部边缘区域 1（上方的图）与外部边缘区域 2（下方的图）中的典型坐标系

3.4.2 小节与 3.4.4 小节介绍了能够在图像边缘坐标系和外部边缘坐标系绘制图形的函数。

3.1.2　基础绘图中的绘图状态

基础绘图系统为每一个图形窗口保留着一个图形“状态”，并且当绘图事件发生时，绘图系统将根据该状态决定在哪里绘制输出图像，使用何种颜色，使用何种字体等。

绘图状态由一系列的设定组成。有些设定描述了绘图区域的尺寸和位置以及在前一节描述过的坐标系。有些设定描述了图像输出的总体外观（例如颜色、用来绘制线段的线条样式，以及绘制文本的字体）。此外，还有些设定描述了输出设置的细节（例如设备的物理尺寸以及当前的剪切区域等）。

表 3.1 至表 3.3 一起给出了一个关于所有绘图状态设定的详细列表，并给出了一个关于这些状态意义的简要说明。大多数关于绘图状态的详细说明将在 3.2 节和 3.3 节中介绍。

表3.1

基础绘图系统中高级绘图状态的设置。这一组绘图状态可以通过 par() 函数查询和设置，还可以作为其他绘图函数的参数（例如，plot() 函数或者 lines() 函数）。每一个设置都将在相应的章节做详细的介绍

设置	描述	章节号
adj	调整文本位置	3.2.3
ann	是否绘制坐标轴标签和标题	3.2.3
bg	背景颜色	3.2.1
bty	通过 box() 函数绘制的盒子的类型	3.2.5
cex cex.axis, cex.lab, cex.main, cex.sub	文本和数据符号的缩放倍数这 4 项分别为单独针对坐标轴、坐标轴标签、主标题与副标题的缩放倍数	3.2.3
col col.axis, col.lab, col.main, col.sub	线条和数据点的颜色这 4 项分别为单独针对坐标轴、坐标轴标签、主标题与副标题设置颜色	3.2.1
family	文本的字体族	3.2.3
fg	前景颜色	3.2.1
font font.axis, font.lab, font.main, font.sub	文本的字体（黑体、斜体）这 4 项分别为单独针对坐标轴、坐标轴标签、主标题与副标题设置字体	3.2.3
lab	坐标轴的刻度个数	3.2.5
las	边缘处文字的旋转方向	3.2.3
lend ljoin, lmitre	线条末端的样式、线条连接处的样式以及线条的尖头样式	3.2.2
lty	线条类型（实线、虚线）	3.2.2
lwd	线条宽度	3.2.2
mgp	坐标轴刻度和刻度标签的位置	3.2.5
pch	数据符号的类型	3.2.4
srt	绘图区域中文本的旋转角度	3.2.3
tck	坐标轴刻度的长度（根据绘图尺寸的比例设置）	3.2.5

续表

设置	描述	章节号
tcl	坐标轴刻度的长度（根据文本行高度的比例设置）	3.2.5
xaxp	x 轴刻度的个数	3.2.5
xaxs	是否计算 x 轴的尺度范围	3.2.5
xaxt	x 轴的样式（标准，无）	3.2.5
xpd	剪切区域的方式	3.2.7
yaxp	y 轴刻度的个数	3.2.5
yaxs	是否计算 y 轴的尺度范围	3.2.5
yaxt	y 轴的样式（标准，无）	3.2.5

访问绘图系统状态最重要的函数是 par() 函数。简单地输入 par() 会输出一个当前绘图状态的完整列表。查询一个特定状态的设置可以通过给 par() 函数提供特定的设置名称作为参数来实现。下面的代码用于查询当前 col 和 lty 设置的状态。在这个例子中，我们查询到了当前绘图颜色（黑色）和当前线型（实线）。

```
> par(c("col", "lty"))

$col
[1] "black"

$lty
[1] "solid"
```

par() 函数可以通过将要设定的状态值作为参数赋值给函数内相应的设定名称来修改基础绘图系统中的绘图状态。下面的代码为 col 和 lty 两个状态设置了新的状态值。在这个例子中，我们将绘图颜色改为红色，将线型改为虚线。

```
> par(col="red", lty="dashed")
```

通过 par() 函数修改绘图状态的影响是持续的。通过这种方式设置的状态值将保持不变，直到该状态值被设定为另一个不同的值。当然，通过绘图函数，例如 plot() 和 lines() 的调用设置新的状态值修改绘图状态的影响则是暂时的。下面的代码阐述了这个思想。首先，通过 par() 函数将线条类型永久设置成虚线样式，因此在接下来绘制的图形中，一条连接数据点的折线就以虚线的样式被绘制出来。之后，通过在 plot() 函数中临时设定 lty="solid" 再绘制一条实线。最后在绘制第三个图形的时候，所绘制的线条将根据永久的线条样式设定 lty="dashed" 重新被绘制成虚线样式（见图 3.6）。①

```
> EU1992 <- window(EuStockMarkets, 1992, 1993)
> par(lty="dashed")
> plot(EU1992[,"DAX"], ylim=range(EU1992))
> lines(EU1992[,"CAC"], lty="solid")
> lines(EU1992[,"FTSE"])
```

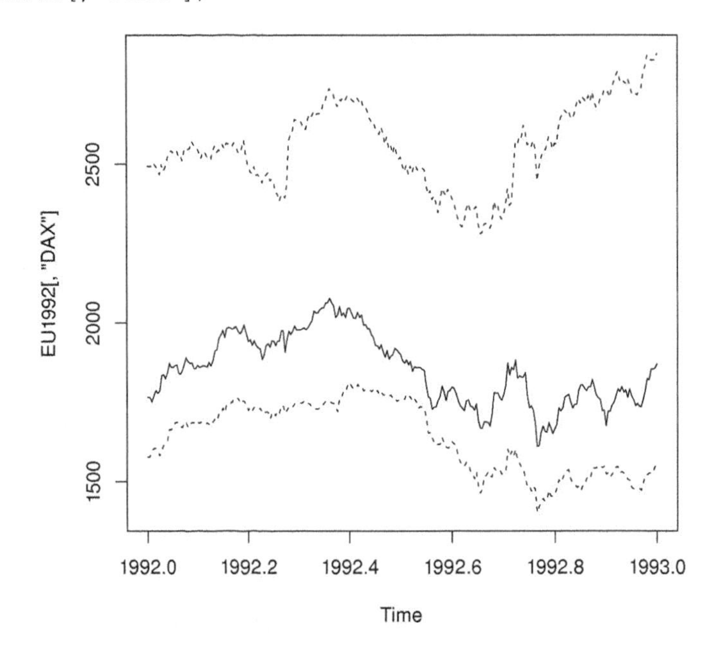

图3.6

永久和临时绘图设置，使用 par() 函数将线条类型永久设置成虚线样式，以绘制包含顶线的图形，然后对中间的线调用 lines() 函数，将线条类型临时设置为实线，接下来对最底端的线调用 lines() 函数，又将线条类型恢复成永久的虚线样式

① 在本例中使用的数据是欧洲主要的股票指数的收盘价，该数据集来自于 datasets 包中的 EuStockMarkets 对象。

只有一部分绘图状态能够通过调用绘图函数被暂时设定。例如，`mfrow` 这个状态就不能通过函数设定的方式来实现，而只能通过 `par()` 函数设置。表 3.2 列出了所有这些底层设定。

表3.2

基础绘图系统中底层绘图状态的设置。这一组绘图状态只能通过 par() 函数查询和设置。每一个设置都将在相应的章节做详细的介绍

设置	描述	章节号
fig	图像区域的位置（归一化的坐标）	3.2.6
fin	图像区域的尺寸（以英寸为单位）	3.2.6
lheight	多行文本的间距（缩放倍数）	3.2.3
mai	图像区域边缘部分的尺寸（以英寸为单位）	3.2.6
mar	图像区域边缘部分的尺寸（以文本行数为单位）	3.2.6
mex	边缘处文本行的间距	3.2.6
mfcol	一个页面中图片的数量	3.3.1
mfg	选择下一张要绘制的图片	3.3.1
mfrow	一个页面中图片的数量	3.3.1
new	是否开始创建新的绘图	3.2.8
oma	外部边缘区域的尺寸（以文本行为单位）	3.2.6
omd	内部区域的位置（归一化的坐标）	3.2.6
omi	外部边缘与区域的尺寸（以英寸为单位）	3.2.6
pin	绘图区域的尺寸（以英寸为单位）	3.2.6
plt	绘图区域的尺寸（归一化的坐标）	3.2.6
ps	文本尺寸（以点的尺寸为单位）	3.2.3
pty	绘图区域的纵横比	3.2.6
usr	坐标轴的尺度范围	3.4.5
xlog	是否对 x 轴取对数尺度	3.2.5
ylog	是否对 y 轴取对数尺度	3.2.5

有一小部分绘图状态不能通过任何方式设定，而只能通过 `par()` 函数来查询。例如，没有一个函数允许用户修改当前设备（在设备已经被创建的情况下）的尺寸，但是该设备的尺寸

（以英寸为单位）可以通过 par("din") 函数查询。这些“只读”的状态列于表 3.3。

表3.3

基础绘图系统中只读绘图状态的设置。这一组绘图状态设置只能（通过 par() 函数）查询。每一个设置都将在相应的章节做详细的介绍

设置	描述	章节号
cin	单个字符的尺寸（以英寸为单位）	3.4.5
cra	单个字符的尺寸（以像素为单位）	3.4.5
cxy	单个字符的尺寸（单位为用户坐标系中的单位）	3.4.5
din	绘图设备的尺寸（以英寸为单位）	3.4.5
page	用来询问是否在一个新页面开始绘制下一幅图	3.3.1

同时打开多个图形窗口是可以的。每一个绘图设备都拥有属于它自己的绘图状态，并且调用 par() 函数只能影响到当前活跃绘图设备的基础绘图状态（见 9.1 节）。

3.2 控制绘图外观

本节将重点阐述如何控制绘图外观，即绘图所需的颜色、线条样式、字体等。正如 3.1.2 小节所述，这些特征是通过设置基础绘图系统的绘图状态并为绘图状态赋予一个特定的状态值来控制的，绘图状态的设置与赋值需要调用 par() 函数，或者将绘图状态作为参数传递给一个特定的绘图函数（例如 plot() 函数）来实现。例如，通过一个名为 col 的绘图状态设置来控制输出图形的颜色（见 3.2.1 小节）。

可以通过如下形式的命令调用 par() 函数来永久地设置 col 的值为红色：

```
par(col="red")
```

这个设定会影响接下来的所有输出图形的颜色。还有一种选择是用下面形式的命令通过将需要设置的状态值作为参数赋值给一个高级绘图函数来设置 col 的值为红色：

```
plot(..., col="red")
```

这个设定只会影响当前绘制的图形。最后，还可以把设置的绘图状态值作为参数赋值给一个低级函数，如下面形式的命令：

```
lines(..., col="red")
```

上面的命令说明，通过把绘图状态值赋给低级函数可以实现只控制输出图形某一部分的外观。

很多绘图状态的设置都影响着绘图的外观，但是这些设置可以根据它们所影响绘图的不同方面来进行分组。下面的每一节都会具体介绍一组状态的设置，并详尽地阐述该组中单个状态设置的作用。这些内容包括指定图形的颜色；如何控制线条、文本、数据符号以及坐标轴的外观；如何控制不同绘图区域的尺寸和位置；剪切（只在页面的某个特定部分绘图）；指定当调用一个高级函数开始绘制新的图形后的绘图行为。

绘图区域的位置和尺寸也会影响绘图的外观，但是关于这方面的内容将单独在3.3节介绍。

下面的几节内容提供了如何设置基础绘图系统中绘图参数的简单例子，更多的内容将在第10章介绍。

3.2.1 颜色

在基础绘图系统的绘图状态的设置中，关于颜色状态的设置主要有以下3个：col、fg和bg。

col设置是最常使用的，其基本用途就是指定在绘图区域中绘制的数据符号、线条、文本等元素的颜色。不过，通过不同绘图函数设置的颜色状态，其影响是不相同的。例如，在一幅通过调用plot()函数绘制的标准散点图中，设置col参数将指定所绘数据符号以及线条的颜色，但是在barplot()函数中，col参数的设置将指定绘制条形内部的填充颜色。对于rect()函数（见3.4节），col参数将指定填充矩形的颜色，而border参数决定矩形边框的颜色。对col状态的设置在输出图像的边缘区域也会产生不同的效果。col参数的设定不影响坐标轴和坐标轴标签的颜色，但是会改变mtext()函数输出文本的颜色。有专门用来控制坐标轴、坐标轴标签、主标题和副标题的状态设置，它们分别是col.axis、col.lab、col.main和col.sub。

fg设置的初衷是用来指定坐标轴和绘图区域边界的颜色的。事实上，fg设置的作用与上面提到的专门用来指定坐标轴颜色（col.axis）、主标题颜色（col.labels）等内容的设置有某些重叠。

bg 设置的初衷是用来指定基础绘图系统图形输出的背景颜色的。通过 bg 设置的颜色值会填充整个页面。类似于 col 状态的设定，当通过不同绘图函数指定 bg 值的时候，产生的效果也是不同的。例如，plot() 与 points() 函数中对 bg 参数的设定允许符号的填充颜色和边界颜色不同（pch 参数的取值范围为 21 到 25，见 3.2.4 小节）。

有许多不同的方式可以设置颜色的状态值。最简单的方法是直接使用颜色的名称，例如 red 和 blue，但是也有许多其他方式，包括调用一个函数生成一系列颜色。本书第 10.1 节用最完整的内容详细介绍了如何在 R 中设置颜色的值。

填充模式

在某些情况下（例如，以黑白颜色输出图像），用不同颜色去区分图形中不同的元素是很困难的。使用不同颜色的灰度水平是不错的选择，但是还有另外一种方式，即使用某种填充模式，例如交叉影线。使用这类填充模式的时候要非常小心，因为这类模式很容易造成分散读者注意力的视觉效果。

在基础绘图系统中，对填充模式的支持是有限的，并且只能应用于矩形和多边形的填充。可以用不同的一组线条以特定的角度对矩形或者多边形进行填充，填充的线条之间有一定的距离。设置 density 状态可以控制线条之间的分隔距离（根据每英寸的线条数目），而设置 angle 状态可以控制线条的倾斜角度（根据从 3 点钟开始的逆时针方向的角度）。使用填充模式的示例图见图 2.8、图 3.20，也可参见绘图所用的相应代码。

对填充模式的设置只能通过函数 rect()、polygon()、hist()、barplot()、pie() 以及 lengend() 函数实现（而不是通过 par() 函数）。

3.2.2 线条

在基础绘图系统中有 5 种绘图状态是用来控制线条外观的。设置 lty 状态控制绘制线条的样式（例如，实线、虚线或者点线），设置 lwd 状态控制线条的宽度，另外，设置 ljoin、lend 以及 lmitre 状态控制线条端点以及拐角处的绘制行为（圆角的或者是点状的）。

线条样式可以通过指定一个字符值来设置，例如，solid、dashed 或者是 dotted，而线条宽度的设置则是通过给 lwd 状态赋一个数字来实现，这里 1 对应着 1/96 英寸（大约是大多数电脑屏幕上的一个像素）。

这些绘图状态设置的作用范围也依赖于所调用的绘图函数而各不相同。例如，对于标准散点图，设置只对绘图区域中绘制的线条有影响。为了控制坐标轴的部分线条，必须直接将 lty 的设置传递给 axis() 函数（见 3.4.4 小节）。

10.2 节将对 R 中线条样式的设置做完整的介绍。

3.2.3　文本

基础绘图系统中有一系列控制文本外观的绘图状态设置。文本的尺寸是通过 ps 和 cex 两个状态控制的；字体是通过 font 和 family 两个状态控制的；文本调整是通过 adj 状态控制的；文本的旋转是通过 srt 状态控制的。

此外还有 ann 设置，用来表明是否要在图中绘制标题和坐标轴标签。这个状态是应用于高级函数的，但是并不能保证在所有此类函数中都可以正常使用（特别是扩展包中的函数）。关于 ann 作为高级函数绘图参数的使用示例，参见 3.4.1 小节。

文本尺寸

文本的尺寸本质上是一个以“点”为单位来指定字体尺寸的数值。字体大小通过两种方式设置：ps 指定字体的绝对大小（例如，ps=9），cex 指定一个缩放倍数因子（例如，cex=1.5）。最终的字体大小通过简单的 fontsize（字体大小）*cex 的乘积来确定。

类似于指定颜色的情况，cex 设置的作用域在不同的调用环境中是不相同的。当通过 par() 函数设置 cex 后，会影响大多数文本尺寸。但是，当通过 plot() 函数设置 cex 后，只有数据符号的大小被改变。此外，还有一些特殊的字体设置，如控制所绘坐标轴（cex.axis）、坐标轴标签（cex.lab）、主标题（cex.main）以及副标题（cex.sub）的字体设置。

指定字体

用于书写文本的字体是通过设置 family 和 font 状态来控制的。

family 设置是通过将指定字体族名称的字符值赋给状态值实现的，例如，“Times Roman”，或者是赋一个通用字体样式名称的字符值，例如，“serif”“sans”(sans-seri: 非衬线）或者“mono”(monosapced: 等宽字体)。特定的字体族只有当它们被安装在运行 R 的操作系统上时才能使用，但是通用字体样式总是可以使用的。

font 设置的状态值是一个在正常文本（1）、bold 粗体（2）、italic 斜体（3）、以及 bold-italic 粗斜体（4）中选择的一个数值。类似于颜色和文本尺寸，font 设置大多数时候是在绘图区域上应用的。此外，还有额外的设置，分别是对标签（font.lab）、标题（font.main 和 font.sub）的设置。图 3.7 展示了 12 个基本的字体族和字体风格的组合。

10.4 节将介绍更多关于如何在 R 绘图中指定文本字体的方式。

文本调整

adj 设置的状态值是一个取值范围为 0 到 1 的数值，该数值表示文本字符串水平调整的值（0 表示文本的坐标向左调整，1 表示文本的坐标向右调整，0.5 表示文本中心的值）。

adj 设置的含义依赖于文本是在绘图区域绘制的，还是在图像区域绘制的，或者是在边缘空白区域绘制的。在绘图区域，文本的调整是根据所绘制文本的 (x,y) 坐标位置确定的。在此环境下，也可以为 adj 状态赋两个值，其中第二个值的意义是对文本的位置做垂直方向的调整。此外，非有限的值（NA，NaN 或 Inf）也可以作为调整文本位置的状态值，在这里表示"精确"地位于中心（见下文）。

图3.7

字体族和字体风格的展示。基础绘图系统中可以使用的 12 个字体族和字体风格组合的不同表现形式

在垂直方向的调整中取值为 0.5 和一个非有限的调整值之间只有一处不同。在这种情况下，设置 0.5 的状态值意味着基于文本基线上方文字的高度将文本垂直地调整到中心（即忽略字母伸出的部分，比如字母"y"的尾部）。一个 NA 的状态值意味着根据字体的整个高度将文本垂直地调整到中心（即包括整个字母伸出的部分）。图 3.8 展示了不同 adj 状态设置下绘图区域文本对齐的方式。

在图像边缘以及外围边缘区域中，adj 设置的效果依赖于 las 状态的设置（见下文）。当边缘处文本平行于坐标轴的时候，adj 同时指定了文本的位置和调整方式。例如，取 0 值意味着文本是向左调整的并且文本位于边缘处的最左边。当文本垂直于坐标轴时，adj 设置只影响文本的调整。此外，adj 设置只影响边缘处文本的"水平"调整（即按阅读方向调整文本）。3.4.2 小节包含更多介绍绘图边界区域文本调整的内容。

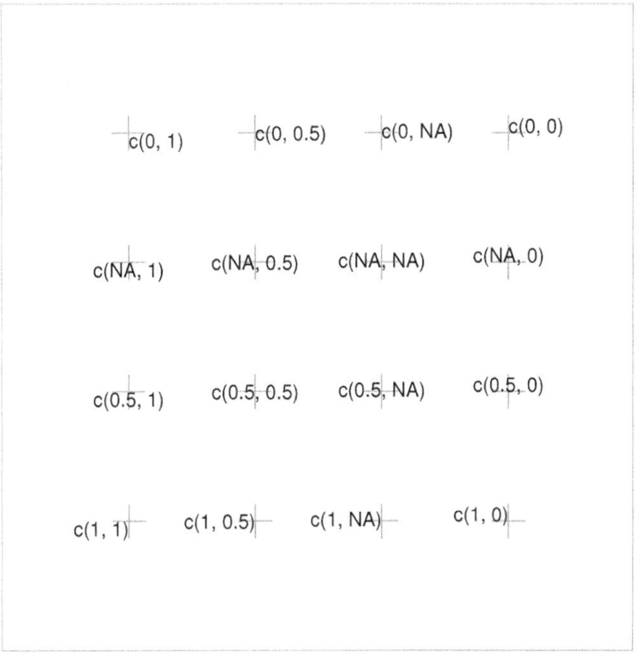

c(0, 1)　c(0, 0.5)　c(0, NA)　c(0, 0)

c(NA, 1)　c(NA, 0.5)　c(NA, NA)　c(NA, 0)

c(0.5, 1)　c(0.5, 0.5)　c(0.5, NA)　c(0.5, 0)

c(1, 1)　c(1, 0.5)　c(1, NA)　c(1, 0)

图3.8

文本在绘图区域中的对齐方式。设置 adj 绘图状态需要用到两个值，hjust 和 vjust，其中 hjust 指定了水平方向的调整，vjust 指定了垂直方向的调整。图中每一部分文字都根据偏离灰色十字线的位置来表示相应 adj 设置所做的调整。设置竖直调整值为 NA 的情况与设置竖直调整值为 0.5 的情况有一些微小的差异

文本的旋转

srt 绘图状态的设置用来指定一个旋转角度，该旋转为从 x 轴正方向开始的逆时针旋转，单位是角度数。该设置只影响绘图区域中文本的绘制（通过 text() 函数绘制的文本，见 3.4.1 小节）。文本可以以任意的角度在绘图区域内绘制。

在图像区域以及外部边缘区域中，文本只能以 90° 的倍数的角度绘制，该角度是通过 las 状态控制的。las 状态值取 0 意味着文本总是平行于相应的坐标轴（即在边缘区域 1 和 3 是水平的，在边缘区域 2 和 4 是垂直的）。状态值取 1 意味着文本总是水平的，取 2 意味着文本总是垂直于相应的坐标轴，取 3 则意味着文本始终是垂直的。

多行文本

多行文本的间距是通过设置 lheight 状态控制的，该状态的值是与一个自然文本行高度相乘的缩放倍数。例如，lheight=2 指定了一个双层文本。对 lheight 状态的设

置只能通过 par() 函数实现。

3.2.4 数据符号

数据符号是用来绘制数据点的，设置 pch 的状态值可以控制数据符号的样式。pch 的状态值是根据固定数据符号集的编号所选择的一个整数，或者是一个字符。例如，指定 pch=0 将输出一个空心方形，指定 pch=1 将输出一个空心圆圈，指定 pch=2 将输出一个空心三角形（见图 3.9）。指定 pch="#" 意味着在每一个数据点的位置绘制一个井号。

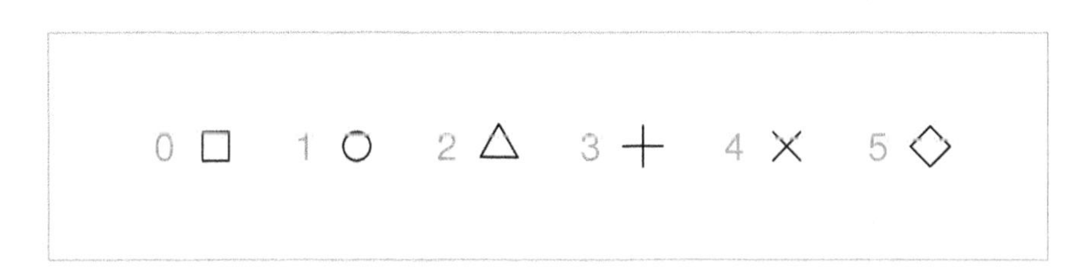

图3.9

在基础绘图系统中可以使用的前 6 个数据符号。在示例图中，设置 pch 状态所取的整数值都用灰色绘制在相应数据符号的左边

有一些预先定义的数据符号（pch 值的范围为 21 到 25），允许符号的填充颜色和边界颜色不同，在这种情况下，bg 状态值的设置决定了填充的颜色。

10.3 节介绍了更多关于数据符号集合的详细内容。

数据符号的尺寸与文本尺寸相关联，也是通过设定 cex 状态控制的。如果数据符号是一个字符，则其尺寸由 ps 状态值的设置决定。

type 状态的设置则控制着如何在绘图中表示数据。当 type 取值为 p 的时候意味着在每一个（x,y）坐标点绘制一个数据符号。取值为 l 的时候，（x,y）坐标点通过线段相互连接起来。取值为 b 时，同时绘制数据符号和线条。当然，type 取值也可以为 o，此时数据符号会重叠绘制于线段上（取值为 b 的时候，绘制的线段并没有达到数据点）。还可以指定 type 的值为 h，此时对每一个数据点坐标（x,y），将绘制一条从 x 轴到（x,y）的线段（所绘制的图形与条形非常细的条形图非常相似）。还有两个取值，s 和 S，设定这两个值后，（x,y）坐标上的数据点将以城市街区的样式通过水平然后竖直（或者先竖直然后水平）的方式连接起来。最后，设置状态值为 n 将不绘制任何图形。

图 3.10 展示了 type 设置为不同类型值的示例图。该项设置通常是通过调用高级函数（例如 plot() 函数）而不是 par() 函数实现的。

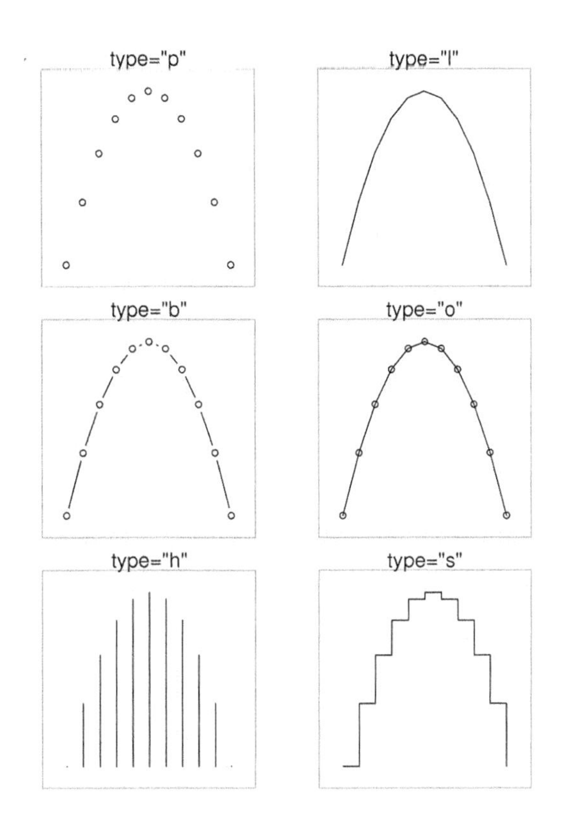

图3.10

基本绘图类型的展示。type 取不同状态值所绘制的同一组数据。在每一种情况下，输出图形的代码都是形如 plot(x,y,type=something)的表达式，在表达式中 type 所取的值在所绘图形的上方展示

3.2.5 坐标轴

默认情况下，基础绘图系统绘制的坐标轴，其标签都有明确的意义，同时刻度线也标记在合理的位置上。如果坐标轴看起来不合适，可以通过设置许多绘图状态来特别控制所绘坐标轴的某一个方面，例如刻度线的数量以及标签的位置。这些都将在下面的内容中介绍。如果通过这些状态的设置仍然不能得到满意的结果，那么用户可能需要显式地使用 axis() 函数（见 3.4.4 小节）绘制所需要的图形。

在基础绘图系统中设置 lab 状态来控制坐标轴上刻度线的数量。该设置只是在开始阶段使用以帮助 R 的内置算法决定合理的刻度位置，因此最终所绘制的刻度线数量会很容易与设定的值不同。设置 lab 需要指定两个值：第一个指定 x 轴上刻度线的数目，第二个指定 y 轴上刻度线的数目。

xaxp 与 yaxp 状态的设置也与所绘制坐标轴上刻度线的数目与位置相关。该项设置通常是由 R 为每一个新绘制的图形计算出来的，因此用户的设置通常会被覆盖（见 3.4.4 小节中关于本条规则的例外）。换句话说，只有在想知道当前值状态的情况下查询该设置才是有意义的。设置由 3 个值组成：前两个指定最左边和最右边刻度线（对于 y 轴是最上方和最下方）的位置，而第 3 个值指定在刻度线之间有多少个区间。当对坐标轴尺度使用对数变换时，3 个值会有完全不同的意义（见 par() 函数的在线帮助）。

mgp 状态的设置用于控制绘制偏离绘图区域边缘的坐标轴元素。状态的设置用 3 个值来表示坐标轴标签、刻度线标签以及刻度线的位置。设置的取值依赖于偏离绘图区域的文本行数。默认的值是（3，1，0）。图 3.11 给出了一个 mgp 取不同值时所绘的示例图。

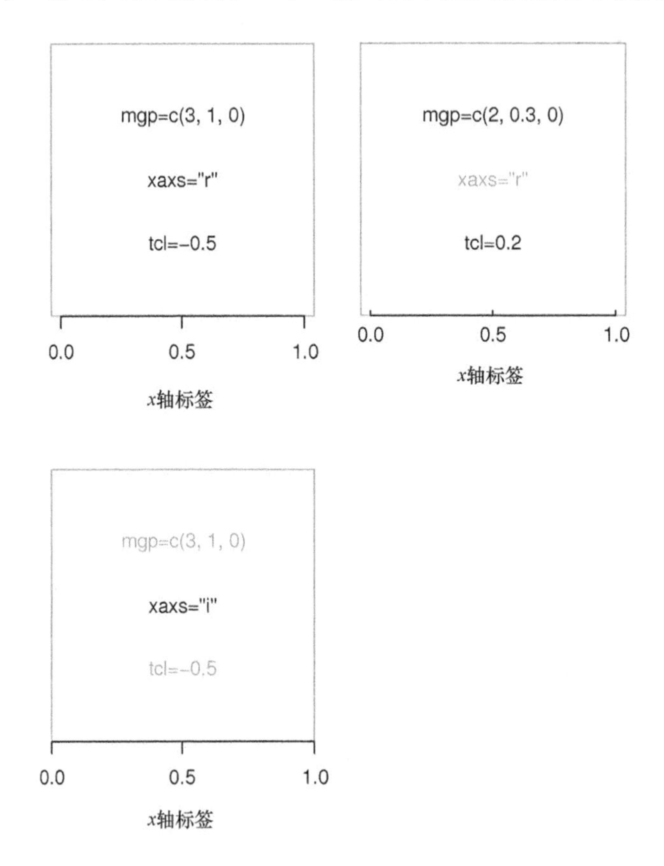

图3.11

不同的坐标轴样式。左上方的图形展示了 x 轴的默认坐标轴设置。右上方的图形展示了对坐标轴标签指定不同位置（刻度标签和坐标轴标签更接近于绘图区域）以及对刻度线指定不同长度所产生的效果。左下方的图形展示了指定一个“内部”坐标轴范围计算产生的效果

tck 和 tcl 状态的设置用于控制刻度线的长度。tcl 设置指定刻度线的长度为一文本行高度的一个缩放比。正负号表明刻度线的方向——负值表明绘制的刻度线方向指向绘图区域的外部，而正值表明刻度线的方向指向绘图区域的内部。tck 设置指定刻度线的长度取绘图区域的物理宽度和高度中值更小的一个缩放比，但是仅当其值为非 NA（并且该值的默认值就是 NA）时才能被使用。图 3.11 展示了不同 tcl 设定下的示例图。

xaxs 和 yaxs 状态的设置用于控制绘图中坐标轴的“样式”。默认情况下，设置值为 r，该值表示 R 会计算坐标轴的取值范围，使其比需要绘制的图形的范围要宽（从而使数据符号不会与绘图区域的边界相互重叠）。有时有可能需要使坐标轴范围与数据值的范围精确吻合，这可以通过指定状态值为 i 来实现。当坐标轴的取值范围被绘图函数中的 xlim 与 ylim 状态显式控制的时候，该状态值是非常有用的。图 3.11 给出了 xaxs 设置为不同状态值的示例图。

xaxt 和 yaxt 状态的设置用于控制坐标轴的“类型”。默认的取值是 s，表明坐标轴需要绘制。而指定值为 n 则表明不需要绘制坐标轴。

xlog 和 ylog 状态的设置用于控制坐标轴尺度的对数变换。默认值是 FALSE，此时坐标轴的尺度是线性的并且不做对数变换。如果该值为 TRUE，那么绘图区域内相应的坐标轴将做对数变换。同时坐标轴上刻度线数目的计算也会受到影响。

当需要绘制具有某种内在属性的数据时（例如，绘制时间序列数据），这些设置中的一些可能将不再起作用（并且可能不再有合理的解释）。

bty 状态的设置严格意义上不是作用于坐标轴的，而是用于控制 box() 函数的输出来协助绘制坐标轴。box() 函数会绘制一个沿着绘图区域边界的盒子（默认情况）。而 bty 状态的设置控制 box() 函数绘制的盒子类型。类型值可以是 n，意思是不绘制盒子，也可以是 o、l、7、c、u 或者] 中的某一个，此时盒子的样式类似于相应字符的大写形式。例如，bty="c" 意思是绘制下边、左边以及上边的边界，而不绘制右边的边界。

除了上面介绍的这些绘图状态，许多高级绘图函数，例如 plot() 函数，还提供了 xlim 与 ylim 状态用于控制坐标轴的尺度范围。2.6 节有一个相关的例子。

3.2.6　绘图区域

正如 3.1.1 小节所介绍的那样，基础绘图系统在绘图设备上定义了许多不同的区域。这一节将介绍如何通过设置绘图状态来控制这些区域的尺寸和布局。图 3.12 展示了一张图，里面包含了一些影响这些区域宽度以及水平布局的绘图状态的设置。

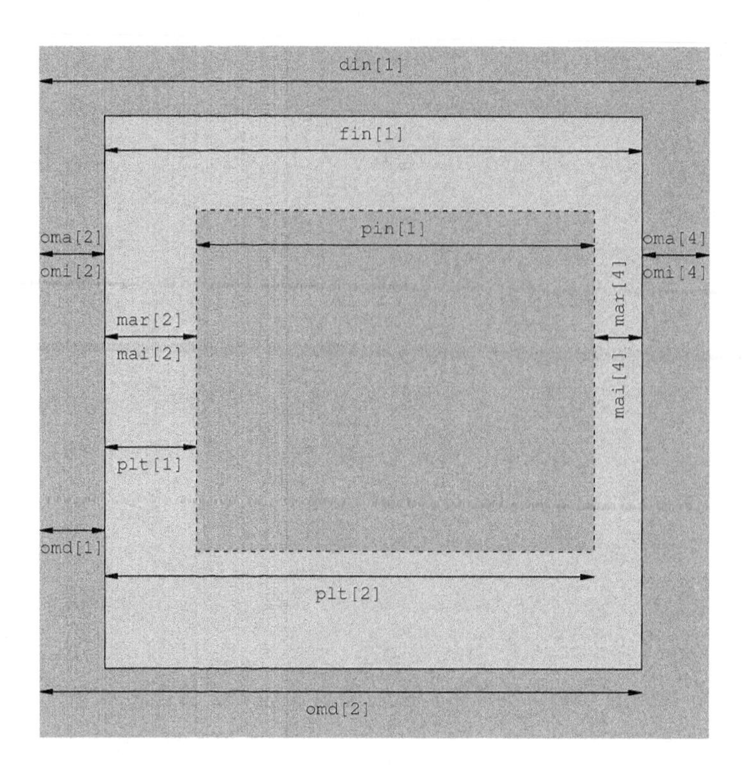

图3.12

控制绘图区域的绘图状态。其中有些绘图状态用于控制绘图区域的宽度和水平位置。为了方便比较，本图使用了和图 3.1 相同的布局：中间的灰色矩形表示绘图区域，围绕在周围的浅灰色区域是图像区域，在这之外围绕的深灰色矩形是外部边缘区域。类似的示例图可以通过设置控制高度和垂直位置绘制出来

每一个边缘区域的尺寸都是可以独立控制的，但是 R 会检查全局的设定是否是一致的。例如，如果边缘区域设置得过大了，那么页面中就没有留给绘图区域的空间了，因此 R 会输出一条如下错误信息：

```
Error in plot.new() : figure margins too large
```

外部边缘区域

默认情况下，页面中没有外部边缘区域。外部边缘区域可以通过设置 oma 状态来指定。该状态的设置由 4 个边缘区域按顺序 (bottom,left,top,right)（下、左、上、右）相对应的数值组成，并且值是通过文本行的大小来表示的（值取 1 时在边缘处提供一个文本行的空

间）。也可以通过 omi 以英寸为单位指定或者在归一化的设备坐标系（即占设备区域的比值）中使用 omd 的方式来指定边缘区域的尺寸。如果使用了 omd，边缘区域尺寸值的指定顺序则变成了 (left,right,bottom,top)（左、右、下、上）。

图像区域

默认情况下，图像区域的尺寸是根据外部区域以及页面内图片数量的设置计算的。事实上，图像区域的大小可以显式地通过设置 fig 状态或者设置 fin 状态来实现。fig 状态的设置指定图像区域的位置 (left,right,bottom,top)(左、右、下、上)，其中每一个值都是“内部”区域的一个比例（页面中去掉外部边缘的区域）。fin 状态的设置是通过指定图像区域的尺寸 (width,height)（宽度、高度）实现的，尺寸以英寸为单位并且设置后的图像区域位于内部区域的中心。

图片边缘区域

通过 mar 状态的设置可以控制图片的边缘区域。该状态的值是由边缘区域的 4 个值按照顺序（bottom,left,top,right）（下、左、上、右）组成的，其中每一个值都表示文本行的数目。默认值是 c (5,4,4,2)+0.1。图片边缘区域的控制也可以通过设置 mai 状态来实现，mai 的状态值以英寸为单位。

mex 状态的设置用于控制图片边缘区域一个文本行的尺寸。该状态并不影响边缘区域文本的绘制尺寸，而是通过与文本尺寸相乘来决定边缘区域一个文本行的高度。

绘图区域

默认情况下，绘图区域的位置与尺寸是根据图像区域去掉其边缘区域进行计算的。绘图区域的位置和尺寸可以通过显式地设置 plt、pin 或者 pty 状态进行控制。plt 状态的设置允许用户指定绘图区域的位置（left,right,bottom,top）(左、右、下、上)，其中每一个值都是当前图像区域的一个比例值。pin 状态的设置指定了绘图区域的尺寸 (width,height)（宽度、高度），其中状态值的单位是英寸。

pty 状态的设置控制了绘图区域所占据的可用空间的大小（图像区域去掉其边缘）。默认的值是 m，该值意味着绘图区域占据了全部可用的空间。而取值为 s 则意味着绘图区域要尽可能多地占据可用空间，但是形状必须是“正方形”的（即绘图区域的物理宽度和物理高度是相等的）。

3.2.7 剪切

基础绘图系统绘制的输出图形通常会被限制在绘图区域内。这意味着任何在绘图区域外显示的图形将不会被绘制出来。例如，根据默认的行为，位于坐标轴范围外的坐标为 (x, y) 的数据符号将不会被绘制。在边缘区域绘制图形的基础绘图函数的输出将被剪切到当前图像区域或者绘图设备中。3.4 节将介绍何种函数用于在何种区域绘制图形。

覆盖默认的剪切区域是非常有用的。例如，使用 `legend()` 函数在绘图区域外绘制一个图例是非常有必要的。

基础绘图系统中的剪切区域通过设置 `xpd` 状态来控制。剪切行为可以发生在整个绘图设备中（`xpd` 的值取 `NA`），或者在当前图片中（取值为 `TRUE`），或者在当前绘图区域中（取值为 `FALSE`，同时也是默认设置）。

此外还有一个 `clip()` 函数用于设置比绘图区域小的剪切区域。

3.2.8 跳转到新的图形

如 2.1 节所描述的那样，高级绘图函数通常会绘制一个新的图形。

`devAskNewPage()` 函数可以用来控制是否需要在绘制一个新的图形输出页面时提示用户。

绘图状态中有一个名为 `new` 的状态，用于控制一个开启新的绘图函数是否需要跳转至下一个图像区域（可能是一个新的页面）。每一个绘图函数都设置 `new` 的状态值为 `FALSE`，从而默认跳转到下一个图像区域中，但是如果设置 `new` 的状态为 `TRUE` 的话，一个新的图形将不会跳转至下一个图像区域。这个状态值的设置可以用来实现在同一个图像区域中重复绘制多个图形（见 3.4.5 小节的一个例子）。

3.3 多绘图布局

有许多方式可以用来在同一个页面内输出多个图像。

同一页面中图像的数量，以及图像在页面中的位置，可以直接通过使用 `par()` 函数设置基础绘图状态 `mfrow` 或者 `mfcol` 来控制，还可以通过使用 `layout()` 函数提供的高级接口来实现控制。此外，`split.screen()` 函数还提供了一种方法，即一个图像区域本身也被视作一个完整的页面，进而被分割成更多的图像区域和绘图区域。

这 3 种方式是互斥不相容的。例如，调用了 `layout()` 函数之后会覆盖之前对 `mfrow` 和 `mfcol` 这两个状态的设置。另外，有一些高级函数（例如，`coplot()`）会调用 `layout()` 或者 `par()` 函数本身去创建一个绘图布局，这意味着这些函数的图形输出不能够和其他绘图安排在同一个页面（更深入的讨论参见 3.4.6 小节；12.2 节提供了一种方法来打破这一限制）。

3.3.1 使用基础绘图状态设置

在一个页面中的图像区域的数量可以通过设置 mfrow 和 mfcol 绘图状态来控制。这两个状态都是由两个数字组成，一个表示行的个数，nr，另一表示列的个数，nc，这些设置会产生一个等尺寸的 nr × nc 个图像区域。

左上方的图像区域会被优先使用。如果设置是通过 mfrow 实现的，那么最上方一行的图像区域将按照从左到右的顺序被依次使用，直到行内所有区域都被使用完为止。在那之后，接下来一行的图像区域也将从左到右依次被使用，该过程将不断重复，直到所有图像区域都被使用完。当所有行都被使用时，一个新的页面将会被创建。例如，下面的代码创建了一个包含 6 个图像区域的页面，页面的布局为三行两列，并且所使用的图像区域依次如图 3.13（a）所示。

```
> par(mfrow=c(3, 2))
```

如果设置是通过 mfcol 实现的，那么图像区域将按照列而不是行被依次使用。

图像区域的使用顺序可以通过设置 mfg 状态显式地指定下一个图像区域来控制。设置该状态需要两个值，分别指定下一个将要使用的图像区域的行号和列号。

只读的 page 设置可以用来询问决定下一个高级绘图函数是否要开启一个新页面。

3.3.2 布局函数 layout()

layout() 函数提供了设置 mfrow 和 mfcol 的一种替代方式。两种设置方式的主要差异是 layout() 函数允许用户创建非等尺寸的多个图像区域。

layout() 函数基于一个简单的想法，即将页面的内部区域分割成一组行和列，但是行的高度和列的宽度可以分别独立控制，并且一个图像区域可以占据超过一行或者一列的位置。

layout() 函数的第 1 个参数（也是唯一一个需要提供的参数）是一个矩阵。矩阵的行数和列数决定了页面布局的行数和列数。

矩阵的元素是一个整数，该整数表示占据矩阵的某一行和某一列的图像区域的序号。下面代码设置的布局与通过 par(mfrow=c(3,2)) 所设置的布局相同：

```
> layout(matrix(c(1, 2, 3, 4, 5, 6), byrow=TRUE, ncol=2))
```

如果使用 cbind() 函数与 rbind() 函数指定矩阵，读者不难想象出图像区域的布局安排。下面的代码重复了之前的例子，只是通过 rbind() 函数指定了布局矩阵。

```
> layout(rbind(c(1, 2),
               c(3, 4),
               c(5, 6)))
```

函数 layout.show() 可以帮助用户将所创建的图像区域的布局可视化。下面的代码创建了上面例子中所设置的布局的可视化图像（见图 3.13（a））。

```
> layout.show(6)
```

布局矩阵的内容决定了图像区域的使用顺序。下面的代码所创建的页面布局拥有与之前例子中所使用的布局完全相同的行数与列数，但是图像区域的使用顺序则与之前相反（见图 3.13（b））。

```
> layout(rbind(c(6, 5),
               c(4, 3),
               c(2, 1)))
```

默认情况下，所有的行高和列宽的尺寸都是相同的，并且可用的内部区域也是以相同方式分割的。参数 heights 用于指定行的高度可以是可用行高的倍数（对于接下来所有的部分，参数 width 可以类似地指定列宽）。当可用行的高度被分割后，每一行的可用高度所占的比例由行高除以所有行高之和来决定。例如，下面的代码所定义的布局指定页面中有两行和一列。第一行的高度是可用行高的三分之二，即 2/（2+1），第二行的高度是可用行高的三分之一，即 1/（2+1）。图 3.13（c）展示了布局的结果。

```
> layout(matrix(c(1, 2)), heights=c(2, 1))
```

到目前为止的所有示例中，被分割的行高与被分割的列宽完全独立。可以强制地将宽度和高度对应起来，例如，可以使 1 的高度对应到相同物理距离的 1 的宽度。这可以控制输出图像的纵横比。参数 respect 可以用来实现强制对应。下面的代码同前面的例子相同，只是设置了 respect 参数为 TRUE（见图 3.13（d））。

```
> layout(matrix(c(1, 2)), heights=c(2, 1),
          respect=TRUE)
```

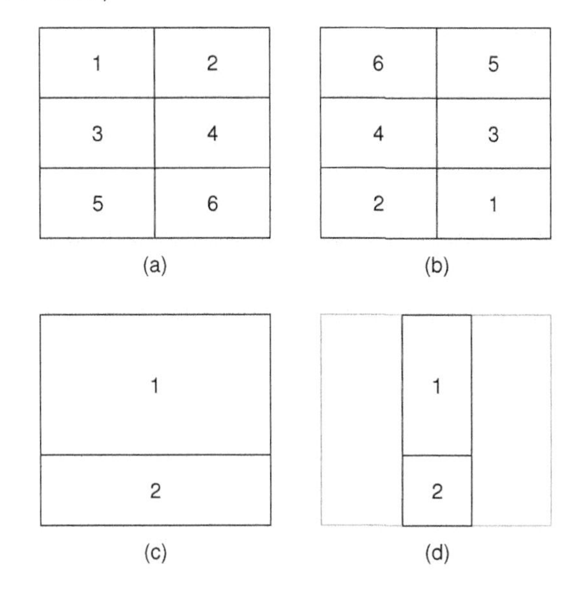

图3.13

一些基本布局：(a) 与通过 par(mfrow=c(3,2)) 所设置的布局相同；(b) 与 (a) 相同，但是以反序使用图像；(c) 使用不等行高的布局；(d) 与 (c) 相同，但是布局中的高度与宽度彼此“对应”。

还可以以绝对值指定行高和列宽。lcm() 函数可以用来设置以厘米为单位指定行高和列宽的布局。下面的代码同之前的例子一样，但是在两个图像之间创建了一个间距为 0.5 厘米的竖直间隙（见图 3.14（a））。第一个矩阵参数中的 0 表示在对应区域没有图像占据。

```
> layout(matrix(c(1, 0, 2)),
          heights=c(2, lcm(0.5), 1),
          respect=TRUE)
```

下一段的代码展示了一个图像在布局中可以占据超过一行或者一列的位置。这段代码扩充了之前的例子，增加了额外的第二列并且创建了一个占据了最下面一行两列位置的图像区域。在矩阵参数中，数值 2 在第三行出现了两次（见图 3.14（b））。

```
> layout(rbind(c(1, 3),
               c(0, 0),
```

```
                c(2, 2)),
         heights=c(2, lcm(0.5), 1),
         respect=TRUE)
```

最后，可以指定只有特定的行与列才对应于彼此之间的高度/宽度。实现的方式是对 respect 参数指定一个矩阵。下面的代码对前面的例子做了修改，指定了只有第一列和最后一行对应彼此的宽度/高度。在这种情况下，产生的效果是保证图像区域 1 的宽度与图像区域 2 的高度相同，但是图像区域 3 的宽度是自由的并可以扩展到页面的可用宽度（见图 3.14（c））。

```
> layout(rbind(c(1, 3),
               c(0, 0),
               c(2, 2)),
         heights=c(2, lcm(0.5), 1),
         respect=rbind(c(0, 0),
                       c(0, 0),
                       c(1, 0)))
```

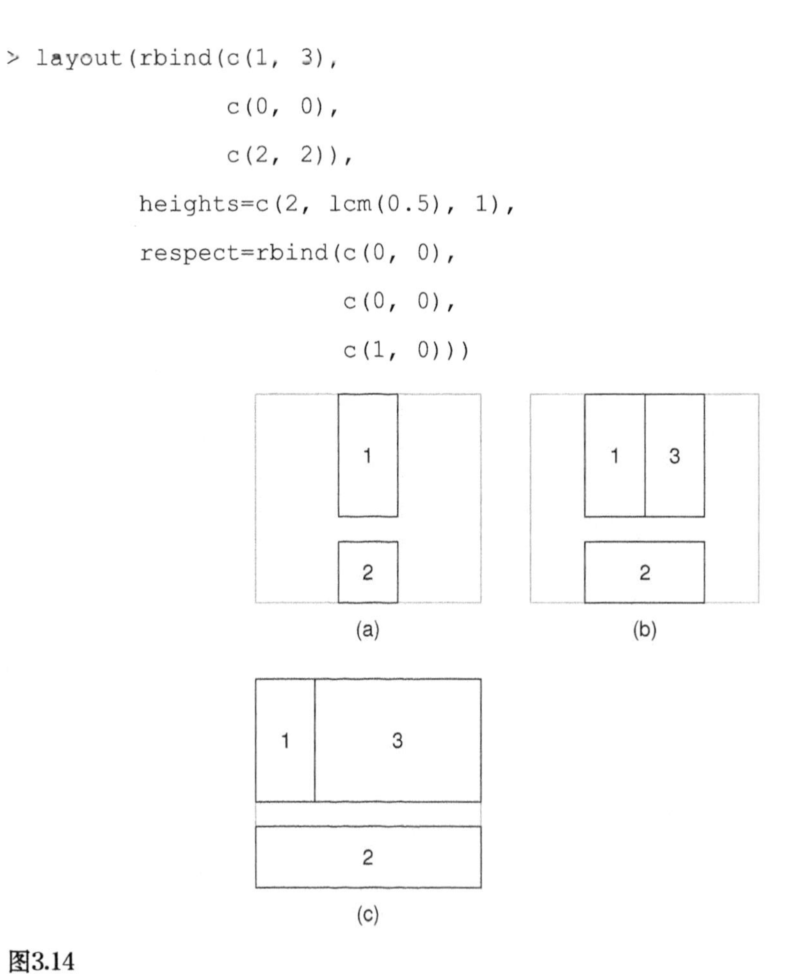

图3.14

一些更复杂的布局：（a）布局中一行的高度指定为以厘米为单位；（b）图像占据超过一列位置的布局；（c）与（b）相同，只是第一列与第三行相对应

3.3.3 split-screen 方法

split.screen() 函数提供了另一种方法将页面分割为不同数目的图像区域。split.screen() 函数的第一个参数 figs 或者是一个包含两个值的向量，每个值分别指定图像行数与列数（例如，类似于 mfrow 的设置），或者是一个矩阵，矩阵的每一行（例如，类似于在每一行中的设置 par(fig)）包含图像区域的位置（left,right,bottom,top）（左、右、下、上）。

通过这种方式建立图像区域后，通过调用 screen() 函数来选择使用哪一个区域。这意味着使用图像的顺序完全由用户来控制；同时，也能够使得用户重复使用一个图像区域，尽管这样做是有风险的（split.screen() 函数的在线帮助手册提供了更深入的讨论）。函数 erase.screen() 可以用来清空一个已经定义的屏幕，而 close.screen() 函数用于移除一个或者多个屏幕的定义。

这种方法有一个更有用的特性，那就是每一个图像区域本身可以通过调用 split.screen() 函数分割成更多的区域。这种特性使得用户可以创建更加复杂的布局。

不过该方法也有负面影响，即不能很好地与基础绘图系统的内在模型契合（见 3.1 节）。建议用户在创建复杂布局的时候使用前面介绍的 layout() 函数或者是使用 grid 绘图系统（见本书第二部分），并结合基础绘图系统中的高级绘图函数（见第 12 章）。

3.4 注释图形

有时候仅仅修改高级函数的默认图形输出是不够的，还需要使用低级函数来添加更多的注释，才能满足最终的需求（例如，见图 1.3）。R 绘图系统本质上是支持在图形上添加注释的，即具有在已绘制图形上添加图形输出的能力。特别是，构建已绘制图形的区域和坐标系仍然能够继续用来添加新的图形输出。例如，可以根据图形在坐标轴上的尺度范围添加一个文本标签。

3.4.1 在绘图区域上添加注释

大多数在已绘制图形基础上添加图形输出的低级绘图函数会将添加的图形绘制在绘图区域。换句话说，追加图形的位置是根据用户坐标系指定的（见 3.1.1 小节）。

绘图原型

本节将介绍提供最基本的图形输出（线条、矩形、文本，等等）的绘图函数。表 3.4 给出了一个完整的列表。

表3.4

绘制基本绘图原型的低级绘图函数

函数	描述
points()	在坐标点（x,y）处绘制数据符号
lines()	在坐标点（x,y）之间绘制线条
segments()	在坐标点（x0,y0）与（x1,y1）之间绘制线段
arrows()	绘制线段并在端点处添加箭头
xspline()	根据控制点（x,y）绘制光滑曲线
rect()	绘制一个左下角在（xl,yb）点处而右上角在（xr,yt）点处的矩形
polygon()	沿着坐标点（x,y）绘制多边形
polypath()	绘制由一个或多个连接坐标点（x,y）的路径组成的多边形
rasterImage()	绘制位图
text()	在坐标点（x,y）处添加文本

最常用的功能是在一个图形上添加额外的数据集合。lines() 函数用于在坐标点（x,y）之间绘制线条，points() 函数在坐标点（x,y）处绘制数据符号。下面的代码展示了一个常用的情形，在该情形中，3 个不同的 y 值集合，分别存储在相同的 x 值集合中，并被绘制在同一个图形中（见图 3.15 中左边的图形）。

首先我们从 EuSTockMarkets 时间序列数据集中仅提取几天的数据，将一个市场的收盘价以灰色线条样式（type="l" 和 col="gray"）画出。*y* 轴的尺度范围通过 ylim 状态值设置，以确保所有的数据序列在图形中都有绘制的空间。

```
> EUdays <- window(EuStockMarkets, c(1992,1), c(1992,10))
> plot(EUdays[,"DAX"], ylim=range(EUdays), ann=FALSE,
       axes=FALSE, type="l", col="gray")
```

现在在最初收盘价数据集合的基础上再增加其他两个市场的数据，然后将这其他两个市场的收盘价数据以线和点的形式添加到现有图形中。

```
> points(EUdays[,"DAX"])
> lines(EUdays[,"CAC"], col="gray")
```

```
> points(EUdays[,"CAC"], pch=2)
> lines(EUdays[,"FTSE"], col="gray")
> points(EUdays[,"FTSE"], pch=3)
```

也可以在点 (x,y) 处使用 text() 函数添加文本。在标识数据点的位置时这种方式非常有用，特别是使用 pos 这个参数来设置偏移量以避免文本与对应的数据符号重叠。下面的代码创建了一个示意图以展示 text() 函数的使用方法（见图 3.15 右边的图形）。在代码中，又生成了一些数据并且（灰色的）数据符号被绘制在点 (x,y) 处。

```
> x <- 1:5
> y <- x
> plot(x, y, ann=FALSE, axes=FALSE, col="gray", pch=16)
```

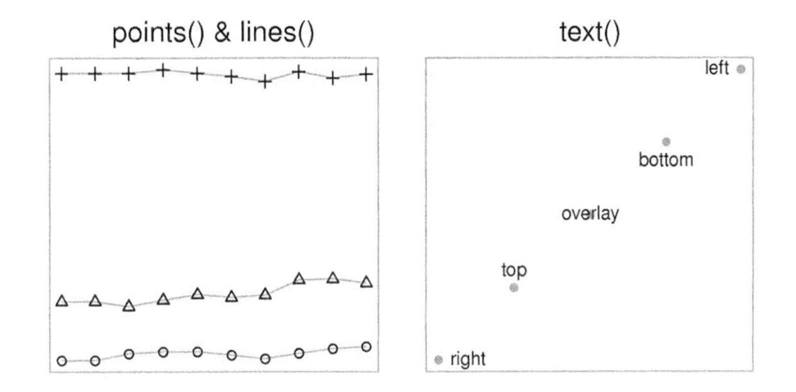

图3.15

在基础绘图系统的绘图区域添加元素。左边的示例图展示了在初始的线图上添加点和额外的线条。右边的图展示了在初始的散点图上添加文本

现在一些文本标签被添加到图形中，并且每个文本标签都设置了不同的对点 (x,y) 的偏移量。注意到这里赋值给 text() 函数的参数是一个向量，从而可以一次绘制多个文本。

```
> text(x[-3], y[-3], c("right", "top", "bottom", "left"),
       pos=c(4, 3, 1, 2))
> text(3, 3, "overlay")
```

类似于 plot() 函数，text() 函数、lines() 函数、points() 函数都是泛型函数。这意味着这些函数针对特定的位于坐标 (x,y) 处的数据都有灵活的接口，或者这些函数在赋值给 x 参数特定的类对象时能够绘制出不同的图形。例如，lines() 函数和 points() 函数都接受特定形式的指定 (x,y) 数据点的关系式，并且 lines() 函数在接受一个 ts（时间序列）对象时会以合适的方式绘制图形。

text() 函数主要接受一个字符值用于绘制，但是也可以接受一个 R 的表达式（如使用 expression() 函数产生的表达式），以绘制一个使用特殊符号（例如希腊字母）和特殊格式（例如上标）的数学公式。例如，下面的代码绘制了公式$\sqrt{2\pi\sigma^2}$。10.5 节介绍了关于该功能的更多内容。

```
> text(0.5, 0.5, expression(sqrt(2*pi*sigma^2)))
```

作为与 matplot() 函数（见 2.5 节）并行的函数，matpoints() 函数和 matlines() 函数分别用于在图中添加线条和数据符号，赋给 x 或者 y 的值是矩阵。

访问绘图原型不仅可以使用户能够更容易地在图形中添加新的数据序列和标签，而且还可以在图形中添加任意元素。除了线条、点和文本，还有很多用于绘制更复杂形状的绘图原型。

为了展示这些绘图原型，下面的代码创建了一个 x 和 y 值的简单集合。这些数据点用来绘制一个变化的形状（见图 3.16）。

```
> t <- seq(60, 360, 30)
> x <- cos(t/180*pi)*t/360
> y <- sin(t/180*pi)*t/360
```

lines() 函数绘制一条经过这些点的线条。在 (x,y) 中的缺失值会在折线上显示为中断。

```
> lines(x, y)
```

segments() 函数提供了另一种方式，即在每一对端点之间绘制不同的直线段。下面的代码将会绘制出一条从 (0,0) 出发至 (x,y) 中每一点的直线段。注意 R 的常规循环规则在大多数绘图函数的参数设置中都得到了应用。

```
> segments(0, 0, x, y)
```

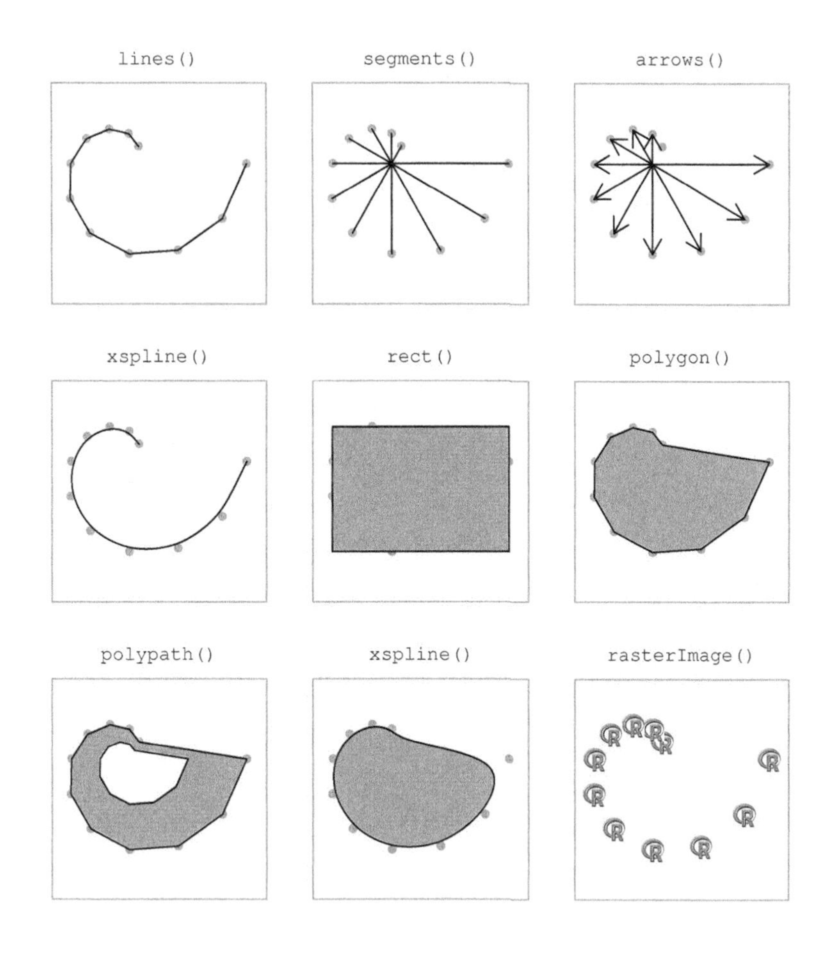

图3.16

在基础绘图系统的绘图区域绘制图形。这些图片展示了绘制更复杂形状的绘图函数。这些形状基于数据点 (x,y) 的集合，所有的数据点用浅灰色的点在图中表示

arrows() 函数会生成与 segments() 函数类似的图形输出，但是在线段的一端添加了一个简单的箭头。length 参数用来控制箭头的尺寸。

```
> arrows(0, 0, x[-1], y[-1], length=.1)
```

xspline() 函数也绘制了一条线条，但是线条是 X- 样条，即将 (x,y) 点作为控制点并根据这些控制点绘制的一条光滑曲线。曲线的光滑度可以通过 shape 参数调节。

```
> xspline(x, y, shape=1)
```

也有一些函数可以绘制封闭图形。最简单的是 rect() 函数，只需要接受一个左、下、右以及上的值来绘制一个矩形（所有的值都可以是向量，这会绘制出多个矩形）。

```
> rect(min(x), min(y), max(x), max(y), col="gray")
```

polygon() 函数使用 (x,y) 点作为顶点，来绘制更加复杂的形状。多个多边形可以用 polygon() 函数同时绘制，只需要在每一个多边形顶点集之间添加一个 NA 值。对于 rect() 函数和 polygon() 函数，col 参数用来指定填充图形内部的颜色，而 border 参数用来指定图形边界线的颜色。

```
> polygon(x, y, col="gray")
```

polygon() 函数虽然能够绘制自交多边形，但是不能绘制有洞的多边形。对于后一种情况，可以使用 polypath() 函数，该函数只绘制一个简单的多边形，但是多边形可以由多个分支路径组成。这使得用户可以绘制由多个不同路径组成的多边形，如同有洞的多边形一样。

```
> polypath(c(x, NA, .5*x), c(y, NA, .5*y),
           col="gray", rule="evenodd")
```

xspline() 函数也能够绘制封闭图形，此时需要指定 open=FALSE：

```
> xspline(x, y, shape=1, open=FALSE, col="gray")
```

最后还有一个函数 rasterImage()，用于在图形上绘制位图。位图可以是外部的文件，可以是一个向量、矩阵或者是数组。下面的代码在 (x,y) 中每一对坐标点处绘制了一个 R 的标志。（读取 R 标志的代码没有展示出来，更多内容参见第 11 章）。

```
> rasterImage(rlogo,
              x - .1, y - .1,
              x + .1, y + .1)
```

这些例子只是简单地展示了如何使用这些绘图原型绘制图形。通过添加基础绘图形状可以绘制出各种复杂的图形，本章剩余的部分会展示更多的通过在图形上添加元素绘制的图形（例如，见图 3.24）。

绘图工具

除了在前一节介绍的低级绘图原型，R 还提供了许多绘图工具函数，用于帮助用户绘制更复杂的形状。

grid() 函数能够在原有图形上添加一系列的网格线。虽然这些网格线仅仅是一些线段，但是其默认的外观（浅灰色点线）却符合无须根据主要数据符号进行推断就能为观众提供视觉线索的要求。

abline() 函数提供了很多在图形中添加一条直线（或者一组直线）的方法。可以通过指定斜率和 *y* 轴的截距来绘制对应的直线，也可以通过指定一系列在 *x* 轴的位置来绘制竖直直线或者指定一系列在 *y* 轴的位置来绘制水平直线。此外，abline() 函数还接受线性回归分析产生的系数（甚至是 lm 对象）作为参数，从而为用户提供了一个在散点图中直接添加最优拟合直线的简单方法。

下面的代码在基础散点图上添加了一条直线和一个箭头（见图 3.17 的左图）。

首先，生成一些数据并绘制一幅无修饰的图。[①]

```
> plot(cars, ann=FALSE, axes=FALSE, col="gray", pch=16)
```

接下来使用 abline() 函数绘制穿过数据点的最优拟合直线，并使用 text() 函数和 arrows() 函数添加文本标签和指向直线的箭头。

```
> lmfit <- lm(dist ~ speed, cars)
> abline(lmfit)
> arrows(15, 90, 19, predict(lmfit, data.frame(speed=19)),
         length=0.1)
> text(15, 90, "Line of best fit", pos=2)
```

box() 函数在绘图区域周围绘制一个矩形。box() 函数中的 which 参数能够改变默认设定，指定绘制的矩形是围绕在图像区域、内部区域还是外部区域周围。下面的代码在上面的图

① 在本例中使用的数据是 20 世纪 20 年代记录的汽车速度与刹车距离数据，该数据集来自于 datasets 包中的 cars 数据集。

形中围绕图像区域画了一个灰色的箱子。

```
> box(col="gray")
```

rug() 函数能够沿着某一个坐标轴绘制一个“地毯”图形，其中的“地毯”是由表示数据位置的一系列的刻度线组成的。该函数可以用来绘制数据在某一个维度上的附加图形（例如，和一个密度曲线一起绘制来描述数据的密度）。下面的代码使用该函数在上面例子的散点图中添加注释，并通过沿着 y 轴的一系列刻度线表示刹车距离的分布规律（见图 3.17 的右图）。

```
> rug(cars$dist, side=2)
```

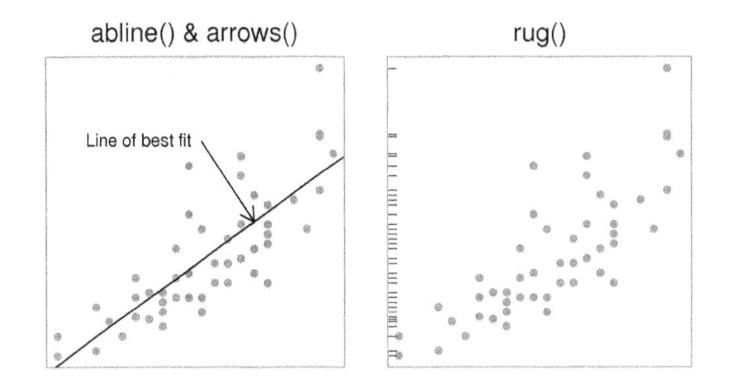

图3.17

更多在基础绘图系统的绘图区域中添加图形的例子。左边的图形展示了在原始散点图上添加最优拟合直线（以及一个文本标签和箭头）。右边的图形展示了在原始散点图中被添加作为地毯图的刻度线

缺失值和非有限值

R 有特定的数值用来表示缺失的观测数据（NA）以及非有限值（NaN 和 Inf）。大多数基础绘图函数允许这些值在数据点（x,y）之间，并以不绘制相应位置作为处理这些特殊值的手段。对于绘制数据符号或者文本的情形，这意味着不绘制相应的数据符号或者文本。对于绘制线条的情形，则意味着到达相应位置或者从该位置出发的线条不会被绘制，从而在线条上产生间隙。对于绘制矩形的情形，如果任意 4 个边界位置中有一个值是缺失的或者非有限的，那么一个完整的矩形就不会被绘制出来。

关于多边形的绘制，情况会稍微复杂些。对于绘制多边形的情形，一个缺失的或者非有限的 x 或者 y 值被解释为一个多边形绘制的终止和另一个多边形绘制的开始。图 3.18 展示了一个例子。在

左边图中，绘制了一个穿过12个数据点的多边形，这12个点是沿着圆环等距分割产生的。在右边图中，第一、第五和第九个数据点的位置被设置为NA，这样输出的图形是3个互相分离的多边形。

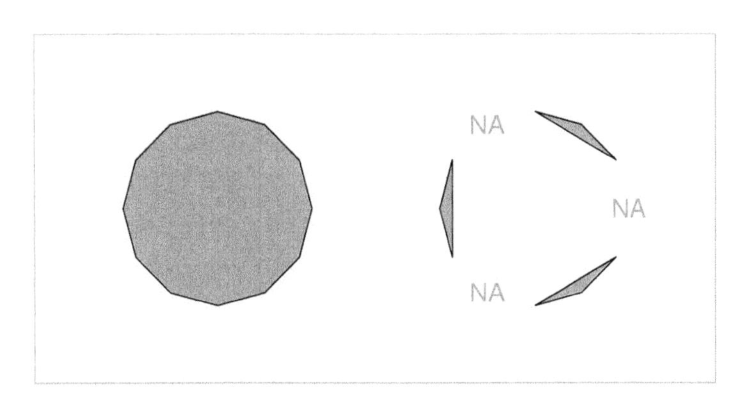

图3.18

使用polygon()函数绘制多边形。左图是由多个数据点的(x,y)坐标绘制的一个简单多边形（正十二边形）。右图中，第一、第五和第九个值被设置为NA，从而将输出的图形分割成3个分离的多边形。polygon()函数并不绘制灰色的NA值，这些NA值是通过text()函数绘制出来单纯用来阐述示例图的。

对于某些基础绘图状态的设置，也可以指定状态值为缺失值或者非有限值。例如，一个颜色的设置如果是缺失的或者非有限的，那么不会有任何图形被绘制出来（这提供了一个强行指定完全透明颜色的方法）。类似地，设置cex状态为缺失值或者非有限的值会导致对应的数据符号和文本不被绘制出来。

3.4.2　在边缘处添加注释

只有两个函数能够在图像区域或者外部区域边缘处，根据边缘坐标系添加图形输出（3.1.1节）。

mtext()函数可以在所有边缘区域的任何位置绘制文本。其中outer参数用于控制是在图像区域还是外部区域的边缘处产生输出。side参数用来指定在哪一个边缘区域进行绘制：1表示在底部边缘区域，2表示在左侧边缘区域，3表示在顶部边缘区域，4表示在右侧边缘区域。

对于图像区域的边缘，文本将被绘制在距离绘图区域边界数个文本行的位置，而对于外部区域的边缘，文本将被绘制在距离内部区域边界数个文本行的位置。在图像区域的边缘处，文本沿着边缘的位置可以根据用户坐标系使用at参数指定于相应的坐标轴上。在某些情况下可以通过使用adj参数指定文本的位置作为所占边缘区域长度的比例，但是该项设定依赖于las状态的设置。当las状态被设置成这样的状态值时，根据las状态所选择的位置，adj参数转而控制文本相对于该位置所做的调整。还有一个padj参数用于控制文本在边缘区域处

“竖直”方向的调整（即调整垂直于文本阅读方向的文本位置）。

title() 函数本质上是 mtext() 函数的一个特定版本。如果需要产生少部分特定类型的输出，title() 函数是非常方便的，但是不如 mtext() 函数那样灵活。这个函数可以用来绘制图形的主标题（在图像区域的顶部）、坐标轴标签（在图像区域的左侧和底部边缘处），以及图形的副标题（在边缘区域底部 *x* 轴的下方）。该函数的输出受到各种绘图状态设置的严重影响，例如 cex.main 和 col.main 等控制标题大小和颜色的状态。

类似于在绘图区域绘制文本的 text() 函数，所有在边缘绘制文本的函数，不仅接受字符值作为参数，还可以接受一个 R 的表达式，因此，坐标轴标签和绘图标题可以包含特殊的符号和格式（见 10.5 节）。

如果付出额外的一些劳动，用户也可以在图像区域边缘或者外部区域边缘使用那些通常在绘图区域使用的函数（例如 points() 函数和 lines() 函数），添加图形输出。为了实现这个目的，必须先使用 xpd 状态设置图形的剪切区域（见 3.2.7 小节）。这个方法不是非常方便，因为函数是根据用户坐标系绘制而不是根据边缘区域坐标系绘制图形的。然而，某些时候使用函数 grconvertX() 和 grconvertY() 函数是非常有用的，它们可以帮助用户在不同坐标系之间切换位置。

下面的代码展示了 mtext() 函数的使用方法以及在绘图区域外部使用 lines() 函数的简单应用，该代码将绘制出一个看上去在两个图像之间延伸穿越的矩形（见图 3.19）。[①]

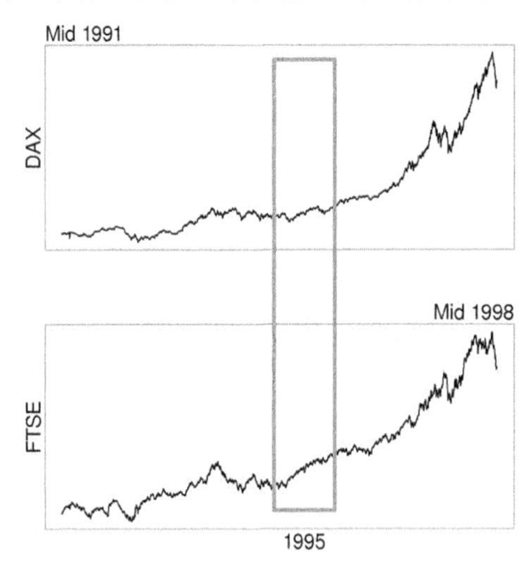

图3.19

在基础绘图系统的边缘区域添加注释。文本被添加到上方图形的 3 号边缘区域和下方图形的 1、3 号边缘区域中。粗灰线同时添加到两个图形中（并且有重叠从而产生看起来像是单个矩形穿过两个图形的效果）

① 本例源起于 2004 年 12 月 4 日 R 帮助中的一个问题，主题是“绘制一个穿过多个图形的矩形”。

首先，设置 mfrow 参数，建立一个包含上下两个图像区域的布局。设置 xpd=NA 使得剪切区域为整个绘图设备。

```
> par(mfrow=c(2, 1), xpd=NA)
```

第一个数据集以线条的形式在上面的图像区域中绘制出来，并且在图像区域的 3 号边缘处的最左边添加了一个文本标签。此外，几条灰色的粗线也被添加到图形中表示矩形的上部，并且故意将竖直的线条延伸到图形底部的下方。在图形的 2 号边缘区域绘制标签“DAX”。

```
> plot(EuStockMarkets[,"DAX"], type="l", axes=FALSE,
       xlab="", ylab="", main="")
> box(col="gray")
> mtext("Mid 1991", adj=0, side=3)
> lines(x=c(1995, 1995, 1996, 1996),
        y=c(-1000, 6000, 6000, -1000),
        lwd=3, col="gray")
> mtext("DAX", side=2, line=0)
```

第二个数据集也以线条的形式绘制于下方的图像区域，并且在对应于这个图的图像区域的 3 号边缘处的最右方添加了一个标签，同时还在图像区域的 1 号边缘处 x 值为 1995.5 的下方位置添加了另一个标签。最后，也绘制几条灰色的粗线用来表示矩形的下部，当然也故意将这些竖直的线条延伸到图形的上方，同时在图形的 2 号边缘区域绘制标签“FTSE”。下方延伸出来的线条和对应的上方延伸出来的线条相互重合就创造出了一个穿越两个图形的矩形的效果。

```
> plot(EuStockMarkets[,"FTSE"], type="l", axes=FALSE,
       xlab="", ylab="", main="")
> box(col="gray")
> mtext("Mid 1998", adj=1, side=3)
> mtext("1995", at=1995.5, side=1)
> lines(x=c(1995, 1995, 1996, 1996),
```

```
        y=c(7000, 2500, 2500, 7000),
        lwd=3, col="gray")
> mtext("FTSE", side=2, line=0)
```

3.4.3 图例

基础绘图系统提供了 legend() 函数用于在图形中添加图例或者关键字。通常图例都是绘制在绘图区域内部的，并且根据用户坐标系确定对应的位置。该函数有多个参数选项，因此用户在设置图例的内容与布局时有很大的灵活性。下面的代码展示了几个典型的绘制图例的示例。

第一个例子中展示了在散点图中添加图例的方式，图例将不同的组名与对应的数据符号关联起来（见图 3.20 上方的图像）。前两个参数给定了对应于用户坐标系的图例左上角的位置。第三个参数提供了图例所需的标签，此外，由于指定了 pch 参数，因此数据符号会绘制在每一个标签的旁边。

```
> with(iris,
       plot(Sepal.Length, Sepal.Width,
            pch=as.numeric(Species), cex=1.2))
> legend(6.1, 4.4, c("setosa", "versicolor", "virginica"),
         cex=1.5, pch=1:3)
```

下一个例子展示了在一个条形图中添加图例的示例，图例中组名对应不同的填充模式（见图 3.20 下方的图形）。在这个例子中，angle、density，以及 fill 参数都被指定，所以在图例中拥有不同填充模式的小矩形都被绘制在对应的标签旁边。

```
> barplot(VADeaths[1:2,], angle=c(45, 135), density=30,
          col="black", names=c("RM", "RF", "UM", "UF"))
> legend(0.4, 38, c("55-59", "50-54"), cex=1.5,
         angle=c(135, 45), density=30)
```

需要注意的是，让图例对应于图形完全是由用户负责的。R 不会自动检测在图例中的数据符号是否与图形中相符，或者在图例中的标签是否对应于数据。在这个问题上，lattice 包和

ggplot2 包的绘图系统为用户提供了重要的便利（见本书第 2 部分）。

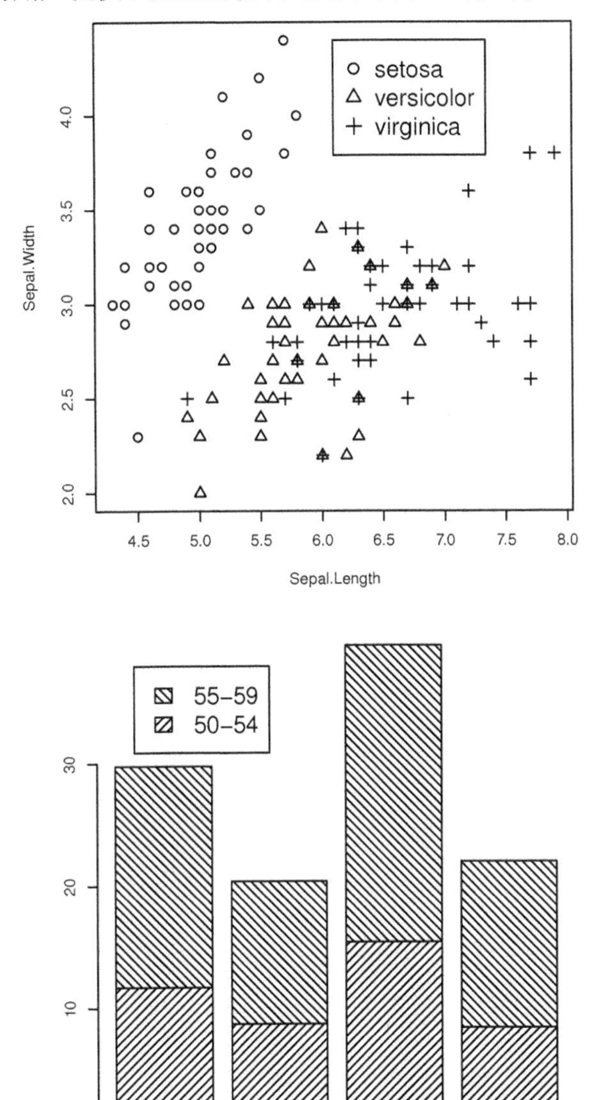

图3.20

一些简单的图例。图例能够被添加到任意类型的图形中，并且可以将文本标签和不同的符号、填充颜色、填充模式联系起来。

有一些高级函数可以绘制自己的图例，这些图例是为了实现函数自身的目标制定的（例如，`filled.contour()` 函数）。

3.4.4 坐标轴

在大多数情况下，通过基础绘图系统自动生成的坐标轴基本可以满足绘图需求。甚至在坐标轴上绘制的数据不是数值类型的时候，也可以满足用户的需求。例如，在箱线图或者条形图中，会使用组名合理地标注坐标轴（见图 3.20）。

3.2.5 小节介绍了如何修改默认自动生成的坐标轴的方法，但是更多情况下用户需要禁止自动坐标轴的生成，并使用 `axis()` 函数定制自己的坐标轴。

首先要禁止生成默认的坐标轴。大多数高级函数都提供了一个 `axes` 参数，当设置其为 `FALSE` 的时候，意味着高级函数不会绘制坐标轴。指定基础绘图状态 `xaxt="n"`（或者 `yaxt="n"`）也可以实现这个目的。

`axis()` 函数能够在图像的任何一边绘制坐标轴（根据 `side` 参数的设置），并且用户可以指定沿着坐标轴绘制的刻度线以及用于标记刻度的文本（分别使用 `at` 和 `label` 参数）。下面的代码展示了一个简单的例子，在该例中，自动生成的坐标轴被禁止，并绘制了自定制的坐标轴，这其中包括在图形的右侧添加“第二条” y 轴（见图 3.21）。[①]

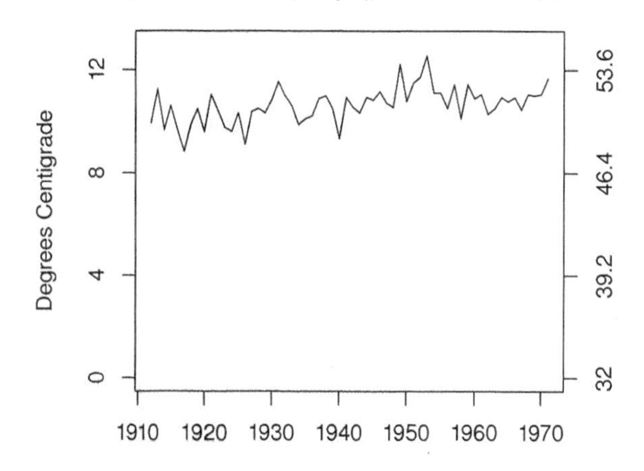

图3.21

定制坐标轴。顶部是根据默认坐标轴绘制的数据。在底部，开始绘制一个初始的图形，并且所绘 y 轴的尺度是摄氏温度，包含 0 点，接下来绘制尺度是华氏温度的第二条 y 轴。第二条 y 轴的标签被明确指定，而不是利用刻度位置上的默认数字

首先，绘制一幅没有坐标轴的线条图。

① 在本图中使用的数据是（摄氏温度版本）从 1912 年到 1971 年康涅狄格州纽黑文地区的年平均华氏温度，该数据集来自于 datasets 包中的 nhtemp 数据集。

```
> plot(nhtempCelsius, axes=FALSE, ann=FALSE, ylim=c(0, 13))
```

接下来，绘制主 y 轴并指定表示摄氏温度的刻度线的位置。数字 2 表示坐标轴应该被绘制在 2 号边缘区域（左边缘区域），并且 at 参数指定了坐标轴上刻度线的位置。

```
> axis(2, at=seq(0, 12, 4))
> mtext("Degrees Centigrade", side=2, line=3)
```

接着绘制默认的底部坐标轴以及第二个用于表示华氏温度的 y 轴。在第二个表达式中，labels 参数用来绘制第二条 y 轴上特定的刻度标签，这一条 y 轴通过指定 4 作为坐标轴边缘区域的序号在图像右侧绘制。

```
> axis(1)
> axis(4, at=seq(0, 12, 4), labels=seq(0, 12, 4)*9/5 + 32)
> mtext(" Degrees Fahrenheit", side=4, line=3)
> box()
```

axis() 函数不是泛型函数，但是有一些特殊的替代函数可以绘制时间相关的数据。函数 axis.Date() 和 axis.POSIXct() 函数接受一个包含日期的对象，并且绘制出一个坐标轴，坐标轴上用恰当的标签表示时刻、日、月和年（例如 10:15 Jan 12 或者 1995）。

在某些情况下，在默认坐标轴使用的位置上绘制刻度线，但使用不同的标签对用户是很有用的。axTicks() 函数能够用来计算这些默认的位置。这个函数也可以用来执行一个 xaxp（或者 yaxp）绘图状态的设定，这个绘图状态用来控制刻度线的数量和定位。如果这些状态的设置是通过 par() 函数指定的，那么这些设置通常没有效果，因为基础绘图系统几乎总需要计算这些设置本身。用户可以通过选择这些设置作为传给 axTicks() 函数的参数，然后将产生的结果通过 at 参数传递给 axis() 函数。

3.4.5　坐标系

基础绘图系统提供了很多坐标系用来帮助用户方便地定位图形输出（见 3.1.1 小节）。在绘图区域内的图形输出是根据坐标轴的尺度自动定位的，而图像边缘处的文本则是根据距离绘图区域边界多少文本行定位的（即一个自然地对应于字体尺寸的缩放尺度）。

用户也可以根据其他非自动提供的坐标系来定位输出，但是需要用户多付出一些努力。基本的原则是可以通过查询基础绘图状态来决定已存在坐标系的性质，然后基于这个信息来计算新坐标系的位置。

par() 函数

除了被用来控制新的绘图状态的设置，par() 函数还能够用于查询当前绘图状态的设置。其中最有用的设置是 din、fin 和 pin, 这 3 个状态反映了当前绘图设备、图像区域以及绘图区域的尺寸（宽度，高度），以英寸为单位。还有就是 usr 这个状态，反映了当前用户坐标系的状态（即坐标轴的范围）。usr 的状态值按顺序依次是（xmin, xmax, ymin, ymax）。当坐标轴的尺度做了对数变换时，值变为 (10^xmin, 10^ xmax, 10^ymin, 10^ymax)。

还有其他反映尺寸的状态设置，如一个“标准”字符的尺寸（宽度，高度）。设置 cin 状态以英寸为单位设置字符尺寸，设置 cra 状态以“光栅”或者像素为单位，设置 cxy 以“用户坐标”为单位。但是，这些值并不是很有用，因为它们只参考 cex 值为 1 的情况（即它们忽略当前的 cex 值的设定）以及只有在当前绘图设备是最先打开的情况下才会参考 ps 状态值。更多的时候需要使用 strheight() 函数和 strwidth() 函数。这两个函数用于计算给定文本段的宽度和高度，以英寸为单位，或者根据用户坐标系，或者作为当前图像区域尺寸的比例来给出计算结果（考虑当前的 cex 和 ps 状态的设置）。

下面的代码展示了一个简单的例子，在这个例子中采用自定义的坐标系绘制了一个以厘米为单位的尺子（见图 3.22）。

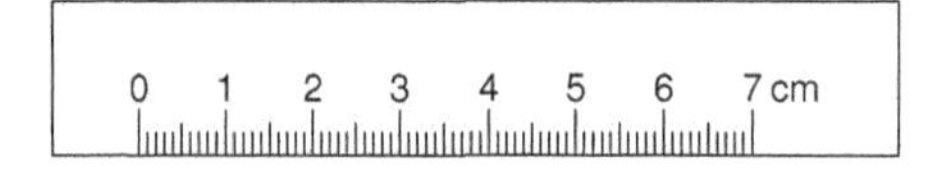

图3.22

定制坐标系。在本例中，线条和文本是根据真实的物理厘米尺度绘制的（而不是根据坐标轴尺度决定的默认坐标系）

首先绘制一个空白区域并且展开计算，建立绘图中用户坐标系和实际物理厘米单位之间的联系。[①]

```
> plot(0:1, 0:1, type="n", axes=FALSE, ann=FALSE)
> usr <- par("usr")
```

① R 绘图系统依赖于页面或者屏幕上自然单位的物理尺寸的精确信息（例如，一个电脑屏幕上像素的物理尺寸）。对于 PostScript 和 PDF 格式的文件（见 9.1 节），输出的物理尺寸总是正确的，但是在屏幕设备上，例如 Windows 或者 X Window 窗口，当指定以某个物理尺寸（如英寸）进行输出时，会有一些微小的误差。

```
> pin <- par("pin")
> xcm <- diff(usr[1:2])/(pin[1]*2.54)
> ycm <- diff(usr[3:4])/(pin[2]*2.54)
```

现在绘制的图形的位置可以用厘米数来表示了。需要调用 rect() 函数来绘制尺子本身的边框。调用 segements() 函数绘制尺子的刻度，在调用 text() 函数绘制刻度的标签。

```
> rect(0, 0, 1, 1, col="white")
> segments(seq(1, 8, 0.1)*xcm, 0,
           seq(1, 8, 0.1)*xcm,
           c(rep(c(0.5, rep(0.25, 4),
                   0.35, rep(0.25, 4)),
                 7), 0.5)*ycm)
> text(1:8*xcm, 0.6*ycm, 0:7, adj=c(0.5, 0))
> text(8.2*xcm, 0.6*ycm, "cm", adj=c(0, 0))
```

还有一些实用函数，xinch() 和 yinch() 函数，用于将英寸转换到用户坐标系（此外 xyinch() 可以一步转换一个位置，并且 cm() 函数可以将英寸转换到厘米）。更强大的转换工具是 grconvertX() 函数和 grconvertY() 函数，这两个函数能够在任意两个基础绘图引擎能够识别的坐标系之间进行转换（见表 3.5）。

表3.5

能够被基础绘图系统识别的坐标系

名称	描述
"user"	绘图坐标轴的尺度
"inches"	英寸，(0,0) 点位于左下角
"device"	屏幕或者是输出位图的像素，否则是一英寸的 1/72
"ndc"	整个设备内的归一化坐标，(0,0) 在左下方而 (1,1) 在右上方
"nic"	内部区域的归一化坐标
"nfc"	图像区域的归一化坐标
"npc"	绘图区域的归一化坐标

在进行坐标转换时有一个问题是对于绘制的位置和尺寸，没有关于如何计算它们的记忆。它们只是在当前用户坐标系下被指定的位置和维度。这意味着当绘图窗口被改变的时候（物理维度和用户坐标之间的关系会被改变），位置和尺寸将不再具有它们本来预期的意义。在上面的例子中，如果绘图窗口发生了改变，尺子就不再能够正确地反映厘米单位了。这个问题也发生在输出从一个设备复制到另一个拥有不同物理维度的设备的情况下。在安排图例中的元素时，legend() 函数会执行这样的计算，并且其输出将会在设备尺寸改变或者设备之间发生复制时受到影响。[①]

重叠输出

有些时候在同一个图中绘制两个数据集是非常有用的，比如在这两个数据集共享同一个 x- 变量，但是拥有不同的 y- 尺度的时候。实现这种绘图的方法至少有两个。一个方法是简单地调用 par(new=TRUE) 来实现两个不同图形在彼此之上重叠绘制，只是用户需要小心以避免彼此覆盖产生的坐标轴冲突。另一个方法是在绘制第二个数据集前显式地重置 usr 状态。下面的代码同时展示了这两个方法，并且这两个方法会产生同样的结果（见图 3.23 上方的图像）。

数据是假设某市 1912 年到 1971 年各年与醉酒相关的逮捕数与康涅狄格州纽黑文市 1912 年到 1971 年各年的平均气温。温度数据可以通过 datasets 包中的 nhtemp 数据集获取。这里只用前 9 年的逮捕数据。

```
> drunkenness <- ts(c(3875, 4846, 5128, 5773, 7327,
                      6688, 5582, 3473, 3186,
                      rep(NA, 51)),
                    start=1912, end=1971)
```

第一个方法是先绘制醉酒数据，调用 par(new=TRUE)，然后在醉酒数据绘制的图形上面绘制第二幅完整的温度数据的图形。第二个图形并不绘制默认坐标轴（axes=FALSE），但是会使用 axis() 函数绘制第二个 y 轴以表示温度的尺度范围。

```
> par(mar=c(5, 6, 2, 4))
> plot(drunkenness, lwd=3, col="gray", ann=FALSE, las=2)
```

① 要解决这些问题，可以使用 recordGraphics() 函数，只是使用该函数需要特别小心。

```
> mtext("Drunkenness\nRelated Arrests", side=2, line=3.5)
> par(new=TRUE)
> plot(nhtemp, ann=FALSE, axes=FALSE)
> mtext("Temperature (F)", side=4, line=3)
> title("Using par(new=TRUE)")
> axis(4)
```

第 2 个方法只绘制了一个图形（即醉酒的数据）。然后通过指定新的 usr 状态来重新定义用户坐标系统，并且仅仅使用 lines() 函数就绘制出了第 2 个图形。同样地，第 2 个 y 轴也是通过使用 axis() 函数绘制出来的。

```
> par(mar=c(5, 6, 2, 4))
> plot(drunkenness, lwd=3, col="gray", ann=FALSE, las=2)
> mtext("Drunkenness\nRelated Arrests", side=2, line=3.5)
> usr <- par("usr")
> par(usr=c(usr[1:2], 47.6, 54.9))
> lines(nhtemp)
> mtext("Temperature (F)", side=4, line=3)
> title("Using par(usr=...)")
> axis(4)
```

有一些高级函数（如 symbols() 函数和 contour() 函数）提供了一个名为 add 的参数，当设置其为 TRUE 的时候，将会在现有图形上添加函数输出，而不是开启新的图形绘制。下面的代码展示了 symbols() 函数用来在一个基本的散点图上添加元素的示例（见图 3.23 下方的图像）。在这个例子中使用的数据是黑樱桃树的物理度量，该数据封装在 datasets 包的 trees 数据集中。

```
> with(trees,
       {
         plot(Height, Volume, pch=3,
              xlab="Height (ft)",
              ylab=expression(paste("Volume ", (ft^3))))
```

```
    symbols(Height, Volume, circles=Girth/12,
            fg="gray", inches=FALSE, add=TRUE)
})
```

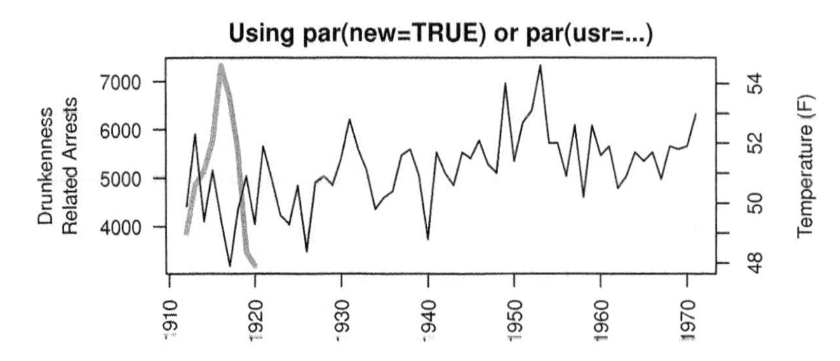

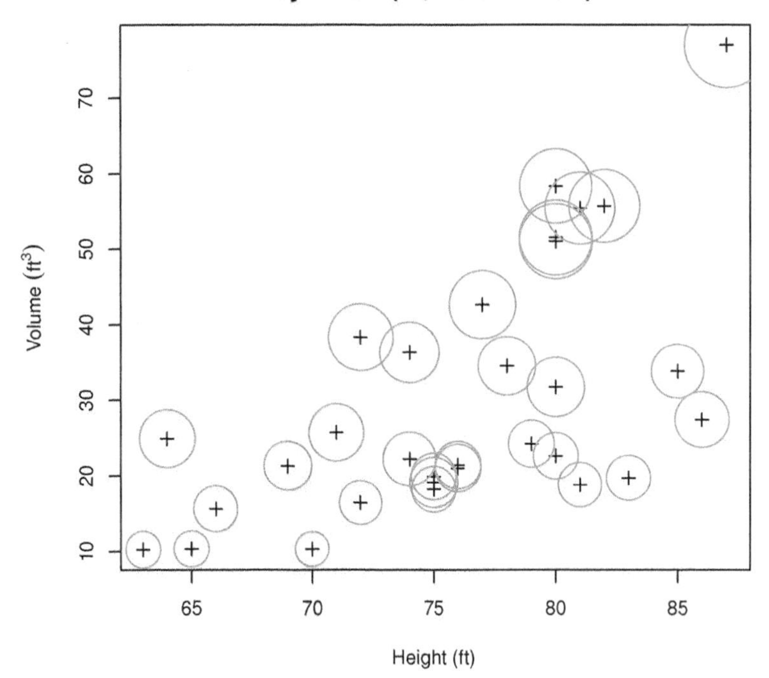

图3.23

重叠绘图展示。在上方的图形中，绘制了两条彼此相互交错的线条以生成对齐两个不同尺度数据集的图形。在下方的图形中，绘图函数 symbols() 使用了“注释模式”，从而实现在已有散点图上添加圆圈而不是绘制一个完整图形本身还有一个这一类型的函数 `bxp()`。这个函数通过 `boxpot()` 函数来调用，以绘制个体的箱线图并专门用来在已有图形中添加箱线图（尽管 `bxp()` 函数本身也可以绘制一个完整的图形）。

值得读者记住的是 R 遵循画家模型，即后来绘制的图形会覆盖之前绘制的图形。下面的例子中使用了这个特性来填充图形内一个复杂的区域（见图 3.24）。

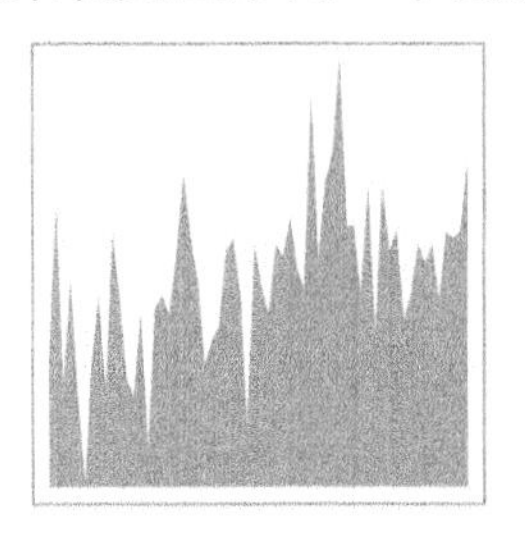
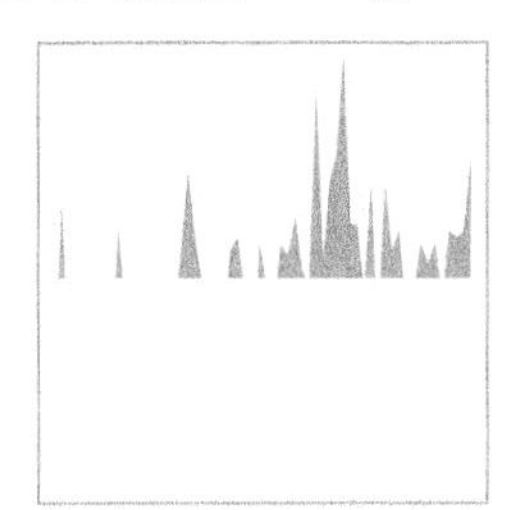
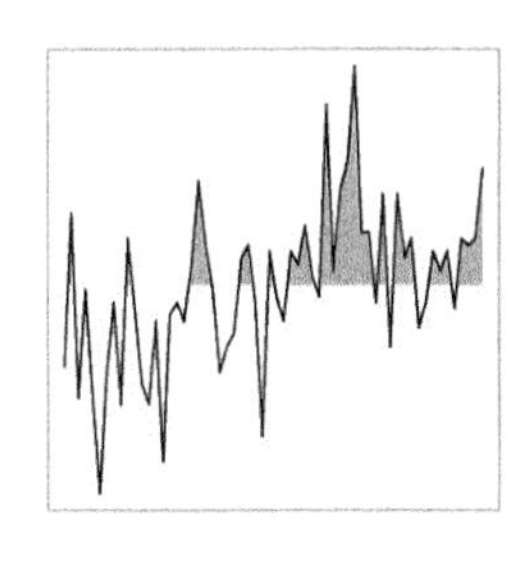
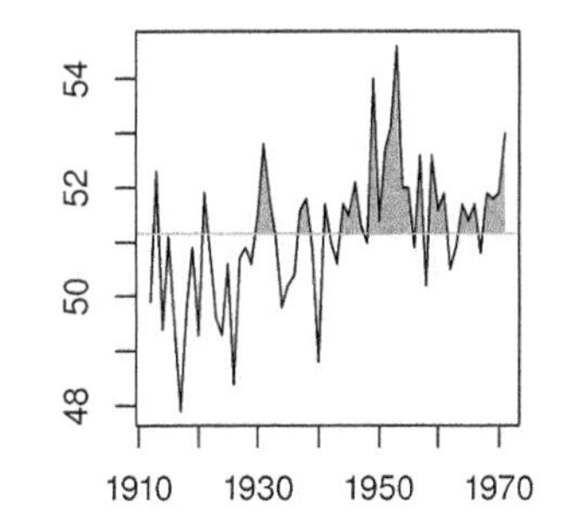

图3.24

重叠输出展示（使用画家模型）。最后生成的完整图形，作为许多基本图形输出的覆盖输出结果，在右下方展示：左上方展示一个灰色的多边形，右上方展示了一个白色的矩形覆盖在多边形上面，左下方展示一条黑色的线条绘制在前面绘制图形的上方，以及一条灰色的直线绘制在所有图形的上面（包括坐标轴和边界盒子）

第一步是生成一些数据并且计算数据的一些重要特性。

```
> x <- as.numeric(time(nhtemp))
> y <- as.numeric(nhtemp)
> n <- length(x)
> mean <- mean(y)
```

绘制的第一个图形是填充 y 值下面的多边形（见图 3.24 左上方的图形）。

```
> plot(x, y, type="n", axes=FALSE, ann=FALSE)
> polygon(c(x[1], x, x[n]), c(min(y), y, min(y)),
          col="gray", border=NA)
```

下一步是在多边形的上面到一个固定的 y 值之间绘制一个矩形。表达式 par("usr") 用来获取当前 x 尺度范围与 y 尺度范围（见图 3.24 右上方的图形）。

```
> usr <- par("usr")
> rect(usr[1], usr[3], usr[2], mean, col="white", border=NA)
```

现在在矩形的上面绘制一个连接 y 值的线条（见图 3.24 左下方的图形）。

```
> lines(x, y)
```

最后，绘制一条水平直线用来表示 y 值的截止值，并且在图像上添加坐标轴（见图 3.24 右下方的图形）。

```
> abline (h=mean, col="gray")
> box()
> axis(1)
> axis(2)
```

3.4.6 特殊情形

某些高级函数相比于其他高级函数添加图形输出是有一点困难的，因为这些函数建立的绘图区域要么不能立即显现要么不能在函数开始运行后使用。

本节介绍了一些高级函数，这些函数需要额外的知识才能实现添加图形输出。

隐藏的坐标轴尺度

在基础绘图系统中用户无法立刻知道如何在一个条形图或者一个箱线图中添加额外的图形输出，因为分类坐标轴的尺度范围并不明确。

在 barplot() 函数中主要的困难是 x 轴上的尺度默认都没有被标出来。尺度的数值并不明确（并且调用 par("usr") 并不能提供更多帮助，因为函数建立的尺度并不直观）。为了合理地在条形图中添加图形，用户需要获取函数的返回值。这个返回值给出了函数绘制的每一个条形中点的 x- 位置。这些中点能够帮助用户定位图中相对于条形添加的图形输出的位置。

下面的代码展示了一个例子，在这个例子中为条形图的条形添加了额外的水平参考线。条形的中点被保存到一个名为 midpts 的变量中，然后根据这些中点（以及初始条形的数目）的信息计算相应的位置，并使用 segments() 函数在每一个条形内绘制一条水平白线（见图 3.25 左侧图形）。

```
> y <- sample(1:10)
> midpts <- barplot(y, col=" light gray")
> width <- diff(midpts[1:2])/4
> left <- rep(midpts, y - 1) - width
> right <- rep(midpts, y - 1) + width
> heights <- unlist(apply(matrix(y, ncol=10),
                          2, seq))[-cumsum(y)]
> segments(left, heights, right, heights,
           col="white")
```

boxplot() 函数与 barplot() 函数的情况很相似，也是 x 尺度通常被标记为分类名称从而使得数值尺度不能在图中显示出来。幸运的是，由 boxplot() 函数建立的尺度更加直观。各个箱形在 x 轴的位置依次是 1:n，这里 n 指绘制箱形的数目。

下面的代码展示了一个简单的例子，在这个例子中，在箱形的上面添加了各数据点的加噪点图。这使得箱线图在展示数据详细内容的同时也能展示数据的主要特征。这样做也有助于展示读者感兴趣但是被隐藏在箱线图后面的数据特征，例如点的小范围聚集。在这个例子里，加噪数据被置于 x 位置的 1:2 处以和相应的箱形的中心对应（见图 3.25 右侧的图形）。

```
> with(ToothGrowth,
       {
         boxplot(len ~ supp, border="gray",
                 col="light gray", boxwex=0.5)
```

```
    points(jitter(rep(1:2, each=30), 0.5),
           unlist(split(len, supp)),
           cex=0.5, pch=16)
})
```

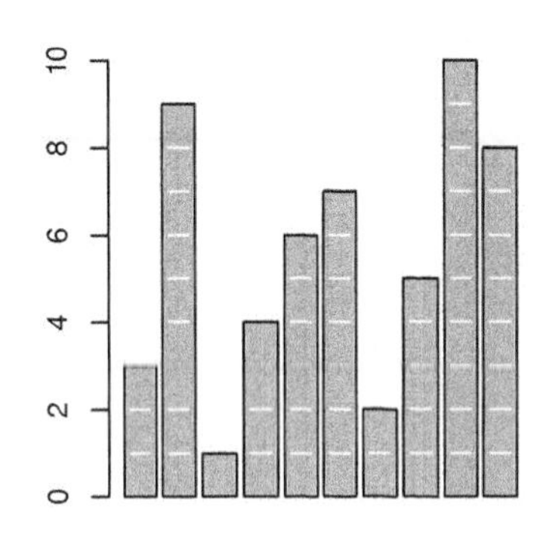

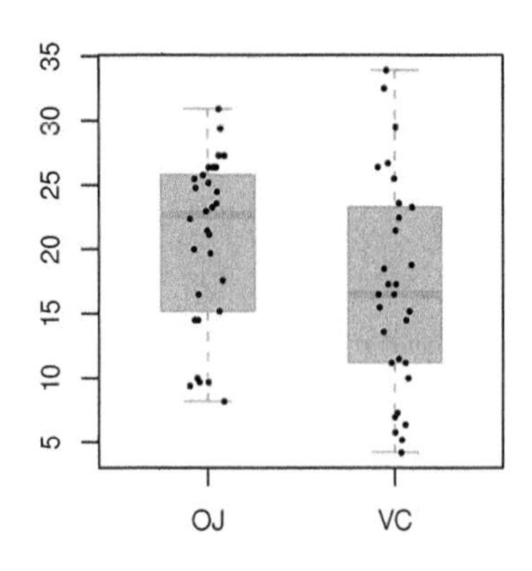

图3.25

在特殊情形下添加图形输出。在有些函数的例子中，添加图形需要特别小心。在左侧的条形图中，使用 barplot() 函数的返回值在条形内添加白色的水平线段。加噪点被添加到（右侧）的箱线图中，这里使用了第 *i* 个箱形位于 *x* 轴的第 *i* 个位置的信息

同时绘制多个图形的函数

pairs() 函数是高级绘图函数中能够同时绘制超过一个图形的典型例子。这个函数用来绘制一个散点图矩阵。这样的函数倾向于在绘图开始之前将基础绘图状态保存下来，通过调用 par(mfrow) 或者 layout() 函数安排每个个体图形的布局，并在所有个体图形被绘制后存储基础绘图状态。这意味着一旦绘制出完整的图形，就不能在使用 paris() 函数绘制的任何图形上添加新的图形注释。函数建立起来用于绘制个体图形的绘图区域和坐标系都会被抛弃。在这样的函数绘制的图形上添加图形注释的唯一方法就是使用 panel 系列函数。

pairs() 函数拥有很多参数，这些参数允许用户指定一个函数：panel、diag.panel、upper.panel、lower.panel 以及 text.panel。当绘制每一个个体图形的时候，通过这些参数指定的函数也开始运行。这样，panel（框）函数就可以访问每一个个体图形所建立的绘图区域。

下面的代码展示了 pairs() 函数绘制的 iris 数据集中前两个变量的图形。diag.panel 参数用来在对角框内绘制箱线图，取代了默认绘制的变量名。注意到框函数只是用于添加额外输出，而不会开启自己的绘图，在这种情况下通过调用 boxplot() 函数并设置 add=TRUE

来完成绘图。因为设置 axcs-FALSE，所以常规的箱线图没有被绘制出来，at 参数用来保证箱线图在框架内水平居中。因为正常情况下应该在对角框架内绘制变量的名字，所以这里指定 text.panel 函数，这个函数会调用 mtext() 函数让正常显示的文本被绘制在框架顶部边缘位置的文本所取代。产生图形的效果见图 3.26。

```
> pairs(iris[1:2],
        diag.panel=function(x, ...) {
            boxplot(x, add=TRUE, axes=FALSE,
                    at=mean(par("usr")[1:2]))
        },
        text.panel=function(x, y, labels, ...) {
            mtext(labels, side=3, line=0)
        })
```

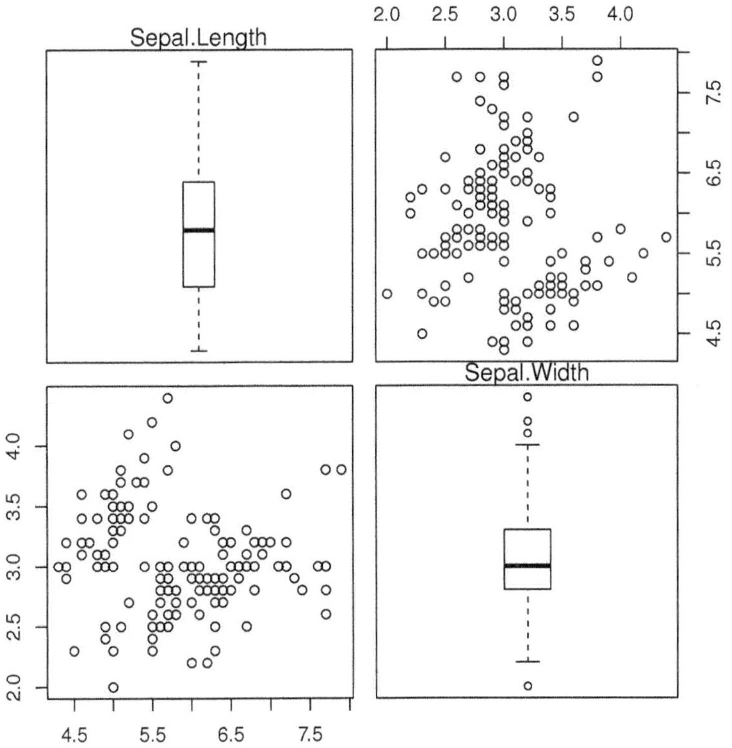

图3.26

使用框函数的例子。这个例子展示了在 paris() 所绘制的每一个对角框内添加使用框函数定制的图形输出

filled.contour() 函数和 coplot() 函数与 pairs() 函数拥有相同的问题，因为它们绘制的图例实际上是分开的图形。当然，这些函数也可以通过框函数的参数设置实现图形的添加。

panel.smooth() 函数提供了一个预定义的框函数，这个函数可以在一个散点图中添加光滑的趋势线条。

绘制三维图形

在使用 persp() 函数绘制的图形上添加元素是可行的，但是这相比于其他高级函数困难得多。要添加图形，最重要的一步是获取 persp() 函数返回的变换矩阵。该矩阵可以通过使用 trans3d() 函数，将三维位置转换成二维位置。产生的结果就可以赋值给标准的添加图形输出的函数，例如 lines() 函数和 text() 函数。persp() 函数也有一个 add 参数，允许多个 persp() 绘制的图形互相重叠。

下面的代码展示了使用 persp() 函数绘制的位于新西兰奥克兰的芒格法奥火山的三维图形下方添加一个等高线图（见图 3.27）。数据来自于 datasets 包中的 volcano 矩阵。

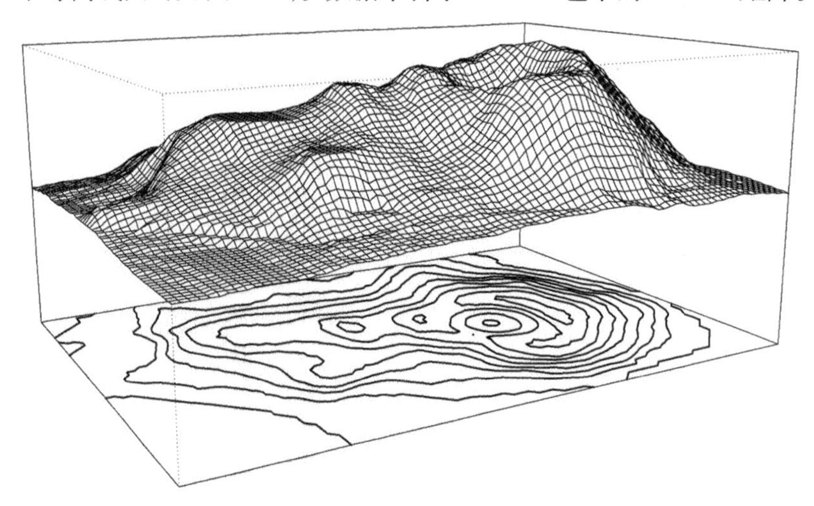

图3.27

在使用 persp() 函数绘制的三维表面图中添加图形。使用从 persp() 函数返回的变换矩阵在三维图形下方添加等高线

第一步是绘制图形的三维表面。这段代码最重要的特征是指定 zlim 参数，从而为之后绘制等高线图留下空间，以及将调用 persp() 函数产生的返回值赋给一个名为 trans 的变量。

```
> z <- 2 * volcano
> x <- 10 * (1:nrow(z))
```

```
> y <- 10 * (1:ncol(z))
> trans <- persp(x, y, z, zlim=c(0, max(z)),
                 theta = 150, phi = 12, lwd=.5,
                 scale = FALSE, axes=FALSE)
```

下面的代码根据三维数据计算出等高线并将等高线添加到图中。contourLines() 的返回值是一个列表，所以使用 lapply() 函数分别绘制每一条等高线。等高线在三维图形的位置使用 trans3d() 函数来计算，并将等高线的 x 与 y 顶点值赋给 trans3d()，同时在 trans3d() 函数中将 z 的位置设置为 0（即在三维表面下面）。trans3d() 函数则将三维位置转换成能够使用 lines() 函数绘制的二维位置。

```
> clines <- contourLines(x, y, z)
> lapply(clines,
         function(contour) {
             lines(trans3d(contour$x, contour$y, 0, trans))
         })
```

在 persp() 函数的输出图形上添加图形有一个主要的局限，即不支持自动隐藏不应该被看到的图形输出。在上面的例子中，视点被精心地调整过，所以整个等高线图可以完整地显现在三维表面下方。如果视角发生了改变，那么三维表面会与等高线发生覆盖，此时等高线会被绘制在三维表面的上方。在简单的情形下，这类问题可以通过小心地调整绘图操作得到解决，但是一般情形下则需要更复杂的 3D 绘图系统（如 rgl 包）。

3.5　创建新的图形

有时候现有图形不能为用户提供一个满足需要的合适的出发点来绘制最终的图形，仅仅在图形中绘制更多的形状是不够的。本节将介绍对于这些情况如何从头开始创建一个全新的图形。

plot.new() 函数是绘制一个基础绘图图形最基本的出发点（frame() 函数与其等价）。这个函数开启了一个新的图形并且建立了 3.1.1 小节介绍过的不同绘图区域，并将 x 尺度与 y 尺度

都设置在 (0,1) 区间上[①]。所建立区域的尺寸和位置依赖于当前的绘图状态的设置（见 3.2.6 小节）。

plot.window() 函数重置了用户坐标系的尺度，并通过参数 xlim 和 ylim 设置了 x 轴和 y 轴的范围，而 plot.xy() 函数则在绘图区域内绘制数据符号和线条。

3.5.1 从头开始创建一个简单的图形

为了展示这些函数的使用方法，下面的代码从头开始创建了一幅类似图 1.1 展示的简单散点图，这里的结果展示于图 3.28 中。

```
> plot.new()
> plot.window(range(pressure$temperature),
              range(pressure$pressure))
> plot.xy(pressure, type="p")
> box()
> axis(1)
> axis(2)
```

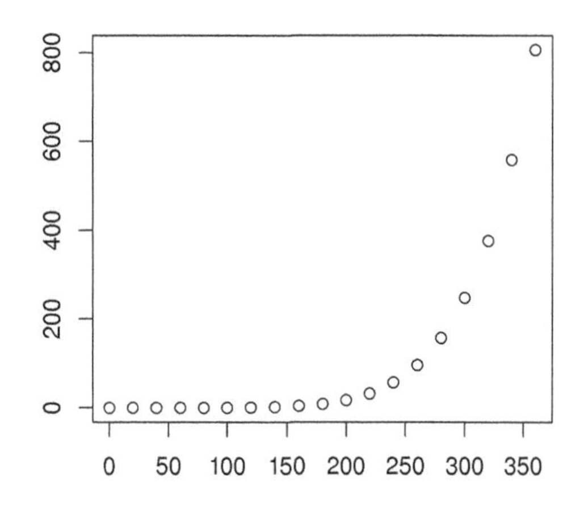

图3.28

一幅简单的散点图，该图表示水银气压温度计中水银压强作为温度的函数随着温度变化的走势。这个例子类似于图 1.1，但在第 1 章中的图形是通过简单调用 plot() 函数绘制的，而这里是利用低级绘图函数从头开始创建的

调用 plot.new() 函数开启了一个新的、完全空白的图形，而调用 plot.window() 则

① 实际上尺度的设置依赖于当前 xaxs 和 yaxs 状态的设置。默认设置下，尺度范围是 (−0.04,1.04)。

设置了坐标轴的尺度以使其能够与被绘制的数据范围相适应。此时，还没有任何图形被绘制出来。`plot.xy()` 函数在数据点的位置绘制数据符号（设置 `type="p"`），然后 `box()` 函数围绕绘图区域绘制一个矩形，`axis()` 函数则用于绘制坐标轴。

上面代码所输出的图形仅仅通过简单的表达式 `plot(pressure)` 即可生成，但是这段代码说明在创建一个图形时所需要的步骤可以分成单独的函数，从而允许用户能够精细地控制图形的创建。

3.5.2　从头开始创建一个更复杂的图形

本节将介绍一个稍微复杂一些的从头创建一个图形的例子。最终的目标是创建一个图 3.29 所示的图形，所需要的步骤在下面的内容中会详细介绍。

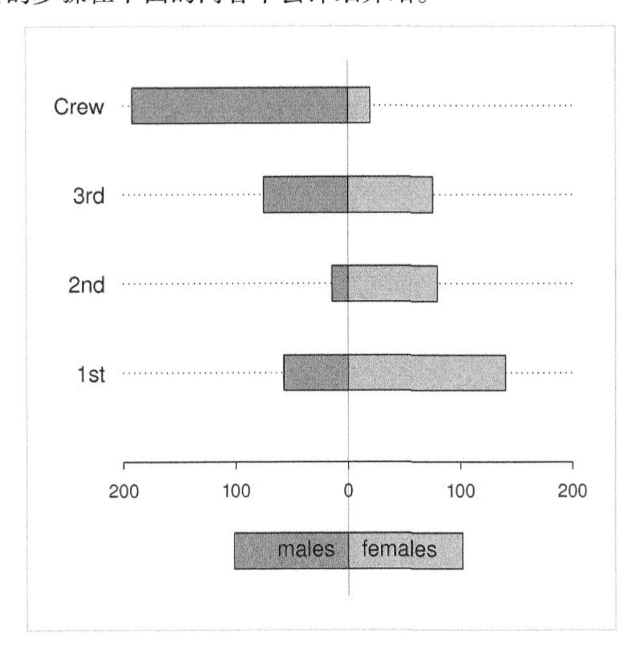

图3.29

从头绘制的背靠背的条形图。这个例子展示了使用低级函数创建一个新的、不能通过已存在的高级函数绘制的图形的方法

最开始的代码段生成绘图所需要的数据。这些数据是泰坦尼克号沉没事故中（成年）男性和女性幸存者的数目。

```
> groups <- dimnames(Titanic)[[1]]
> males <- Titanic[, 1, 2, 2]
```

```
> females <- Titanic[, 2, 2, 2]

> males

 1st 2nd 3rd Crew
  57  14  75  192

> females

 1st 2nd 3rd Crew
 140  80  76   20
```

有许多方法可以创建目标图形，其中主要的想法是绘制的图形主要由一些绘图原型所形成的集合构成，这些绘图原型以一个合理的方式进行安排。

对于本例来说，我们需要创建一个简单的图形。图形左边的标签将会被绘制在图像的边缘区域内，但是其他内容都会被绘制在绘图区域内。下面的代码设置了图像区域边缘处的尺寸，使得左边的边缘区域有充足的空间绘制标签，但是剩下的所有其他边缘区域都是精简的（避免图形周围有大量空白区域围绕）。

```
> par(mar=c(0.5, 3, 0.5, 1))
```

在绘图区域内有 6 个不同的用于绘制输出图形的行：4 个主要行用来绘制条形，一行用来绘制 *x* 轴，一行用于在底部绘制图例。坐标轴将会被绘制在 *y* 位置为 0 的地方，主条形位于 *y* 轴 1：4 的位置处，而图例在 -1 处。下面的代码开始绘制图形并且建立合适的 y 尺度和 x 尺度。

```
> plot.new()
> plot.window(xlim=c(-200, 200), ylim=c(-1.5, 4.5))
```

接下来的一段代码将一些有用的值赋给变量，包括 *x* 轴上刻度线的 x 位置，主条形的 y 位置，还有一个表示条形半高度的值。

```
> ticks <- seq(-200, 200, 100)
> y <- 1:4
> h <- 0.2
```

现在，我们可以开始绘图了。下面的代码绘制了图形的主要部分。每一次绘制都调用了诸如 lines()、segments()、mtext() 和 axis() 等低级函数。特别是主条形仅仅是使用 rect() 函数绘制的矩形。注意到 x 轴被绘制在绘图区域内部（设置 pos=0）。

```
> lines(rep(0, 2), c(-1.5, 4.5), col="gray")
> segments(-200, y, 200, y, lty="dotted")
> rect(-males, y-h, 0, y+h, col="dark gray")
> rect(0, y-h, females, y+h, col="light gray")
> mtext(groups, at=y, adj=1, side=2, las=2)
> par(cex.axis=0.8, mex=0.5)
> axis(1, at=ticks, labels=abs(ticks), pos=0)
```

最后的步骤是在图形的底部绘制图例。一样地，这也包含了一系列低级函数的调用。尽管条形是等大小的，但还是使用了 strwidth() 函数以确保它们都能够包含标签。

```
> tw <- 1.5*strwidth("females")
> rect(-tw, -1-h, 0, -1+h, col="dark gray")
> rect(0, -1-h, tw, -1+h, col="light gray")
> text(0, -1, "males", pos=2)
> text(0, -1, "females", pos=4)
```

这个例子是专门针对所使用的数据集定制的。可以通过替换某些常量值为变量值来使其变得更加通用（例如，不使用因为数据集里有 4 组变量而取的数值 4，而使用名为 numGroups 的变量）。如果有多于一个这样的图形需要绘制，可以把绘图的代码封装在一个函数中。这个任务将在下一节中进行讨论。

3.5.3 创建基础绘图函数

当用户努力从头创建了一个新的图形之后，通常需要将绘图所调用的代码封装在一个新的函数中，这个新建的函数可能需要提供给其他用户使用。本节简单地介绍一下如何创建一个新的建立在基础绘图系统之上的绘图函数。

在 grid 绘图系统中开发新的绘图函数相比于在基础绘图系统中开发具有很多优点（见第二部分）。第 8 章包含了更多关于如何开发新的绘图函数这个话题的讨论。

辅助函数

有一些辅助函数不是用来绘制图形的，而是被预定义的高级函数用来在建立图形的过程中完成某些工作的。

xy.coords() 函数对于允许用户在新建的函数中灵活地指定 x 与 y 参数（正如在 plot() 函数中不指定 y 参数，指定 x 参数可以是一个数据框，等等）来说是非常有用的。这个函数接受 x 参数与 y 参数并且创建一个标准的包含 x 值、y 值以及坐标轴的合理标签的对象。此外 xyz.coords() 函数用于创建包含 3 个变量的绘图。

如果用户创建的绘图函数生成了许多子图，n2mfrow() 函数可能会比较有用。该函数基于与页面相适应的所有图形的个数，产生了一组合理的行数和列数。

另一组有用的辅助函数是那些能够从原始数据计算绘图所需值的函数（但并不真正绘制图形）。这些函数的例子有：box() 函数使用的 boxplot.stats() 函数，用于生成“五数概括”的数字；contour() 函数使用的 countourLines() 函数，用于生成等高线；hist() 函数使用的 nclass.Sturges()、nclass.scott() 以及 nclass.FD() 函数，用于生成直方图的区间个数；还有 coplot() 函数所使用的 co.intervals() 函数，用于生成根据某个条件落入某个框架中的数据的取值范围。

有一些高级函数也隐式地返回了这一类的信息。例如，boxplot() 函数返回了一个组合的结果，这个结果包含了 boxplot.stats() 函数产生的所有组的返回值。而 hist() 函数返回了关于区间的信息，这些信息包括在每一个区间内数据取值的个数。在对连续数据进行分割时也可以使用 hist() 函数（设置 plot=FALSE）。

参数列表

在创建基础绘图函数时一项常用的技术就是提供一个省略的参数（...）以取代个体绘图状态参数（例如 col 和 lty）。这允许用户指定任意的绘图状态（例如，col="red" 以及 lty="dashed"），并且新的函数可以直接将它们传递到新函数所调用的基础绘图函数中。这样用户就避免了将所有绘图状态指定为新函数参数的麻烦。采用这项技术时用户需要小心，因为有时候不同的绘图函数在解释同一个绘图状态时会采取不同的方式（col 状态的设置就是一个很好的例子，见 3.2 节）。在这样的情况下，有必要将个体绘图状态的设置命名为一个参数，并且只将这个参数显式地传递给其他接受这个参数并将以期望的方式进行响应的绘图函数。

有时对于新建函数来说，故意覆盖当前的绘图状态是非常有用的。例如，一个新的绘图可能需要强制将 xpd 状态设置为 NA，从而在绘图区域之外绘制线条和文本。在这种情况下，对于绘图函数来说，可以在函数的末尾恢复初始的绘图状态以避免产生用户不希望看到的结果。一个标准的方法是在新函数开始的时候放置下面的表达式以恢复到在函数调用前就存在的绘图状态。

```
opar <- par(no.readonly=TRUE)
on.exit(par(opar))
```

因为有些基础绘图状态之间彼此交互，这样一个批量地存储 - 替换的方法事实上未必能够精确地返回先前的绘图状态，所以有一个更好的解决办法是仅仅存储与恢复那些被函数修改过的参数。

用户需要注意确保一个新的绘图函数能够注意到合适的绘图状态设置（例如，ann）。这可能要用到复杂的实现方式，因为用户有必要了解到当在函数的调用中指定一个状态时，该状态会覆盖主要绘图状态的设置可能性。一个标准的方法是显式地将状态设置命名为一个传给绘图函数的参数，并且为永久设置的状态提供一个默认值。在下面绘图函数模板的内容中会展示一个使用了 ann 参数的、关于该技术的例子。此外，还有一个比较复杂的问题是现在有一个状态的设置不属于……状态的一部分，因此状态值的设置必须显式地传递给其他任何可能使用这个状态值的函数。

另外有一个很好的方法是，提供用户习惯于在其他绘图函数中所见到的参数—— main、sub、xlim 以及 ylim 参数都是这一类很好的例子——并且新的绘图函数应该拥有处理缺失或者非有限值的能力。is.na()、is.finite() 以及 is.omit() 函数可能会有助于实现这个目标。

绘图方法

如果一个新的函数用于绘制一个特定类型的数据，那么对于用户来说，函数为泛型函数 plot() 提供一个方法会比较方便。这使得用户通过调用 plot(x) 就能简单地调用新的函数，这里 x 是对应数据所属类的一个对象。

一个绘图函数模板

下面展示的代码是一个简单的综合本节所介绍的一些基本原则的外壳。这段代码也可以看作是 plot() 函数所使用方法的一个精简版本，为用户提供了创建一个供他人使用的绘图函数的出发点。同时，这段代码与一个完整的，并且能够优雅地处理所有可能输入（特别是通过…参数）的函数还有很大的距离，但是，它可以用来作为一个开始创建新的基础绘图函数的模板。

```
 1 plot.newclass <- function(x, y=NULL,
 2                               main="", sub="",
 3                               xlim=NULL, ylim=NULL,
 4                               axes=TRUE, ann=par("ann"),
 5                               col=par("col"),
 6                               ...) {
 7     xy <- xy.coords(x, y)
 8     if (is.null(xlim))
 9         xlim <- range(xy$x[is.finite(xy$x)])
10     if (is.null(ylim))
11         ylim <- range(xy$y[is.finite(xy$y)])
12     opar <- par(no.readonly=TRUE)
13     on.exit(par(opar))
14     plot.new()
15     plot.window(xlim, ylim, ...)
16     points(xy$x, xy$y, col=col, ...)
17     if (axes) {
18         axis(1)
19         axis(2)
20         box()
21     }
22     if (ann)
23         title(main=main, sub=sub,
24               xlab=xy$xlab, ylab=xy$ylab, ...)
25 }
```

3.6　交互式绘图

基础绘图系统的强项在于其能够绘制静态图形，这也是本书的关注点。当然，为了完整性考虑，这一节简单提一下与基础绘图输出进行交互的一点内容。

`locator()` 函数允许用户在图形上点击并返回一个发生鼠标点击事件位置的坐标。同时该函数还有在点击位置绘制数据符号以及在两处点击区域之间绘制线段的能力。

`identify()` 函数能够在一个已绘制的数据符号旁添加标签。最靠近鼠标点击位置的数据点会被标注。

此外，还有在图形窗口与输出图形之间进行交互的一个用途更广泛的机制（尽管在书写本书时该机制还只能用于 Windows、X Window 以及 Cairo 绘图设备，见第 9 章）。`getGraphicsEventHandlers()` 函数可以用来定义 R 函数，当用户在图形窗口点击键盘或鼠标时，该函数将被调用，并且 `getGraphicsEvent()` 函数可以被调用来开始监听图形窗口的事件。这就为开发简单的交互式基础图形提供了更加灵活的基本工具。

本章小结

高级基础绘图函数能够用来绘制完整的图形，而低级基础绘图函数则在已有图形上添加图形输出。有一些低级函数用于绘制简单的图形输出，例如线条、矩形、文本以及多边形，还有一些低级函数用来绘制更复杂的图形输出，例如坐标轴和图例。

基础绘图系统创造了绘制一个图形不同组成部分所需要的区域：在绘图区域绘制数据符号和线条，在图片边缘区域绘制坐标轴和标签，等等。每一个低级绘图函数都在特定的绘图区域输出图形，并且大部分都是在绘图区域内工作的。

基础绘图系统的状态包含那些控制输出图形外观的设置以及绘制图形区域的布局。这些状态的设置用于控制颜色、字体、线条样式、数据符号，还有坐标轴样式。有许多方法可用于在同一个页面中组织多个图形的绘制。

我们可以直接使用低级绘图函数创建一个完整图形，甚至可以创建一种新的绘图类型。此外，用户也可以定义一个全新的绘图函数。

第2部分
grid绘图

第4章　网格图：lattice包

本章预览

本章介绍如何用 lattice 包作图。我们会描述什么是网格（lattcie）图，同时也会介绍生成网格图的函数。网格图被设计成清晰、易于理解的，同时也带有现代且复杂的绘图风格，比如条件多框图。因为 grid 绘图系统本身并没有提供高级绘图函数，所以本章提供了一种只是用 grid 本身来完成绘图的方法。

这部分章节关注与 grid 绘图系统相关的主要绘图包。这个绘图系统与基础绘图系统并存但并无太多交集（参见 1.2 节和第 12 章）。

grid 包只提供低级绘图函数，它并不提供完成完整绘图的函数，这样的高级函数由其他包提供。本章和第 5 章会介绍这种类型的两个主要包：Deepayan Sarkar 的 lattice 和 Hadley Wickham 的 ggplot2。

lattice 包实现了 Bill Cleveland 的网格图形系统以及一些高级扩展。它是一个完整清晰的绘图系统，多数情况下不需要面对底层 grid 绘图系统的概念。

这一章里，我们把 lattice 包看作一个独立完备的系统，里面包含了生成完整绘形的函数和控制绘图外观的函数。6.8 节和 7.14 节描述了将 lattice 图看作 grid 的输出和直接利用 lattice 系统底层的 grid 概念和对象的一些好处。

组成 lattice 图形系统的绘图函数由扩展包 lattice 提供。R 可以这样载入 lattice 系统：

```
> library(lattice)
```

本章只给出了 lattice 的一个简单介绍。更多的资料可以在 Deepayan Sarkar 的书 *Lattice: Multivariate Data Visualization with R* 中找到。

4.1 lattice绘图模型

在简单应用中，lattice 函数和基础绘图函数很相似：用户调用函数，在当前设备中生成输出。下面的代码生成的 lattice 图与调用基础绘图函数 plot(pressure) 的结果等价。第 1 个参数是一个定义图中 x 变量和 y 变量的公式，第 2 个参数是一个数据框，包含了公式中命名的变量。得到的图（见图 4.1）类似于图 1.1。

```
> xyplot(pressure ~ temperature, pressure)
```

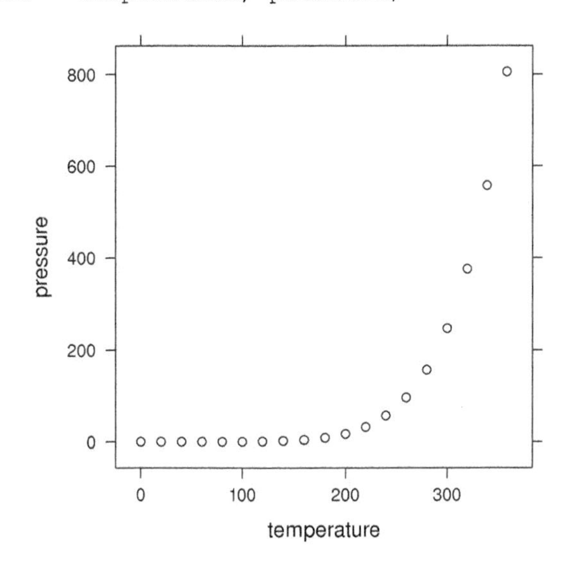

图4.1

利用 lattice 绘制的散点图，展示了汞蒸气压力与气温的函数关系。基本的 lattice 图和具有同样功能的基础绘图系统中作出的图形外观很相似

同样有很多相似的参数可用于修改一个 lattice 图的基本特征。举例来说，下面的代码利用 type 参数同时画出了点和线，利用 main 参数添加了标题，利用 pch 和 lty 参数设置了数据符号和线的形状（参见图 4.2）。

```
> xyplot(pressure ~ temperature, pressure,
         type="o", pch=16, lty="dashed",
         main="Vapor Pressure of Mercury")
```

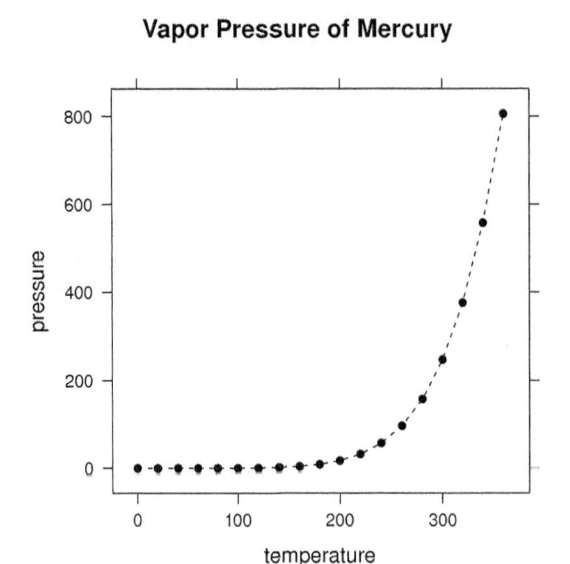

图4.2

用 lattice 绘制的改进过的散点图。很多标准的高级基础绘图系统中的参数也可以在 lattice 中使用

在 lattice 中往图形添加更多的线条和文本比在基础绘图系统中复杂一点，这方面的内容稍后会在 4.7 节讨论。

与基础绘图函数相比，lattice 图形有一个重要的差异：它并不直接生成图形输出。反之，它生成一个 `trellis` 类的对象，其中包含了图的描述。这种类的对象对应的 `print()` 函数真正完成将图形画出来的工作。这一点可以很简单地说清楚。比如说，下面的代码创建了一个 `trellis` 对象，但并不画出任何图形。

```
> tplot <- xyplot(pressure ~ temperature, pressure)
```

`xyplot()` 的调用结果被赋值到一个变量 `tplot` 中，所以它没被输出。图形可以通过在 `trellis` 对象上调用 print 函数来绘制（其结果实际上和图 4.1 完全一样）。

```
> print(tplot)
```

当我们在循环中或者从其他函数中调用 lattice 函数时，这种对 `print` 的显式调用是必需的。

为什么要有另外一个绘图系统

lattice 中很多函数的输出和基础绘图系统函数的输出很相似，但有几个原因使我们用 lattice 函数代替相应的基础绘图函数。

- lattice 图的默认外观在一些情况下更好看。比如当有多于一个数据序列的时候，lattice 会基于视觉感知经验选择默认颜色和默认数据符号，用来区分不同的数据组。还有一些细微之处，比如 *y* 轴坐标刻度的标签是水平书写的，从而更易于阅读。
- lattice 中的绘图元素排布更自动化。比如，坐标轴标签和绘图标题会自动选择合适的间隔（通常不用人工设置图形边缘）。
- 图例可以由 lattice 系统自动生成，从而使用户不必自己确认图中的图例和颜色以及数据符号一致。
- lattice 绘图函数有几种高效的方法用于扩展。比方说，可以用一种方便的方式一次性画出多个数据列的图，从而可以轻松地生成包含多个面板的图（详见 4.3 节）。
- 因为 lattice 函数的输出是 grid 输出，所以具备了很多 grid 的特性，用于注释、编辑以及保存图像输出。关于这些特性可以参见 6.8 节和 7.14 节。

4.2　lattice绘图类型

lattice 包提供函数以生成许多标准绘图类型，以及一部分新颖的和特定的类型。表 4.1 介绍了一些可用的函数，图 4.3 描述了这些函数输出的基本思想。

表4.1

lattice 中的绘图函数

lattice函数	描述	相似的基础绘图函数
`barchart()`	条形图	`barplot()`
`bwplot()`	箱线图；箱须图	`boxplot()`
`densityplot()`	条件核密度图；光滑密度估计	`plot.density()`
`dotplot()`	点图，连续对分类	`dotchart()`
`histogram()`	直方图	`hist()`
`qqmath()`	QQ 图，数据集对理论分布	`qqnorm()`
`strippplot()`	条带图，一维散点图	`stripchart()`

续表

lattice函数	描述	相似的基础绘图函数
qq()	QQ 图，数据集对数据集	qqplot()
xyplot()	散点图	plot()
levelplot()	层次图	image()
contourplot()	等高线图	contour()
cloud()	三维散点图	-
wireframe()	三维曲面图	persp()
splom()	散点图矩阵	pairs()
parallelplot()	平行坐标图	-

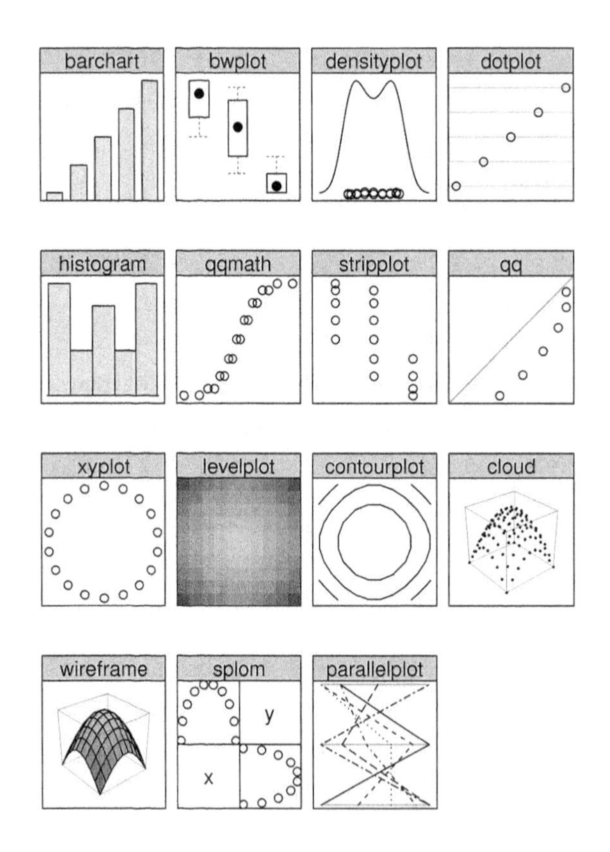

图4.3

lattice 中的绘图类型。生成不同图的函数名在每个图形上方条框中

绝大部分 lattice 函数的参数表都很长，且提供了一系列不同类型的输出。然而，因为 lattice

提供了一个单独的相容性系统，很多不同的绘图函数中的参数是相同的，所以很多参数可以从一个 lattice 函数中学习。本章主要关注 xyplot() 函数。

下面几节将会介绍一些最重要的通用参数。若需要了解参数的完整解释，可以参考帮助文档，特别是 xyplot() 函数的帮助文档。本章的目的是详细介绍如何用 lattice 绘制一系列完整图形。

4.3　formula参数与条件多框图

在大部分例子中，lattice 绘图函数的第一个参数往往是一个 R 公式对象，这个对象描述了对哪些变量进行绘图。最简单的例子我们前面已经给出过。形如 y~x 的公式会画出 y 关于 x 的图形。绘制只有一个变量的图形和有多于两个变量的图形会有一些不同。例如，对于 histogram() 函数，公式可以写成形如 ~x 的形式，而对于 cloud() 和 wireframe() 函数，我们会要求形如 z~x*y 的公式，以确定绘制哪 3 个变量。另外一个有用的形式就是可以指定多个 y 变量，比如 y1+y2~x，分别生成一个 y1 和 y2 关于 x 的图形。同样也可以指定多个 x 变量。

lattice 绘图函数的第二个参数往往是 data，它允许用户指定一个数据框，lattice 可以在这个数据框中找到将在公式中使用的变量。

网格图的一个非常强大的特点就是它可以在 formula 参数中指定条件变量。譬如 y~x|g 这样一种公式，它会生成若干个图，表示在变量 g 的不同水平下，y 关于 x 的变化情况。

接下来的例子选用了 32 种不同的汽车设计中的多个测量数据，这些数据可以在 datasets 包中的 mtcars 数据集中找到。这个例子中包含以每加仑汽油行驶的英里数度量的燃料效率 (mpg)、发动机尺寸或排量（disp），以及前进挡 (gear) 等变量。

```
> head(mtcars)

                   mpg cyl disp  hp drat    wt  qsec vs am
Mazda RX4         21.0   6  160 110 3.90 2.620 16.46  0  1
Mazda RX4 Wag     21.0   6  160 110 3.90 2.875 17.02  0  1
Datsun 710        22.8   4  108  93 3.85 2.320 18.61  1  1
Hornet 4 Drive    21.4   6  258 110 3.08 3.215 19.44  1  0
Hornet Sportabout 18.7   8  360 175 3.15 3.440 17.02  0  0
Valiant           18.1   6  225 105 2.76 3.460 20.22  1  0
```

```
                  gear carb
Mazda RX4            4    4
Mazda RX4 Wag        4    4
Datsun 710           4    1
Hornet 4 Drive       3    1
Hornet Sportabout    3    2
Valiant              3    1
```

下面的代码绘制了关于燃料效率与发动机尺寸之间函数关系的简单散点图（参见图 4.4）。

```
> xyplot(mpg ~ disp, data=mtcars)
```

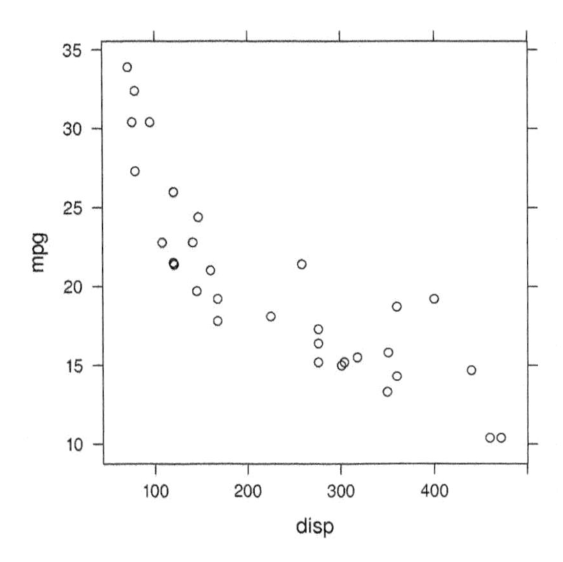

图4.4

燃料效率与发动机尺寸之间函数关系的 lattice 散点图

作为条件多框图的例子，下面的代码生成若干个散点图，每个散点图表示在不同前进挡下，汽车燃料效率与发动机尺寸的关系（参见图 4.5）。

```
> xyplot(mpg ~ disp | factor(gear), data=mtcars)
```

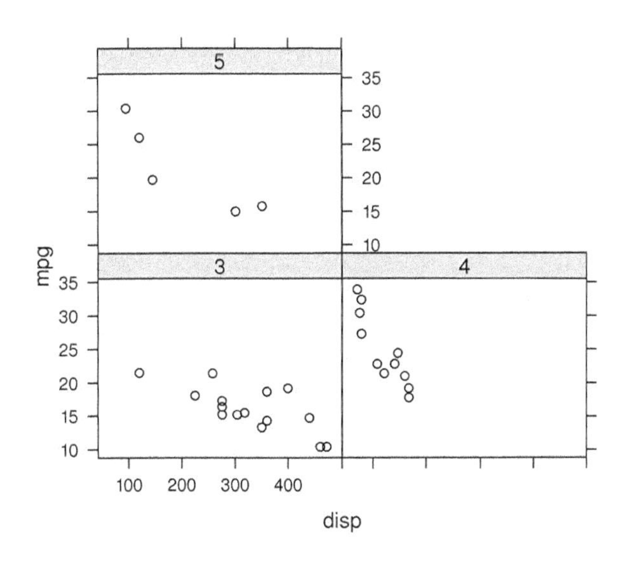

图4.5

lattice 条件多框图。一次函数调用生成多个散点图，表示不同前进挡下汽车燃料效率与发动机尺寸的关系

用网格图术语来说，图 4.5 包含了 3 个面板。每一个面板里都有一个散点图，并且上部有一个条框给出条件变量水平的值。`formula` 参数中可以有不止一个条件变量，这种情况下，为每个条件变量的组合生成一个面板。

分类变量（因子型）用作条件变量是最自然不过的了，不过，用连续型（数值型）变量作为条件变量也是可以的。为了使用数值变量作为条件变量，网格图引入了 shingle 的概念。这是一个带有多个取值范围的数值变量。这些范围可以将连续数值分成不同的组（组间有可能互相重叠）。可以用 `shingle()` 函数显式地设置范围，也可以用 `equal.count()` 函数在给定分组数量时自动分组。

4.4　group参数和图例

高级 lattice 函数中另外一个重要的参数就是 `group` 参数，这个参数让我们可以将多组数据画在同一个图形上面（或者在每一个面板上）。下面的代码给出了一个例子，结果在图 4.6 中。

```
> xyplot(mpg ~ disp, data=mtcars,
         group=gear,
         auto.key=list(space="right"))
```

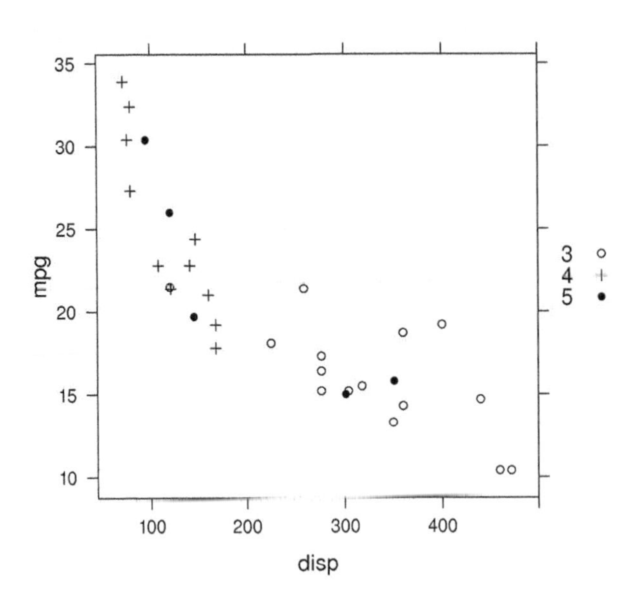

图4.6

有多个组并且自动生成图例的 lattice 图。不同前进挡数量的汽车有不同的数据符号

通过为 `group` 参数指定一个变量，不同前进挡数量的车用不同的数据符号表示。设置 `auto.key` 参数使得 lattice 自动生成合适的图例来表示不同的数据符号和前进挡数量之间的对应关系。这个参数的值可以是 `TRUE` 或者是一个指定图例外观的列表。在这个例子中，图例被放在了图的右边。注意到这个页面是自动排列来为图例提供空间的。

除了 `auto.key`，还有参数 `key` 和 `legend`，它们更灵活，但同时也更复杂。

4.5　layout参数和图形布局

处理 lattice 图的时候，有两种布局方式可以考虑：在单一的 lattice 图中排列面板和条框；将几个 lattice 图排列在单独一页。

第一种情况下（在一个图里排列面板和条框），调用 lattice 绘图函数时有两个有用的参数可以设定：`layout` 参数和 `aspect` 参数。

`layout` 参数最多有 3 个值。前两个值指定面板在每一页中的行数和列数，第三个值指定页数。不必指定所有 3 个值，因为 lattice 会对未指定的值提供合理的默认值。下面的代码给出了图 4.5 的变体，代码利用 `layout` 参数显式指定了 3 个面板排成一列，且通过 `aspect` 参数，指定每个面板都必须是“正方形”。最终的结果如图 4.7 所示。

```
> xyplot(mpg ~ disp | factor(gear), data=mtcars,
         layout=c(1, 3), aspect=1)
```

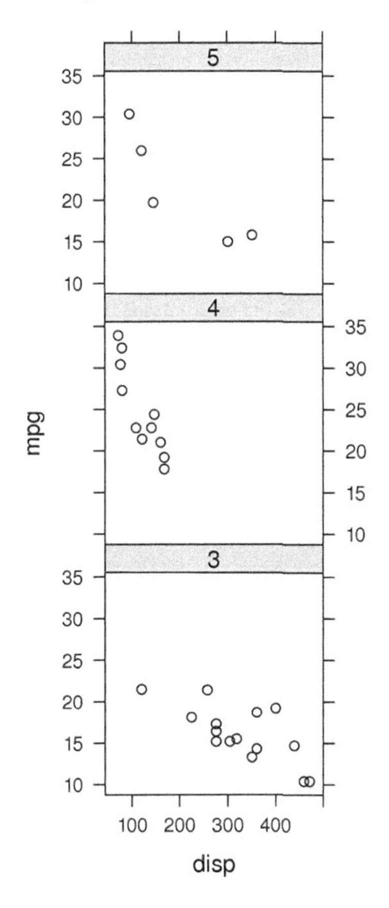

图4.7

控制lattice面板的布局。虽然lattice包默认会以一种合理的方式排布面板，但是依然有若干种方法可用于在布局中手动排布这些面板。这张图展示了图4.5中面板自定义的布局方式

aspect参数用来指定面板的宽高比（宽度除以高度）。默认选项是“`fill`”，这意味着面板会占据尽可能多的空间。在上面的例子中，3个面板都是正方形的，因为我们指定`aspect=1`。这个参数还有另外一个特殊值“`xy`”，这时，宽高比经计算，满足Bill Cleveland提出的“45度倾斜”准则。

此外，面板布局中合理的默认设置还做了其他很多工作，包括选择颜色和数据符号，所以在很多情况下，不需要设置特定的参数。

在一个页面中排布多个lattice图需要多种不同的方法。必须为每一个lattice图创建（但不会画出）一个网格图对象，然后提供关于每张lattice图位置的参数，调用`print()`函数将其画出来。下面的

代码将在一列中排布3个不同前进挡车型的燃料效率的图作为例子，来说明这一思想（见图4.8）。

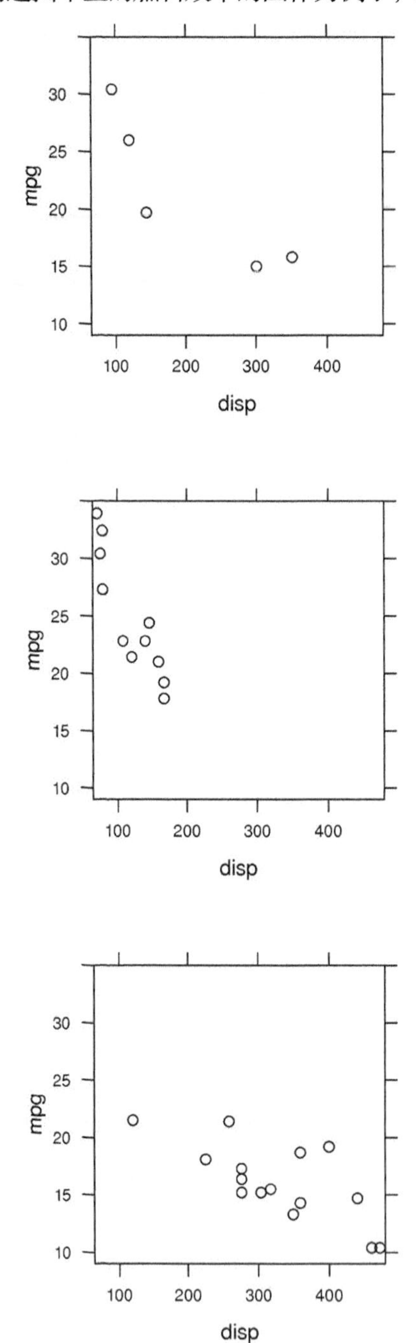

图4.8

排布多个lattice图。本图展示了在一个页面中排列3个独立的lattice图我们先绘制3个lattice图，再将它们一个一个叠放在页面上。我们用position参数来指定图的位置，(left, bottom, right, top)，这4个值指代整个页面的比例，第一个和第二个print()函数用了more参数，确保第二个和第三个print()画出来的图在同一个页面上。此外，xlim参数和ylim参数做了一点额外的工作，用来保证3个图的比例一致。

```
> plot1 <- xyplot(mpg ~ disp, data=mtcars,
                  aspect=1, xlim=c(65, 480), ylim=c(9, 35),
                  subset=gear == 5)
> plot2 <- xyplot(mpg ~ disp, data=mtcars,
                  aspect=1, xlim=c(65, 480), ylim=c(9, 35),
                  subset=gear == 4)
> plot3 <- xyplot(mpg ~ disp, data=mtcars,
                  aspect=1, xlim=c(65, 480), ylim=c(9, 35),
                  subset=gear == 3)
> print(plot1, position=c(0, 2/3, 1, 1), more=TRUE)
> print(plot2, position=c(0, 1/3, 1, 2/3), more=TRUE)
> print(plot3, position=c(0, 0, 1, 1/3))
```

6.8节使用grid绘图系统的概念和功能展示了排列多个lattice图的更加灵活的方法。

4.6 scales参数以及为坐标轴添加标签

这一节，我们会关注lattice图中坐标轴的比例的控制和标签的添加。

scales参数接受不同设置的列表，这些设置影响着坐标轴的外观。当这些设定只想影响x轴或者y轴的时候，这个列表可以包含名为x和y的子列表。

下面的代码中，scales参数用来指定刻度线应该出现在y轴上的位置。这段代码还展示了xlab和ylab参数可以是表达式，这使得我们可以使用特殊格式和特殊符号。代码生成的图如图4.9所示。

```
> xyplot(mpg ~ disp | factor(gear), data=mtcars,
         layout=c(3, 1), aspect=1,
```

```
scales=list(y=list(at=seq(10, 30, 10))),
ylab="miles per gallon",
xlab=expression(paste("displacement (in"^3, ")")))
```

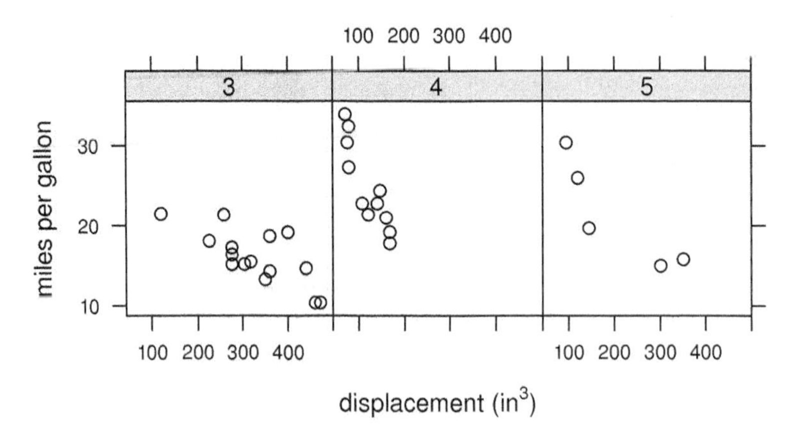

图4.9

修改 lattice 图坐标轴。这张图自定义了 y 轴刻度线的位置和坐标标签

除了指定刻度线的位置和标签，`scales` 参数还可以控制刻度线的字体（`font`）、标签的旋转（`rot`）、坐标轴的数值范围（`limits`），以及这些范围对每个面板都是相同的（`relation="same"`）还是不同的（`relation="free"`）。

4.7 panel参数和图形注释

lattice 图形系统的一个优势就是它能从相对简单的表达式中生成极其精细复杂的图，特别是具有条件多框图特性。然而，这使得相比于基础绘图系统，为 lattice 图添加简单注释这种任务——比方说添加额外的线或文本——变得更为复杂。

额外的图形可以通 `panel` 参数添加到 lattice 图的面板中。这个参数的值是一个函数，用来画出每个面板上的内容。

下面的代码给出了一个面板函数的示例。我们再一次将汽车燃料效率数据按不同的前进挡数量画在 3 个面板上。面板函数包含了各种预定义函数，这些函数是为了在 lattice 面板上添加图形而设计的。面板函数中的第一个函数调用非常重要。如果没有指定 `panel` 参数，`panel.xyplot()` 函数会和 `xyplot()` 函数通常画出的内容一样。在这里，它只是为每一辆车画出了数据符号。在这个面板函数中调用的函数还有 panel.abline() 和 panel.text()，它们添加了一条水平虚线和一个标签，指出效率标准值是每加仑行驶 29 英里。最终的结果见图 4.10。

```
> xyplot(mpg ~ disp | factor(gear), data=mtcars,
         layout=c(3, 1), aspect=1,
         panel=function(...) {
             panel.xyplot(...)
             panel.abline(h=29, lty="dashed")
             panel.text(470, 29.5, "efficiency criterion",
                        adj=c(1, 0), cex=.7)
         })
```

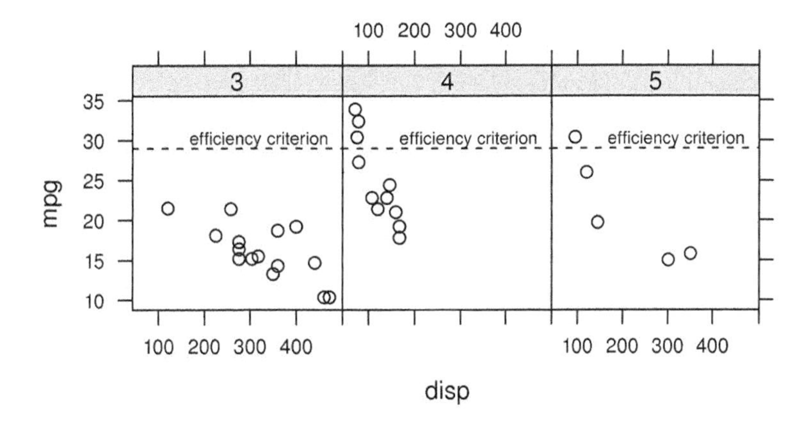

图4.10

添加注释到 lattice 图中。水平虚线和标签通过面板函数添加到了标准 xyplot() 图中

这个面板函数相当简单，因为它在每个面板中做的事情是一样的。如果面板函数要在每个面板上生成不同的输出，那么情况会变得更复杂。在这种情况下，我们需要进一步关注面板函数的参数。

在上面这个简单例子中，面板函数被定义时只带着省略号参数（...）。这表示 lattice 发到这个面板函数的任何信息都可以被省略号参数捕捉，然后面板函数将信息简单地传递给 panel.xyplot() 函数。

另一种常见的情况是，面板中额外的图依赖于绘制于面板中的 x 或 y 的值。下面的代码给出了一个例子，里面的面板函数调用了 panel.lmline() 函数来画出每个面板中数据的最佳拟合直线（参见图 4.11）。这个面板函数有了显式的 x 和 y 参数，这两个参数捕捉了 lattice 传给各个面板的数据。这些 x 和 y 值被传到 panel.lmline() 和 panel.xyplot() 中，生成对应每个面板的输出。在 lattice 中还可以传递很多信息给面板函数（参见 panel.xyplot() 的帮助页面中的参数列表），但用省略号参数来传递值给 panel.xyplot() 函数会很方便。

```
> xyplot(mpg ~ disp | factor(gear), data=mtcars,
         layout=c(3, 1), aspect=1,
         panel=function(x, y, ...) {
             panel.lmline(x, y)
             panel.xyplot(x, y, ...)
         })
```

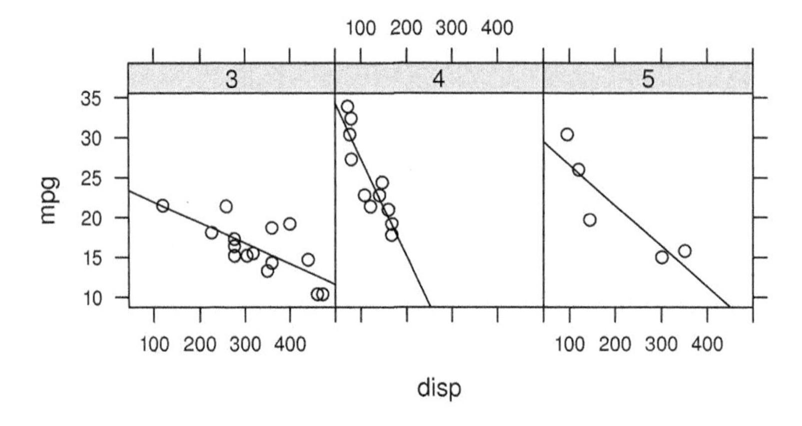

图4.11

lattice 面板函数例子。使用了面板函数来为 xyplot() 中的每个面板添加最佳拟合直线

如同这些例子所展示的，有许多预定义的面板函数可以用于将输出添加到 lattice 面板中，包括低级绘图元素（如点与文字）和高级绘图（如网格和最佳拟合直线等）。每个高级 lattice 绘图函数（见表 4.1）都有对应的默认面板函数，如 panel.xyplot()、panel.bwplot() 和 panel.histogram()。表 4.2 列出了其他的一些预定义面板函数。

表4.2

部分用来将图形输出添加到 lattice 图面板中的预定义面板函数

函数	描述
`panel.points()`	在位置（x,y）处画出数据符号
`panel.lines()`	在多个位置（x,y）之间画线
`panel.segments()`	在位置（x0, y0）和（x1, y1）之间画线段
`panel.arrows()`	画出线段并在端点添加箭头
`panel.rect()`	在左下角（xl, yl）和右上角（xr, yr）之间画矩形
`panel.polygon()`	根据向量（x, y）画出一个或多个多边形
`panel.text()`	在位置（x, y）画出文本
`panel.abline()`	以截距 a 和斜率 b 画出直线
`panel.curve()`	画出 expr 给出的函数
`panel.rug()`	在 x 轴或 y 轴上画出刻度
`panel.grid()`	画出一个（灰色的）参考网格
`panel.loess()`	画出通过（x, y）的 loess 光滑曲线
`panel.violin()`	画出一个或多个小提琴图
`panel.smoothScatter()`	画出（x,y）的二维光滑密度

还有一个重要的面板函数是 `panel.superpose()`，它是将多组数据画在同一个面板上的默认面板函数（也就是当使用 `group` 参数的时候）。若要为每个面板有多组数据的 lattice 图写一个自定义面板函数，我们必须调用这个函数来再现默认的绘图行为。

除了 `panel` 参数可以用来为 lattice 面板添加更多的内容之外，还有一个 `strip` 参数，允许我们自定义每个面板的条框。

向 lattice 图添加输出

不像原始的网格图实现，我们还可以在画出完整的 lattice 图之后向它添加输出（即不使用面板函数）。

函数 `trellis.focus()` 可以用来返回当前 lattice 图的特定面板或条框，使得我们可以使用某些方法，比如 `panel.lines()` 或 `panel.points()` 来添加额外的输出。函数 `trellis.unfocus()` 应该在额外的图形画完之后调用。函数 `trellis.panelArgs()` 适用于保存最初画出这个面板的参数（包括数据）。

6.8 节和 7.14 节会展示 grid 如何更灵活地操作 lattice 图的不同部分以及添加更多的输出。

4.8 par.settings和绘图参数

网格图的一个重要特点就是它为 lattice 图的许多特征提供了经过精心选择的默认设置。比如说，经过选择的默认数据符号和颜色能让我们一眼分出不同的数据序列。但无论如何，有时候我们还是希望对默认设置如颜色和文字尺寸等有不同的选择。

这一章开头的例子给出了许多与基础绘图相似的标准参数，比如 col、lty 和 lwd，它们在 lattice 图中起着同样的作用。这些绘图参数也可以通过 par.settings 参数来设置。举例来说，在图 4.2 中通过自定义 pch 和 lty 设置而绘制线和点的原始代码如下所示。

```
> xyplot(pressure ~ temperature, pressure,
         type="o", pch=16, lty="dashed",
         main="Vapor Pressure of Mercury")
```

下述代码是利用 par.settings 参数绘出相同结果的另一种方法。

```
> xyplot(pressure ~ temperature, pressure,
         type="o",
         par.settings=list(plot.symbol=list(pch=16),
                           plot.line=list(lty="dashed")),
         main="Vapor Pressure of Mercury")
```

这个方法之所以能成功，是因为 lattice 保持一个和基础绘图状态相似的绘图状态：大量的默认绘图参数。

lattice 绘图参数设置包括一个参数组的大列表，而每个参数组本身也是参数设置的列表。这些参数组允许将设置（如颜色）应用到图中的具体元素。举例来说，参数组 plot.line 包含了 alpha、col、lty 和 lwd 这些设置来控制数据位置间的线条颜色、线型和线宽。另外一个参数组 plot.symbol 包含了 alpha、cex、col、font、pch 和 fill 这些设置来控制数据符号的大小、形状和颜色等。

每个参数组的设置都会影响 lattice 图的某些方面，有一些还会有“全局”影响，比如 fontsize 设置会影响一个图里面所有的文字；有一些设置的作用范围会更具体，如 strip.background 设置影响条框的背景颜色；有些只影响某些特定类型的图的特定方面，如 box.

dot 只影响箱线图的中位数值上绘制的点。

show.settings() 函数生成一个展示当前绘图参数设置的图形。图 4.12 展示了黑白 PostScript 设备的一部分设置。

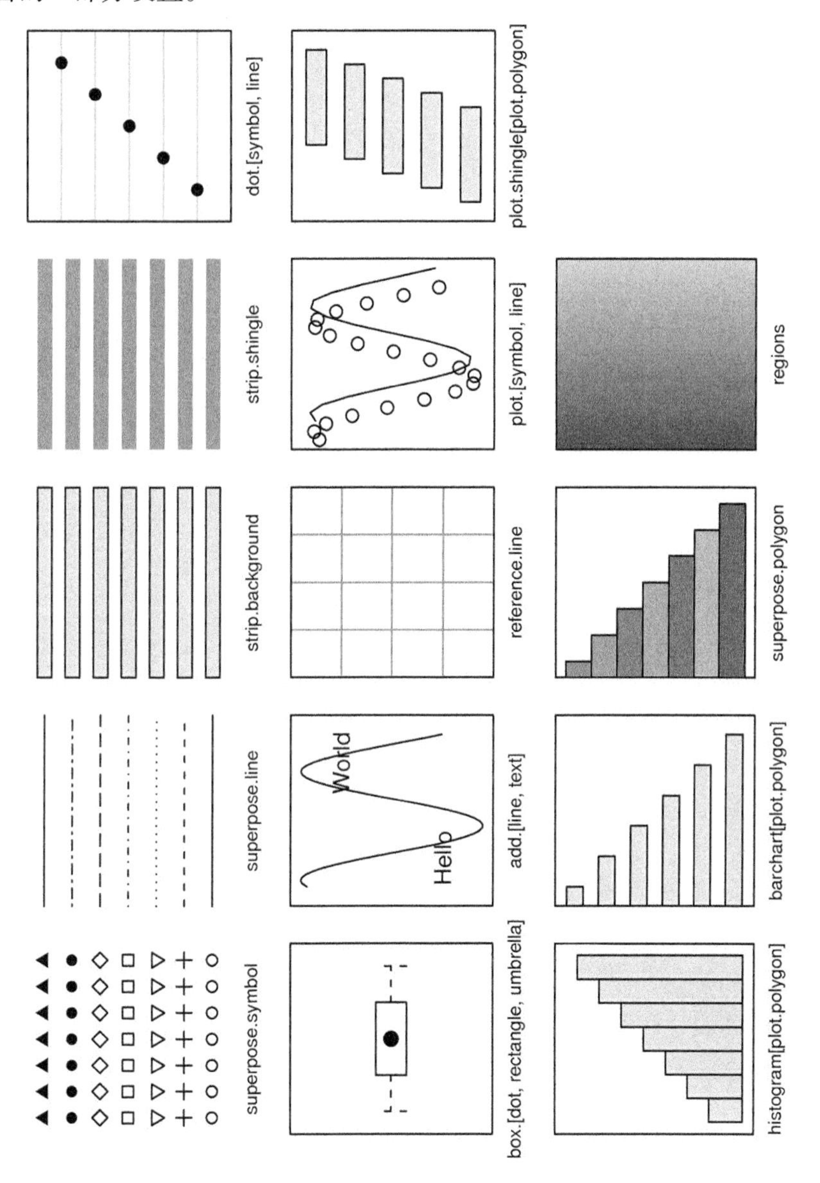

图4.12

黑白 PostScript 设备的一部分默认 lattice 设置。此图由 lattice 函数中的 show.settings() 生成

对于高级的 lattice 图来说，par.settings 参数允许用户对单独一张图设置特定的绘图

参数，但是，和基础绘图系统中的 par() 函数一样，它也可能改变全局的默认参数值。

当前绘图参数设定的值可以用 trellis.par.get() 函数来获得。若想得到所有参数组名称的列表，输入 names(trellis.par.get())。如果指定了其中一个参数组的名字作为 trellis.par.get() 的参数，那么只会返回相对应的设置结果。下面的代码展示了如何只获取 add.text 组的设置。

```
> trellis.par.get("add.text")

$alpha
[1] 1

$cex
[1] 1

$col
[1] "#000000"

$font
[1] 1

$lineheight
[1] 1.2
```

trellis.par.set() 函数可以用来设定新的图形参数默认值。赋给这个函数的值需为一个由列表组成的列表。只需要设置想要改变的内容和组的设定值即可。

下面的代码展示了如何使用 trellis.par.set() 函数来确定 add.text 组中的 "col" 的值。

```
> trellis.par.set(list(add.text=list(col="red")))
```

整套 lattice 绘图参数设置被称为*主题*。尽管选取合适的默认值使得所有设置能完美地结合在一起很困难，但还是有可能做到指定某个主题，并加强一个图的“观感”。最近，lattice 包通过 col.whiteby() 函数提供了一个自定义主题，还有一个 simpleTheme() 函数可以更容易地创建一个新的主题。

关于 lattice 绘图系统还有许多可以讲的内容，也还可以绘制出更多种类的图形（例如可参考 latticeExtra 包）。然而，这一章的主要目的只是让读者在 grid 绘图世界中绘制出一系列高级图形。第 6 章和第 7 章将进一步介绍 grid 中的工具，这些工具可以用来对 lattice 图形进行自定义、修改以及添加等。

本章小结

lattice 包实现并扩展了用于生成完整统计图形的网格系统。这个系统提供了大部分标准绘图类型并通过几个重要扩展实现了一些现代绘图类型。首先，这些图的布局和外观被设计成能最大程度地展现出图中信息的可读性和可理解性。其次，这个系统提供了条件多框图特征，使得我们可以从一个数据集中生成多个面板图形，其中每个面板包含数据集中不同的子集。lattice 函数提供了广泛的参数集，用于自定义图形的具体外观，还有一些函数允许用户为一个图添加更多的输出。

第5章　图形语法：ggplot2包

本章预览

这一章介绍如何用 ggplot2 扩展包绘制图形。我们会简要介绍基于图形语法范式 (the Grammar of Graphics paradigm) 的相关概念，同时会介绍这种范式下绘制图形的函数。ggplot2 包与众不同的特点是它可以利用相对少量的基本元素绘制出很多类型广泛的各种图形。因为 ggplot2 使用的是 grid 画图，所以本章描述了使用 grid 绘图系统绘制完整图形的另一种方法。

ggplot2 包提供了 Leland Wilkinson 的 *The Grammar of Graphics* 一书中想法的解释和扩展。ggplot2 包给出了一个完整而清晰的绘图系统，完全不同于基础绘图系统和 lattice 绘图系统。

ggplot2 是在 grid 的基础上创建的，所以它提供了另外一种在 grid 框架下绘制完整图形的方法，但如同 lattice 一样，这个包有着众多的特征，所以在大多数应用中不必用到 grid 的概念。

组成这个绘图系统的绘图函数由名为 ggplot2 的扩展包提供。这个包并不是 R 标准安装中的一部分，所以需要先安装，然后才能按如下方式载入 R 中。

```
> library(ggplot2)
```

本章仅对 ggplot2 包作了非常简要的介绍。Hadley Wickham 的书 *ggplot2: Elegant Graphics for Data Analysis* 提供了更多关于这个包的细节。

5.1　快速绘图

对于非常简单的图，ggplot2 中的 `qplot()` 函数和基础绘图系统中的 `plot()` 函数有着类似的作用。要做的事情只是设置好相关的数据值，然后 qplot() 函数会绘制出一个完整的图形。

举例来说，下面的代码利用数据集 pressrue 生成一个气压关于温度变化的散点图（见图 5.1）。

```
> qplot(temperature, pressure, data=pressure)
```

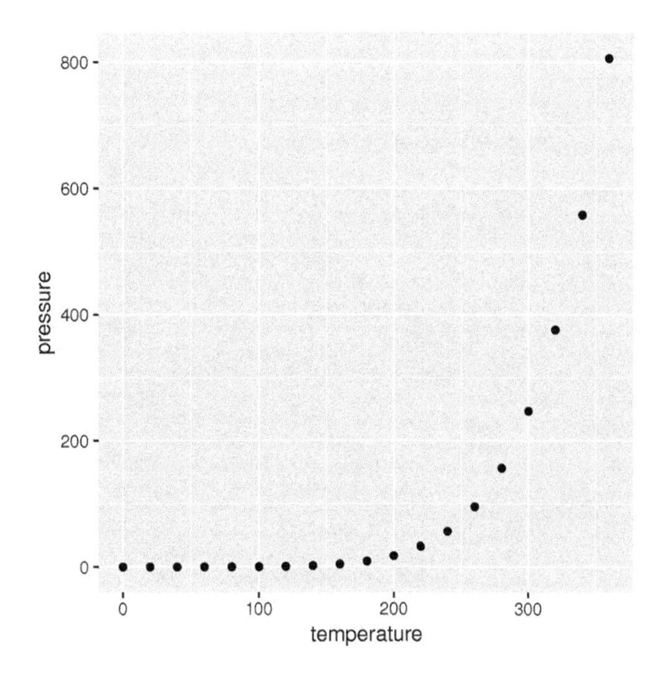

图5.1

利用 ggplot2 包中的 qplot() 函数绘制的散点图。这个图类似于基础绘图系统绘制的图 1.1

可以将这个图与图 1.1 和图 4.1 比较。这个散点图和基础绘图系统中 plot() 或者 lattice 的 xyplot() 函数生成的图形相比，最主要的不同在于默认设置，如背景网格、绘图符号和坐标轴标签。

在如何修改图的外观上，操作有一定的相似性。例如，下面的代码使用 main 参数为图形添加标题。

```
> qplot(temperature, pressure, data=pressure,
        main="Vapor Pressure of Mercury")
```

然而，如果有进一步的自定义要求，ggplot2 很快会变得和其他绘图系统不同。举例来说，为了在同一个图中画出点和线，我们需要使用下面的代码（见图 5.2）。注意到，如同 lattice 一样，ggplot2 会自动调整图形区域的大小，为标题提供空间。

```
> qplot(temperature, pressure, data=pressure,
        main="Vapor Pressure of Mercury",
        geom=c("point", "line"))
```

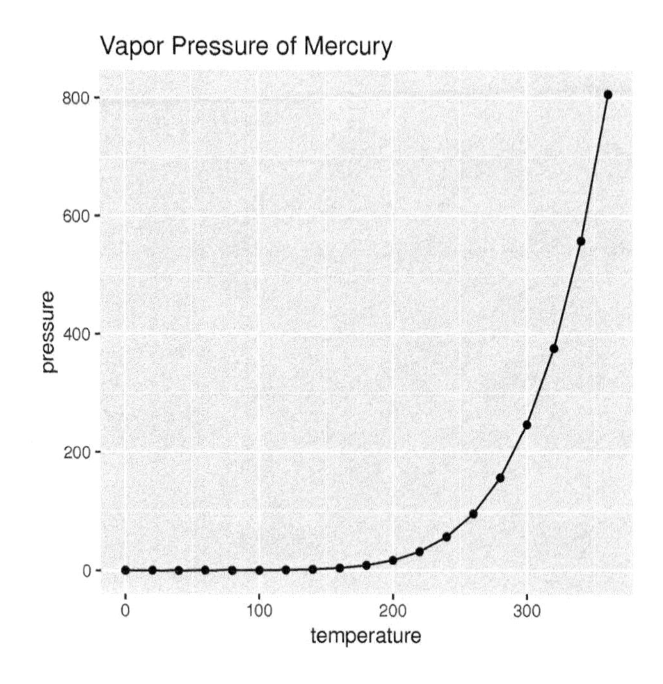

图5.2

利用 ggplot2 包中 qplot() 函数绘制的散点图，添加了标题和线条。这幅图是图 5.1 的改进版

为了弄明白这些代码是如何起作用的，我们不在 qplot() 函数上花费太多时间，而是把目光直接转向 ggplot2 包的底层概念性结构——图形语法。

5.2 ggplot2绘图模型

ggplot2 包使用了图形语法范式。意思是，我们不是利用许多不同的函数绘制不同类型的图形，而是仅用少量的函数，分别绘制不同类型的图形组件，然后将这些组件以各种不同的方式组合进而绘制出大量各种各样的图形。

要用 ggplot2 生成图形，通常基本步骤如下：

- 确定需要绘图的数据，并用 ggplot2 生成一个空的绘图对象；
- 指定图形形状，或者用来展示数据的几何形状（即，数据符号或线条），并使用如 `geom_point()` 或 `geom_line()` 等函数将它们添加到图形中；
- 用 `aes()` 函数指定用来表示数据值的形状的特征或图形属性（即数据符号的 x 坐标或 y 坐标）。

总的来说，我们通过使用图形属性将数据值映射为几何形状特征来创建一个图形（见图 5.3）。

图5.3

ggplot2 如何美观地将数据映射成几何形状特征的流程图

例如，为了生成图 5.1 中的简单图形，我们用了数据集 `pressure` 数据框，用变量 `temperature` 和 `pressure` 作为数据符号的 *x* 轴和 *y* 轴坐标。这个过程如下面的代码所示。

```
> ggplot(pressure) +
      geom_point(aes(x=temperature, y=pressure))
```

ggplot2 图就是如此生成的，即通过创建绘图组件或图层，然后用操作符 + 将它们组合在一起。

下面的几节将会更详细地介绍几何对象和图形属性的思想，还会介绍其他几个重要的组件，这些组件使得我们可以画出包含多个组、图例和分面（类似于 lattice 中的条件多框图）的复杂图形。

为什么需要另一个绘图系统

许多 ggplot2 生成的图和基础绘图系统以及 lattice 绘图系统输出的图形很相似，但有如下几个理由使用 ggplot2 而不是其他：

- 图形的默认外观是根据视觉感知规律精心选择的，如同 lattice 图形的默认外观。对一些人来说，ggplot2 的风格或许会比 lattice 风格更有吸引力。

- 绘图组件的布局及其所包含的图例的选取都是自动实现的。这也像 lattice 一样，但是 ggplot2 的设置更全面，也更精细。
- 尽管 ggplot2 的概念框架有点陌生，但一旦掌握，它能为你提供一门强大的语言，实现对类型广泛的多种图形的简洁表达。
- ggplot2 包使用 grid 绘制，它使得注释、编辑和嵌入 ggplot2 输出更具灵活性（见 6.9 节、7.15 节）。

5.3 数据

一幅图的起点是可视化一个数据集。

这一节中我们将使用 mtcars2 数据集作为例子。这个数据集来自 datasets 包的 mtcars 数据集，包含 32 种不同的车型信息，如车辆发动机的尺寸（disp）、燃料效率（mpg）、变速器类型（trans）、前进挡数量（gear）以及发动机气缸数量（cyl）。数据集的前几行如下所示：

```
> head(mtcars2)
```

```
                   mpg cyl disp gear      trans
Mazda RX4         21.0   6  160    4     manual
Mazda RX4 Wag     21.0   6  160    4     manual
Datsun 710        22.8   4  108    4     manual
Hornet 4 Drive    21.4   6  258    3  automatic
Hornet Sportabout 18.7   8  360    3  automatic
Valiant           18.1   6  225    3  automatic
```

下面对 ggplot() 函数的调用为 mtcar2 数据集创建了一幅新图形。绘图所用的数据必须是数据框。

```
> p <- ggplot(mtcars2)
```

ggplot() 调用的结果是一个 ggplot 对象，如果我们输出这个对象，图形才被显示出来（见图 5.4）。

```
> p
```

图5.4

一个 ggplot 对象仅显示出一幅空图

这里没有提及如何展示这些数据，所以没有画出任何东西。但是，我们将在后面的实例中为这个图添加更多的元素。

5.4　几何对象和图形属性

创建一幅图接下来的步骤是确定在图中使用什么形状，比如说，是用数据符号画一个散点图，还是用条带画条形图。这一步还需要决定用数据集中哪些变量来控制图中形状的特征，比如应该用哪些变量来决定散点图中数据符号的 (x,y) 位置。

下面的代码为 5.3 节中创建的空图添加信息。这行代码通过添加信息，生成了一个新的 ggplot 对象，即用 geom_point() 函数画出了数据符号，其中 disp 变量用来确定 x 轴位置，mpg 变量用来确定 y 轴位置。通过 aes() 函数，这些变量以点的几何形式映射到了 x 轴和 y 轴的图形属性上，结果是一个关于燃料效率和发动机尺寸的散点图（见图 5.5）。

```
> p + geom_point(aes(x=disp, y=mpg))
```

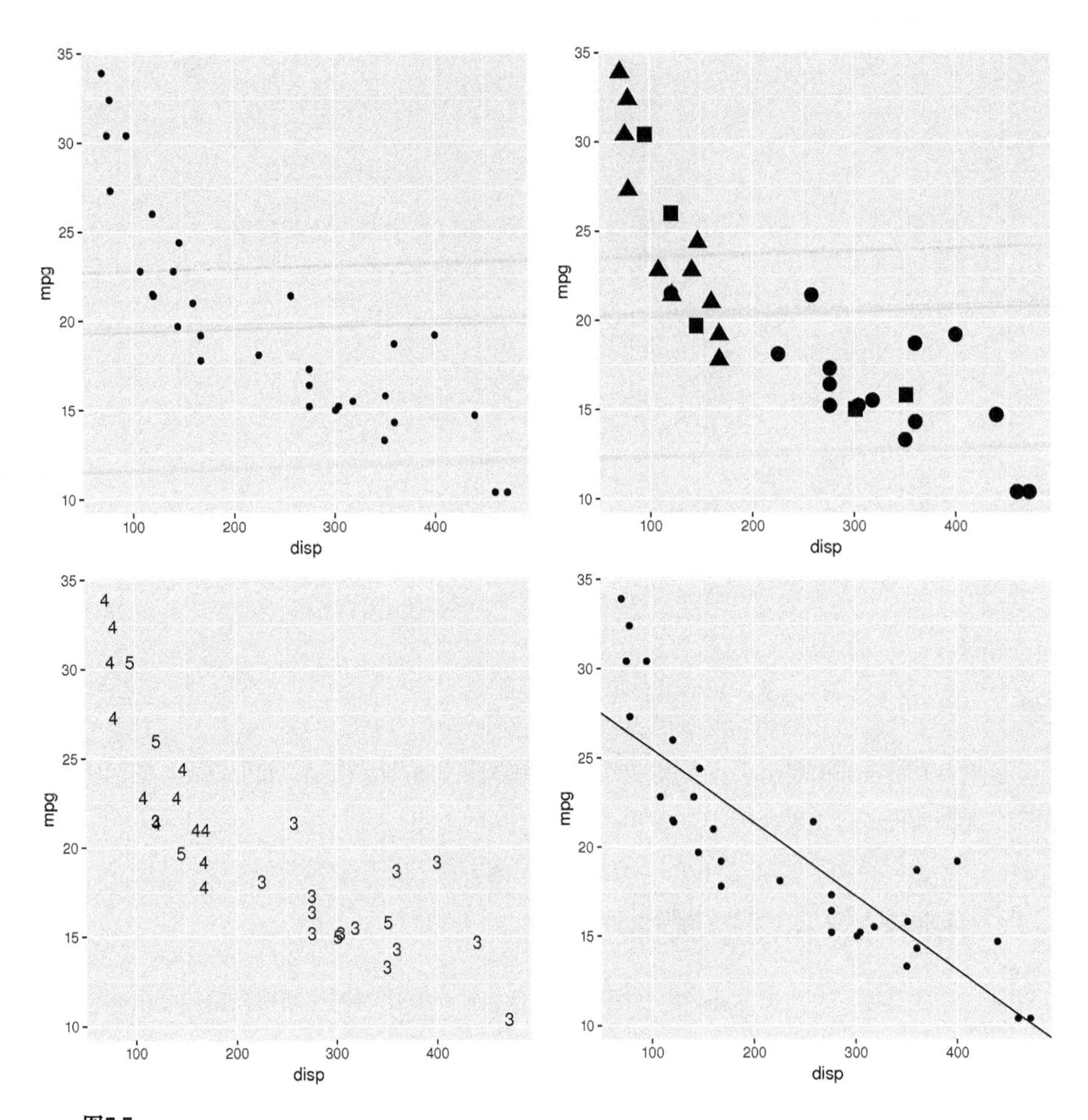

图5.5

展示每加仑行驶英里数(mpg)和发动机排量(disp)关系的几种不同形式的散点图：左上，用point图形几何点对象表示数据符号；右上，用point图形对象的shape图形属性画出不同前进挡数量的汽车的数据符号；左下，用text图形对象代替了数据符号绘制标签；在右下图中，在同一图中使用point和abline图形对象，画出数据符号和一条（最佳拟合）直线

使用不同的几何对象展示数据有不同的图形属性可供选用。此外，可以用于点几何对象图

形中的图形属性是 shape。在下面的代码中，数据符号形状与 gear 变量相关联，所以不同前进挡数量的车会以不同的数据符号画出（见图 5.5）。表 5.1 列出了部分常用几何对象的图形属性。

```
> p + geom_point(aes(x=disp, y=mpg, shape=gear),
                 size=4)
```

表5.1

ggplot2 绘图系统中可用的一些常见几何对象和对应的图形属性。所有的几何对象都有 color、size 和 group 这些图形属性。图形属性 size 表示点的形状大小、文本的高度和线的宽度等，以毫米为单位

几何对象	描述	图形属性
geom_point()	数据符号	x,y,shape,file
geom_line()	直线（按 x 排序）	x,y,linetype
geom_path()	直线（按原始顺序）	x,y,linetype
geom_text()	文本标签	x,y,label,angle,hjust,vjust
geom_rect()	矩形	xmin,xmax,ymin,ymax,fill,linetype
geom_polygon()	多边形	x,y,fill,linetype
geom_segment()	线段	x,y,xend,yend,linetype
geom_bar()	条状图	x,fill,linetype,weight
geom_histogram()	直方图	x,fill,linetype,weight
geom_boxplot()	箱线图	x,y,fill, weight
geom_density()	密度图	x,y,fill,linetype
geom_contour()	等高线图	x,y,fill,linetype
geom_smooth()	光滑曲线	x,y,fill,linetype
几何对象的通用属性		color, size,group

这个例子还说明了设置图形属性与映射图形属性的不同。使用 aes() 函数，gear 变量被映射到图形属性 shape 上，这说明数据符号的形状由变量的值决定，不同的数据符号会有不同的形状。相比之下，图形属性 size 被设定为常数值 4（这不是调用 aes() 函数中的一部分），所以所有数据符号都是这个尺寸。

ggplot2 包提供了一系列的几何对象用于生成不同种类的图。其他几何对象包括标准图构

件，比如线条、文本和多边形，加上更复杂的图形如条状图、等高线图还有箱线图（见后面的例子）。表 5.1 列出了部分常用的几何对象。作为不同类型几何图形的例子，下面的代码用文本标签代替数据符号，来绘制发动机排量与每加仑行驶英里数之间的关系（见图 5.5）。文本标签的位置与前面数据符号的位置一致，但每个位置的文本基于 gear 变量的值。这个例子还展示了另一种与文本几何形状相关的图形属性 label。

```
> p + geom_text(aes(x=disp, y=mpg, label=gear))
```

一幅图可以由多个几何对象组成，只要简单地将更多的几何对象添加到图描述中即可。下面的代码画了一个图，图中包含了数据符号和一条对数据进行线性模型拟合的直线（见图 5.5）。这条直线由图形属性 intercept 和 slope 决定。

```
> lmcoef <- coef(lm(mpg ~ disp, mtcars2))

> p + geom_point(aes(x=disp, y=mpg)) +
      geom_abline(intercept=lmcoef[1], slope=lmcoef[2])
```

指定几何对象和图形属性提供了用 ggplot2 包创建多种多样的图形的基础。本章余下的小节将介绍 ggplot2 系统中其他的绘图元素，这些元素用于控制绘图细节甚至进一步扩展绘图的范围。

5.5 标度

另一种我们前面没有提及的重要元素就是标度（scale）。在 ggplot2 中，它与图里面的坐标轴和图例紧紧结合在一起。

我们前面没有提及标度元素是因为 ggplot2 通常自动为图形生成合适的标度。举例来说，前面的图中 x 轴和 y 轴其实是标度元素，它是由 ggplot2 自动生成的。

显式设定一幅图的标度元素的其中一个理由是要覆盖 ggplot2 中生成的标度的细节。如下面的代码用 scale_x_continuous() 和 scale_y_continuous() 函数显式地设置了坐标轴标签（见图 5.6）。

```
> p + geom_point(aes(x=disp, y=mpg)) +
    scale_y_continuous(name="miles per gallon") +
    scale_x_continuous(name="displacement (cu.in.)")
```

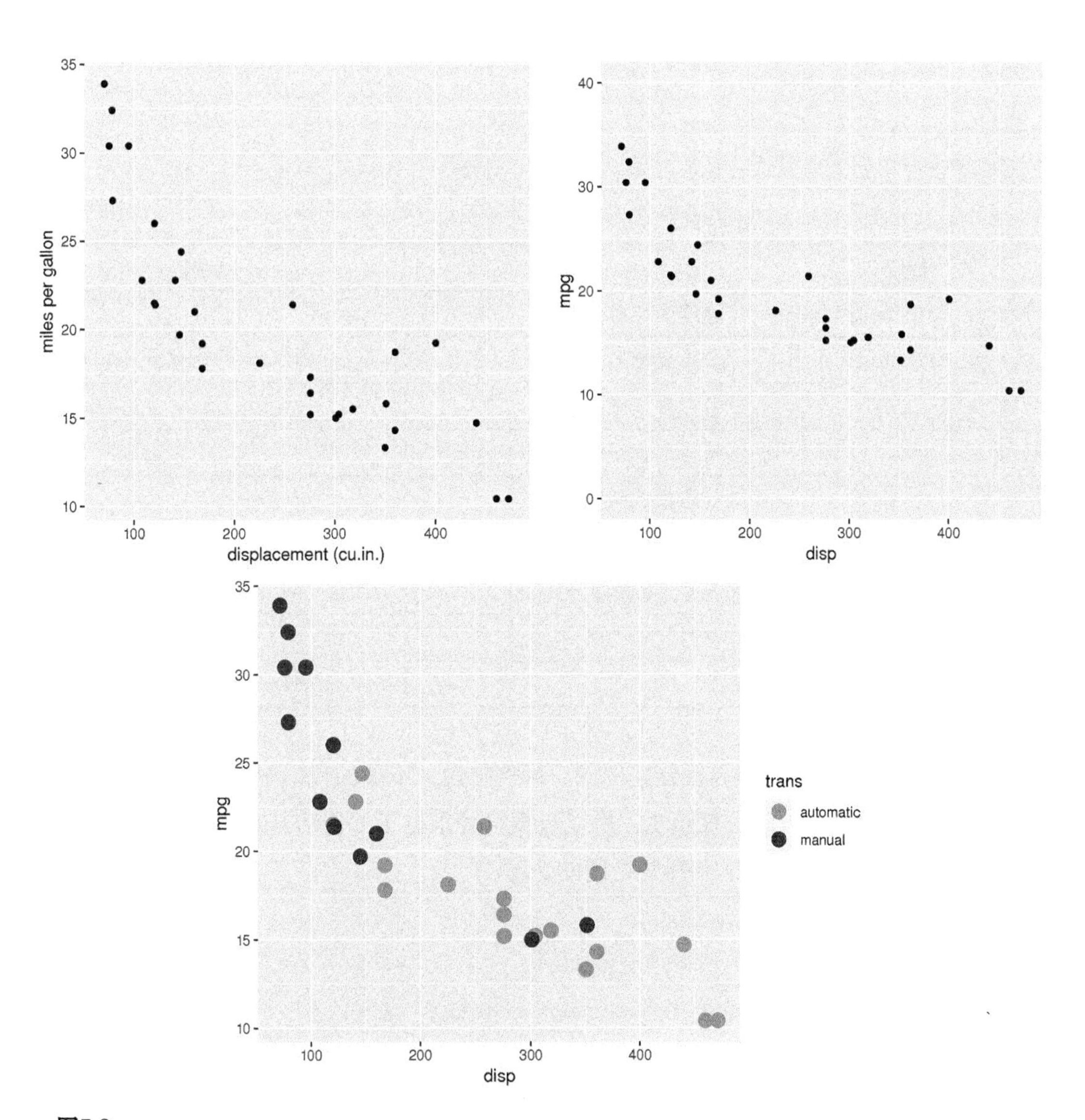

图5.6

在散点图中，显式指定了标度元素用以控制坐标轴标签或变量值到颜色的映射。左上图：x轴坐标和y轴坐标被显式指定；右上图：y轴坐标范围变大了；底部图：显式指定了传动方式到灰度的映射

也可以控制其他特性如坐标轴的范围、刻度线的走向和刻度线标签的形状。表 5.2 给出了一些常用的标度函数和对应的参数。下面的代码中，*y* 轴的范围被拓宽，0 也被包含进来（见图 5.6）。

```
> p + geom_point(aes(x=disp, y=mpg)) +
      scale_y_continuous(limits=c(0, 40))
```

表5.2

ggplot2 绘图系统中可用的一些常用标度。大部分标度都有 name、breaks、labels 和 limits 参数。每个 *x* 轴标度都有对应的 *y* 轴标度

标度	描述	参数
scale_x_continuous()	连续坐标轴	expand, trans
scale_x_discrete()	分类坐标轴	major,minor,format
scale_x_date()	日期坐标轴	
scale_shape()	符号形状图例	
scale_linetype()	线型模式图例	
scale_color_manual()	符号 / 线颜色图例	values
scale_fill_manual()	符号 / 条形填充图例	values
scale_size()	符号尺寸图例	trans
通用属性		name,breaks, labels,limits

ggplot2 包会在合适的时候自动创建图例。举例来说，下面的代码中，图形属性 color 映射到 mtcars 数据框中的 trans 变量上，所以数据符号根据车的传动方式类型确定颜色。这样会自动生成图例来展示传动方式与颜色之间的映射。

```
> p + geom_point(aes(x=disp, y=mpg,
                     color=trans), size=4)
```

上面代码生成的图没有在这里展示，因为这个例子展示了标度在 ggplot2 中扮演的另一个重要角色。

当使用 aes() 函数来设定一个映射的时候，变量的值被用来生成图形属性的值。这一点

有时候是非常直观的。比如，当变量 disp 被映射到点几何对象中的图形属性 x 时，disp 的数值可以直接用作点的 x 坐标。

但是，在别的例子中，映射并不总是那么显然的。举例来说，对于变量 trans，当它的值分别为 manual 和 automatic，并被映射成点的图形属性 color 时，manual 这个值应该对应什么颜色呢？

一般情况下，ggplot2通过默认设置，针对这个问题给出了一个合理的答案，而对一个图形显式添加一个标度元素的第二个理由就是要明确地控制变量值到图形属性的映射（见图 5.7）。举例来说，下面的代码用 scale_color_manual() 函数来指定对应于变量 trans 的两个值的两种颜色（不同的灰度）（见图 5.7）。

```
> p + geom_point(aes(x=disp, y=mpg,
                     color=trans), size=4) +
    scale_color_manual(values=c(automatic=gray(2/3),
                                manual=gray(1/3)))
```

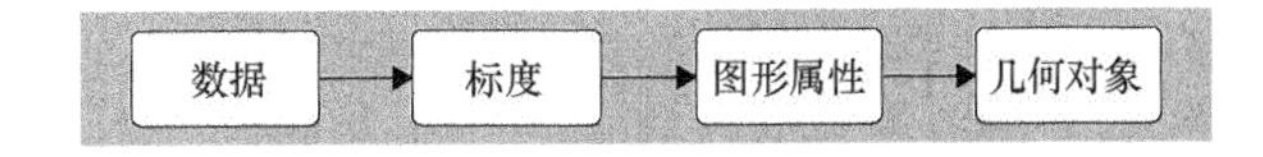

图5.7

展示了数据如何映射到几何形状特征的过程。标度指定了数据值如何映射到图形属性值

5.6 统计变换

在上述例子中，数据值都是被直接映射到图形属性设置中。举例来说，数值型的 disp 值被用作数据符号的 x 坐标，因子 trans 的水平值被用来区分不同的符号颜色。

有一些几何对象并不会这样直接使用原始数据值。相反，数据值会经过某些统计变换，也就是 stat 参数，再将变换之后的值映射成图形属性（见图 5.8）。

图5.8

展示标度数据如何在映射到图形属性之前经过统计变换处理的流程图

条形图是这种情况的典型例子。这个几何图形将数据分组，使用每组中数据的计数作为绘图的数据。比如下面的代码在调用 geom_bar() 函数时，变量 trans 被映射成图形属性 x。这确定了条带的 x 坐标是 trans 的水平值，条带的高度（图形属性 y）由 trans 中每一水平的数目自动生成，从而生成一个条形图（见图 5.9）。

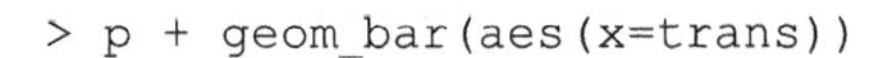

```
> p + geom_bar(aes(x=trans))
```

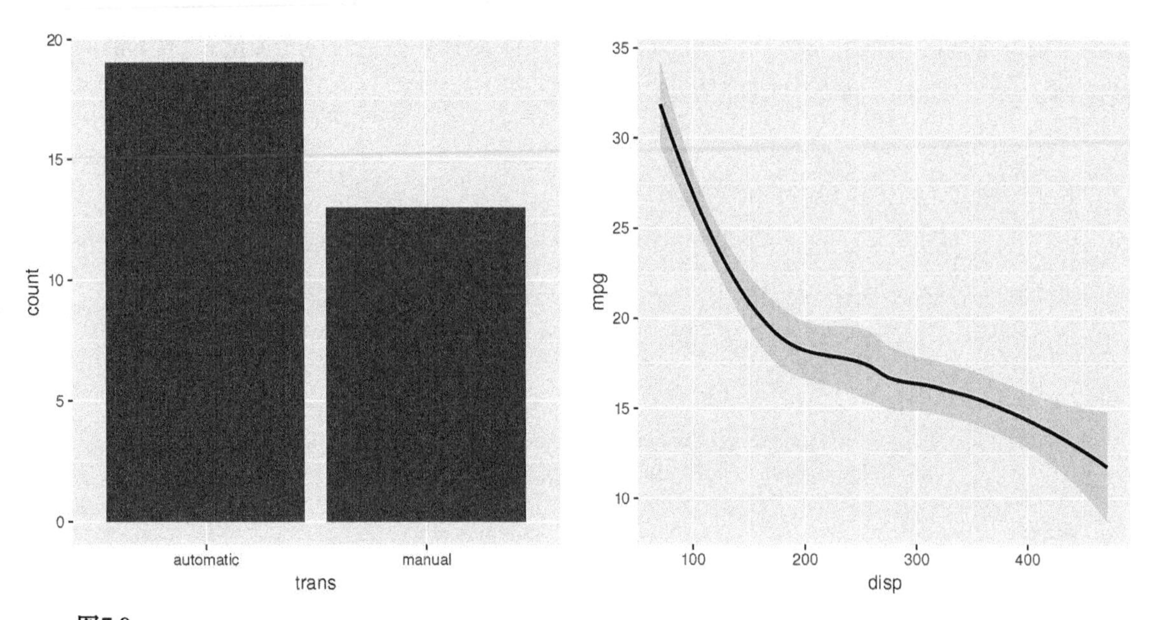

图5.9

带 stat 组件的几何对象的例子：一个条形几何对象使用了一个分组统计变换，还有一个平滑几何对象，使用了一个平滑统计变换

这个例子中使用的统计变换 (stat) 是“计数”统计变换（“count” stat）。另一个可选项是恒等统计变换 (identity stat)，这种变换实际上没有对数据进行变换。下面的代码通过已经经过计数的数据，展示了如何显式地为几何对象进行统计变换进而创建同样的条形图。

```
> transCounts <- as.data.frame(table(mtcars2$trans))
> transCounts

       Var1 Freq
```

```
1 automatic    19
2    manual    13
```

现在，绘制条形图时，图形属性 x 和 y 都被显式设置，统计变换被设置成 identity，即几何对象不用再计数了。下面的代码生成的图形完全与图 5.9 中的左图一致。

```
> ggplot(transCounts) +
      geom_bar(aes(x=Var1, y=Freq), stat="identity")
```

下面的代码展示了另外一种常见的变换，将原本的数据点平滑成一条曲线。在这段代码中，原来的空图被添加了一个 smooth 几何对象。这个几何对象绘制了一条光滑的曲线（加上一个置信带，见图 5.9）而不是仅仅绘制一条通过原始（x， y）值的折线。

```
> p + geom_smooth(aes(x=disp, y=mpg))
```

我们可以通过几何对象 line，显式指定统计变换 smooth 来得到同样的曲线（没有置信带），代码如下。

```
> p + geom_line(aes(x=disp, y=mpg), stat="smooth")
```

还有一种方法是显式添加一个统计变换组件，就像下面的代码一样。代码能实现前述目的是因为每个统计变换组件都会自动和某个几何对象相关联，正如几何对象自动有相关的统计变换一样。平滑变换的默认几何对象是线条。代码运行的结果完全与图 5.9 中的右图一致。

```
> p + stat_smooth(aes(x=disp, y=mpg))
```

类似地，图 5.9 中的条形图也可以利用一个显式的计数（count）统计变换组件绘制出来，如下所示。计数统计变换的默认几何对象是条带。

```
> p + stat_count(aes(x=trans))
```

这种方法的一个优点在于统计变换的参数，比如平滑统计变换的平滑方法或者数据分组时的分组宽度，可以作为统计变换的一部分明确指定。例如，下面的代码通过控制平滑变换的 method 参数来获得一条直线（结果与图 5.5 中的直线相似）。

```
> p + stat_smooth(aes(x=disp, y=mpg), method="lm")
```

表 5.3 列出了部分 ggplot2 常用的统计变换和它们的参数。

表5.3

ggplot2 绘图系统中一些常用的统计变换

统计变换	描述	参数
stat_identity()	不作变换	–
stat_count()	计数	
stat_bin()	分组	binwidth,origin
stat_smooth()	光滑化	method,se,n
stat_boxplot()	箱线图统计量	width
stat_contour()	等高线	breaks

5.7 图形属性group

前面的例子展示了 ggplot2 如何在一个图形里自动处理绘制多组数据的情况。比如说，在下面的代码中，通过将 trans 变量用作控制形状的图形属性，图中画出了两组数据符号，并添加了一个图例（scale_shape_manual() 函数用于控制从 trans 到数据符号 shape 的映射，见图 5.10）。

```
> p + geom_point(aes(x=disp, y=mpg, shape=trans)) +
      scale_shape_manual(values=c(1, 3))
```

能够在一个图中做出显式的强制分组是很有用的，这可以通过图形属性 group 达成。比如说，下面的代码为数据符号都相同的散点图增加了一个平滑统计变换，但要为不同的传动方式分别绘制平滑直线，这时我们为平滑统计变换设置 group 图形属性。我们还为平滑统计变换设置了 method 参数，以保证得到的结果是最佳拟合曲线（见图 5.10）。

```
> ggplot(mtcars2, aes(x=disp, y=mpg)) +
      geom_point() +
      stat_smooth(aes(group=trans),
                  method="lm")
```

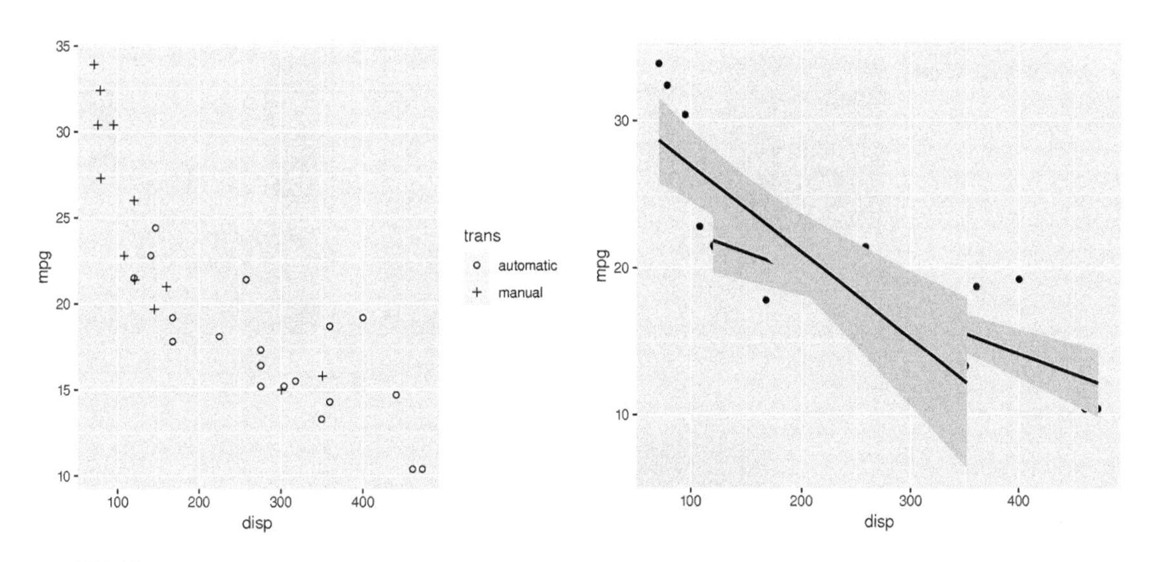

图5.10

ggplot2 中的图形属性 group。左图中，我们为点几何对象映射 shape 图形属性自动生成了图例。右图中，映射图形属性 group 为不同组的数据的平滑统计变换生成不同的平滑直线

注意到上面的代码中，在调用 ggplot() 函数时图形属性映射已经指定。当一个图中几个组件共享同样的图形属性设定的时候，这样做会更有效率。

5.8 位置调整

另外一个 ggplot2 经常自动处理的细节就是如何对互相重叠的几何对象布局。比如说，下面的代码生成一个传动方式不同的车的数量的条形图，同时描述不同汽缸数的车的数目，即变量 cyl 被映射成条带的颜色（见图 5.11）。条带的图形属性 color 被设成 black，为条带提供了边界，填充颜色尺度被显式设定成 3 种不同的灰度。

```
> p + geom_bar(aes(x=trans, fill=factor(cyl)),
               color="black") +
     scale_fill_manual(values=gray(1:3/3))
```

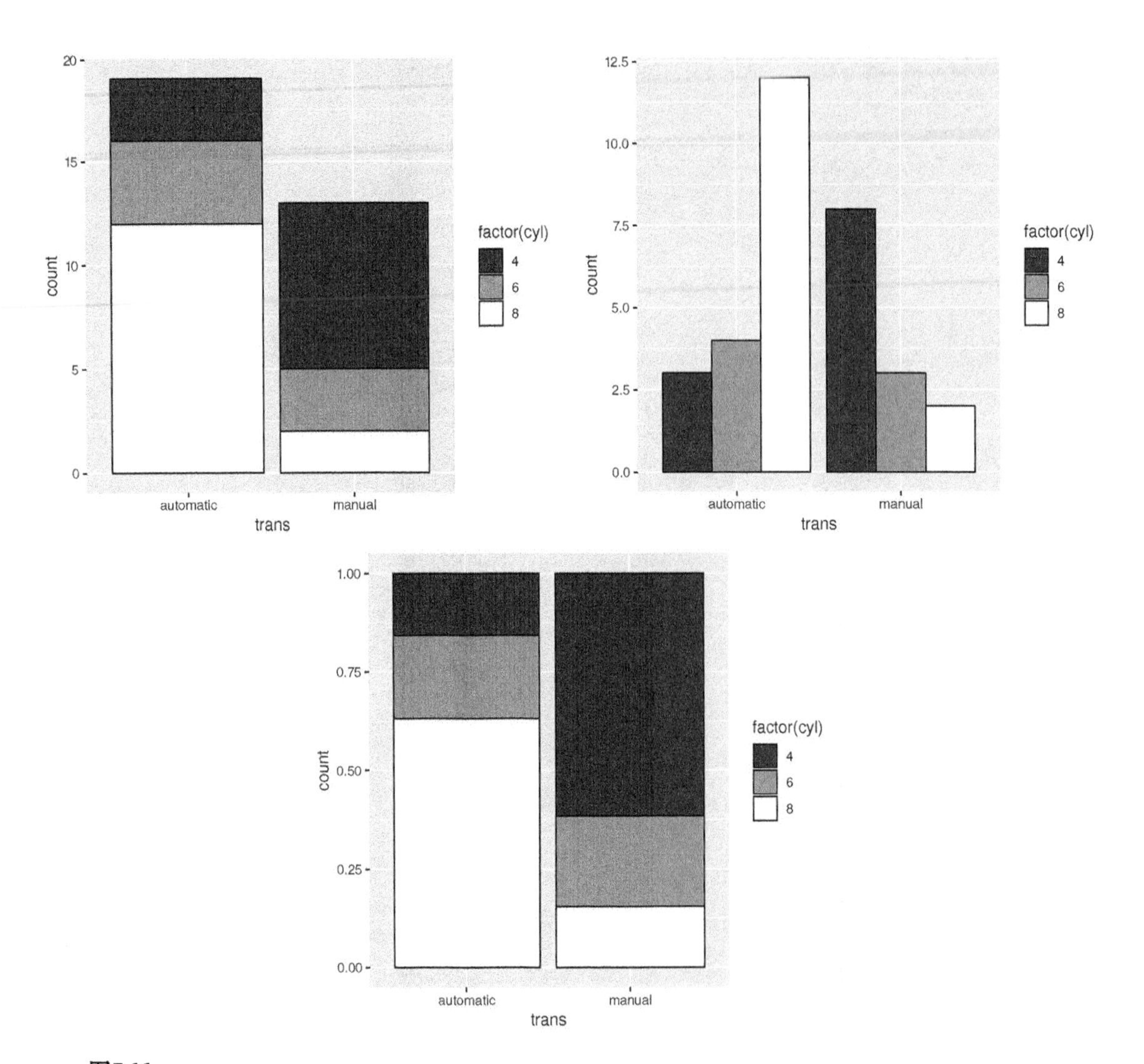

图5.11

ggplot2 中位置调整的例子。左上图：条带位置被设置为 stacked；右上图，条带位置被设置为 dodge，所以条带是并列显示的；底部图中，位置设置为 fill，所以条带被调整成填满整个竖直区域

图中自动挡的车有 3 条条带（即 3 条条带共享相同的 x 坐标）。ggplot2 自动将这 3 条条带

堆起来，而不是将一个画在另一个顶部。这是一个位置调整的例子。

另一种调整方式是使用 dodge 位置调整，这会将 3 条条带并排放在一起。下面的代码展示了这种排列方式，结果如图 5.11 右上图所示。

```
> p + geom_bar(aes(x=trans, fill=factor(cyl)),
               color="black",
               position="dodge") +
    scale_fill_manual(values=gray(1:3/3))
```

还有一个选项是 fill 位置调整。它会将条形扩充到填满所有可用的空间以生成样条图（见图 5.11 底部图）。

```
> p + geom_bar(aes(x=trans, fill=factor(cyl)),
               color="black",
               position="fill") +
    scale_fill_manual(values=gray(1:3/3))
```

5.9　坐标变换

5.5 节描述了如何用标度元素来控制数据值与图形属性值之间的映射（比如说，将变量 trans 的值 automatic 映射到 color 的值 gray(2/3)）。

另一种体现这种特征的方法是数据值到图形属性域的变换。数据值变换的另一个例子是在一幅图中使用对数坐标。下面的代码通过在 scale_x_continuous() 函数中的 trans 参数，对发动机排量与每加仑行驶英里数的图形作了这种变换。结果见图 5.12。

```
> p + geom_point(aes(x=disp, y=mpg)) +
    scale_y_continuous(trans="log",
                       breaks=seq(10, 40, 10)) +
    scale_x_continuous(trans="log",
```

```
                    breaks=seq(100, 400, 100)) +
    geom_line(aes(x=disp, y=mpg), stat="smooth",
              method="lm")
```

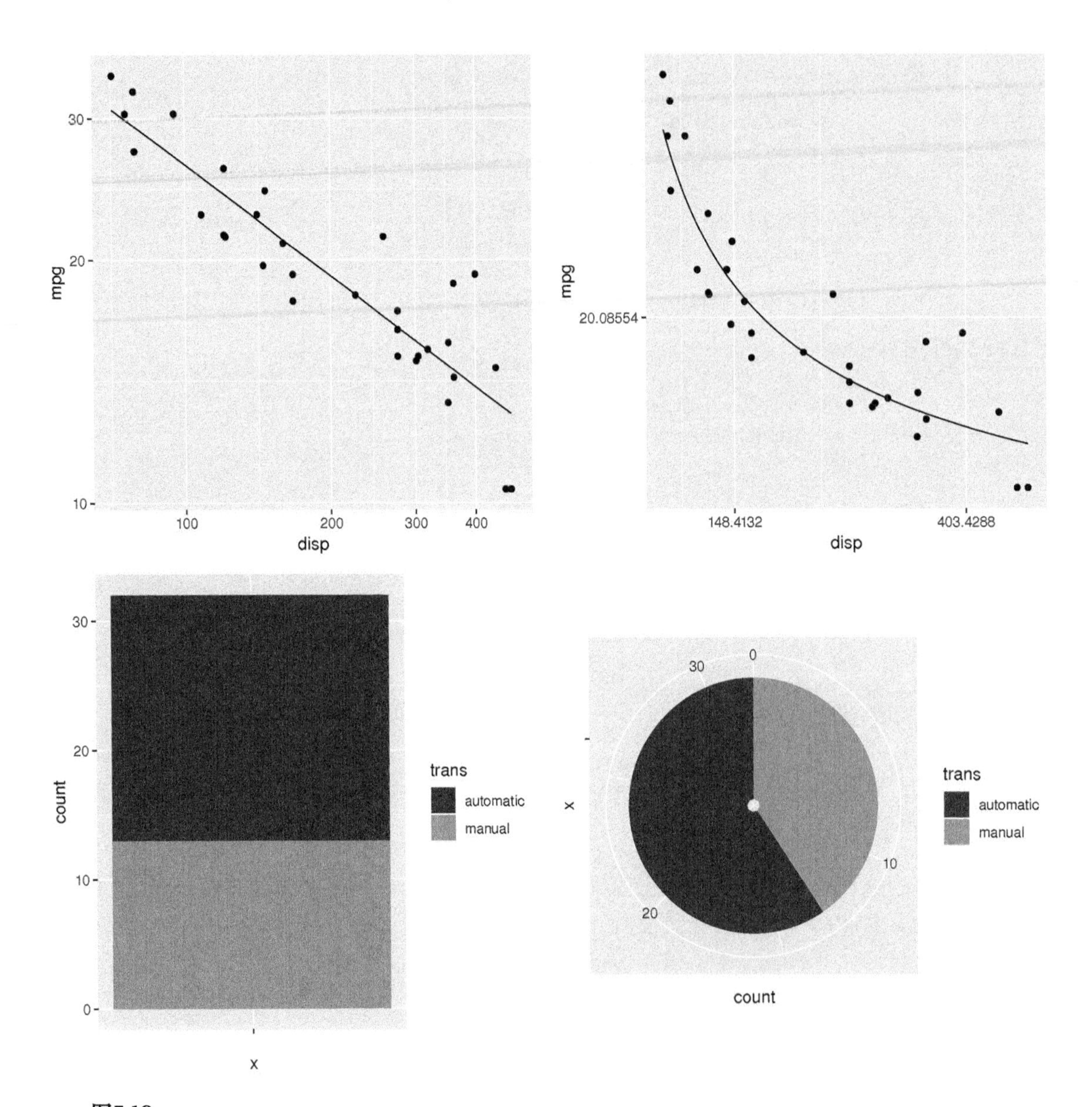

图5.12

ggplot2 中坐标系变换的例子：左上图是对数数据的笛卡尔线性坐标系图；右上图是对数数据的笛卡尔指数坐标系图；左下图是笛卡尔堆叠条形图；右下图是极坐标堆叠条形图（饼图）

这是另外一个在图中使用显式标度元素的原因。注意到数据在任意统计变换组件被应用之前就进行了标度变换（见图 5.8），所以直线拟合的是对数变换后的数据。

ggplot2 也可以做另外一种变换。有一个坐标系组件，即 coord，默认是简单线性笛卡尔坐标，但可以被显式地设置成其他坐标类型。

举个例子，下面的代码利用 coord_trans() 函数向之前的图添加一个坐标系组件。这个变换指明所有维度都应该是指数的。

```
> p + geom_point(aes(x=disp, y=mpg)) +
      scale_x_continuous(trans="log") +
      scale_y_continuous(trans="log") +
      geom_line(aes(x=disp, y=mpg), stat="smooth",
                method="lm") +
      coord_trans(x="exp", y="exp")
```

这种变换会在图形中的几何对象被创建之后发生并能控制图形形状如何画到页面或屏幕上（见图 5.13）。在这种情形下，效果是反向进行数据变换，使得数据点回到原来熟悉的布局，即原来是拟合对数数据的最佳拟合直线，现在则变成了曲线（见图 5.12）。

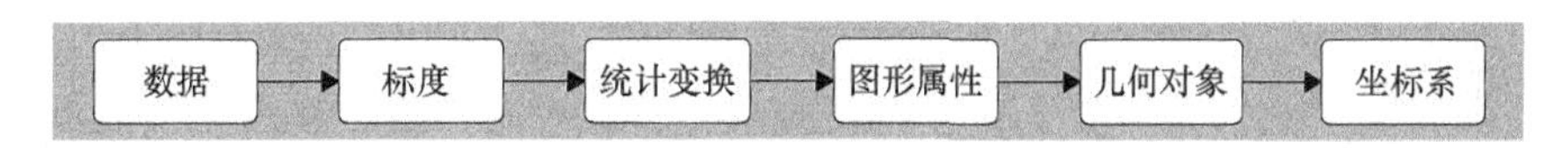

图5.13

展示了几何形状如何通过坐标系变换再画到页面或屏幕上的过程

ggplot2 中坐标系的另一个例子是极坐标系，其中 x 轴和 y 轴的值变成了角度和半径的值。下面的代码创建了一个正常的笛卡尔坐标系，堆叠条形图展示了自动挡汽车和手动挡汽车的数目对比（见图 5.12）。

```
> p + geom_bar(aes(x="", fill=trans)) +
      scale_fill_manual(values=gray(1:2/3))
```

下面一段代码将坐标系设置成极坐标系，所以 y 值（条形的高度）变成角度，而 x 值（条形的宽度）变成一个（常数）半径，结果是一个饼图（见图 5.12）。

```
> p + geom_bar(aes(x="", fill=trans)) +
      scale_fill_manual(values=gray(1:2/3)) +
      coord_polar(theta="y")
```

5.10 分面

多面化意味着将数据分成几个子集，在同一个页面中为每一个子集生成一个独立的图。这与 lattice 的条件多框图的思想类似，也就是我们所知道的小型多面图。

函数 facet_wrap() 可以用来为一个图形添加小平面。这个函数的主要参数是一个描述用于划分数据的变量的公式。比如说，下面的代码中，每个 gear 的值都生成了独立的散点图（见图 5.14）。这里的参数 nrow 用来确保所有生成的图都在同一行里。

```
> p + geom_point(aes(x=disp, y=mpg)) +
      facet_wrap(~ gear, nrow=1)
```

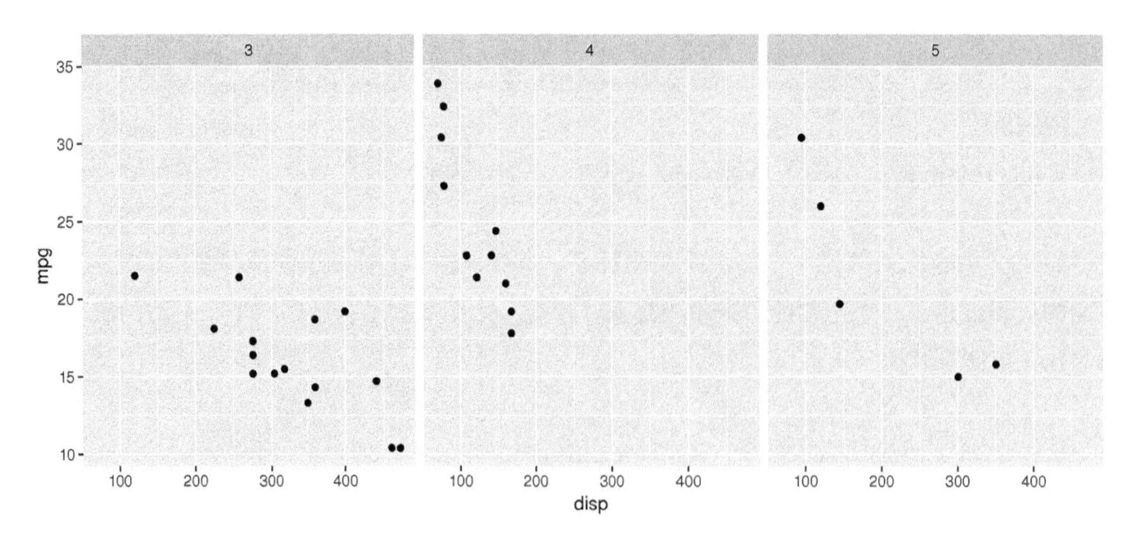

图5.14

分面 ggplot2 散点图。分面变量 gear 的每个水平值生成一个单独的面板

还有一个函数 facet_grid()，用来生成布局在一个网格上的图。这两个函数主要的不同在于公式的参数形如y ~ x。y的每个水平值生成单独的一行图，而x的每个水平值生成单独的一列。

5.11 主题

通过将数据元素和非数据元素的输出分开，ggplot2 包采用了多种方法控制图形对象的外观。正如在 5.4 节中描述，几何对象表示图形中数据相关的元素，图形属性用于控制几何对象的外观。本节将关注如何控制图形中的非数据元素，比如标签和用于创建坐标轴和图例的直线。

在 ggplot2 中，控制非数据元素的绘图参数集合称为*主题*。主题可以像一个组件一样，用一种我们现在已经熟悉的方式添加到图中。比如说，下面的代码创建了一幅基础的散点图，只是用函数 theme_bw() 改变了这幅图的基本颜色设置。这幅图现在是白色背景、灰色网格线而不是标准的灰色背景、白色网格线（见图 5.15）。

```
> p + geom_point(aes(x=disp, y=mpg)) +
      theme_bw()
```

也可以在图的整个主题中设置特定的*主题元素*。这需要函数 theme() 和一个*元素函数*来指定新的设置。比如说，下面的代码使用了 element_text() 函数，使得 y 轴标签是水平的（见图 5.15）。这个例子设置了文本旋转的角度（垂直调整）；也可以设置另外的参数去控制文本字体、颜色以及水平调整等。

```
> p + geom_point(aes(x=disp, y=mpg)) +
      theme(axis.title.y=element_text(angle=0, vjust=.5))
```

还有用于设置直线、线段和矩形等绘图参数的函数，加上 element_blank() 函数，可用来将相关的绘图元素完全移除（见图 5.15）。

```
> p + geom_point(aes(x=disp, y=mpg)) +
      theme(axis.title.y=element_blank())
```

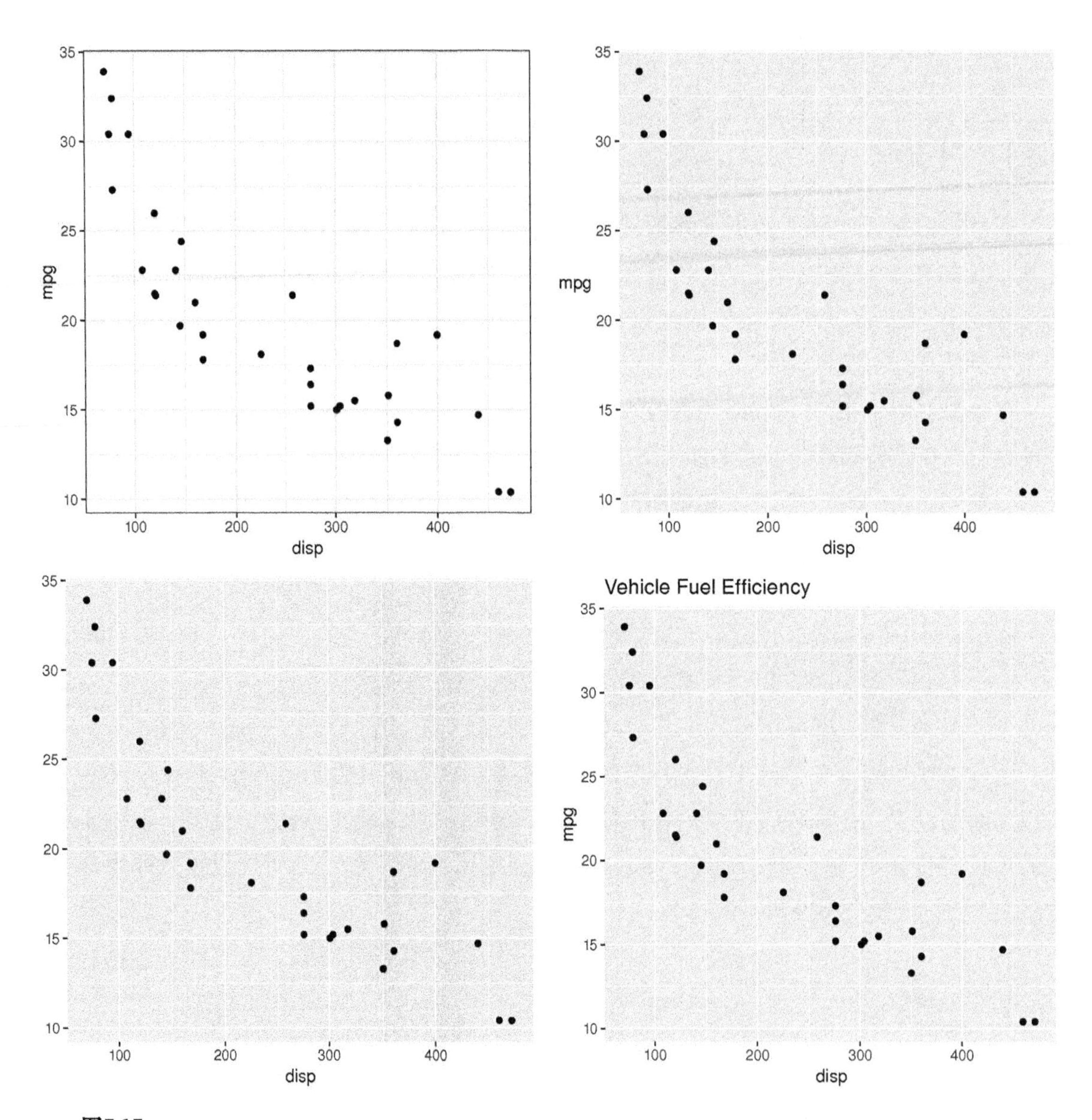

图5.15

ggplot2 中主题的例子：左上，整体默认风格被设置成 theme_bw；右上，y 轴被旋转为水平的；左下，y 轴标签被移除了；右下，图形中添加了一个整体标题

表 5.4 展示了部分可以用这种方法控制的绘图元素。

表5.4

ggplot2 绘图系统中常用的绘图元素。“类型”表示选用哪一个元素函数来提供绘图参数设置（比如，文本说明需要 element_text()）

元素	类型	描述
axis.text.x	text	*x* 轴刻度标签
legend.text	text	图例标签
panel.background	rect	面板背景
panel.grid.major	line	主网格线
panel.grid.minor	line	次网格线
plot.title	text	图标题
strip.background	rect	分面标签背景
strip.text.x	text	水平条带文本

labs() 函数可以用来控制图的标签。比如说，下面的代码为散点图确定了一个整体标题（见图 5.15）。

```
> p + geom_point(aes(x=disp, y=mpg)) +
      labs(title="Vehicle Fuel Efficiency")
```

5.12 注释

我们前面都在强调从数据框到几何对象图形属性的映射，没有明确涉及如何用 ggplot2 向图中添加自定义的注释。

其中一种方式是利用设置图形属性而不是映射图形属性的功能。比如说，下面的代码展示了如何通过为几何图形 hline 的图形属性 yintercepet 设置一个特定值，从而为一个散点图添加一条水平线。结果见图 5.16。

```
> p + geom_point(aes(x=disp, y=mpg)) +
      geom_hline(yintercept=29)
```

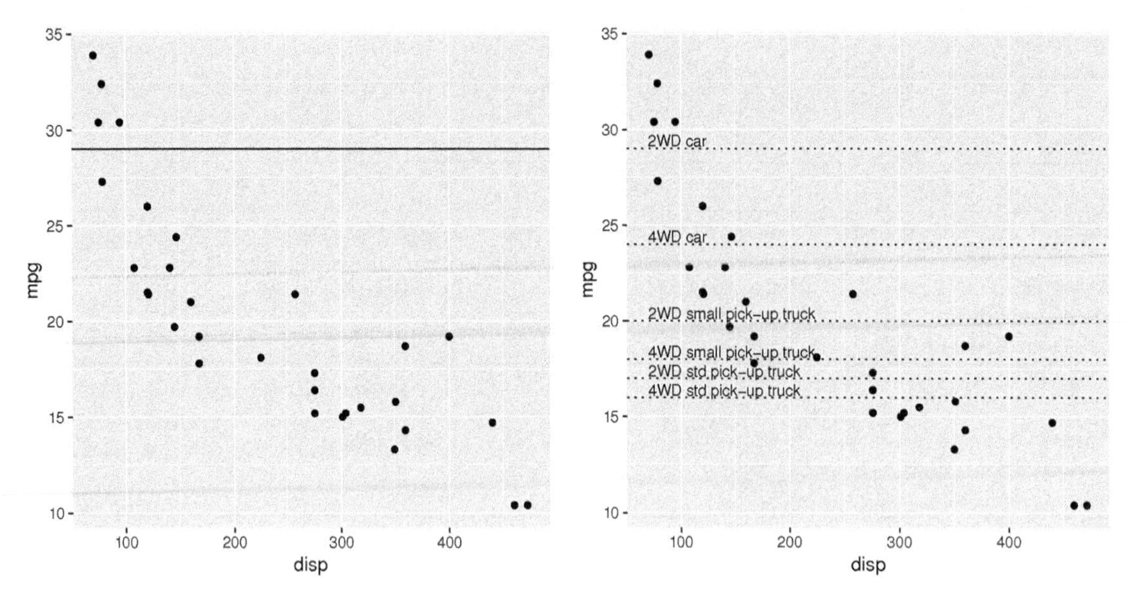

图5.16

ggplot2 中添加注释的几个例子：左图中，通过设置几何对象图形属性（而不是映射图形属性）添加一条水平线；右图中，通过对相关几何对象使用一个全新的数据集添加了几条水平线和文本标签

另一种方法基于以下事实：函数创建几何图形的时候，实际上创建了一个完整的图层，这个图层中很多组件继承或自动生成了默认值。特别地，一个几何对象从原始的 ggplot2 对象中继承了数据源，这个 ggplot2 对象形成了绘图的基础。当然，也可以为这个几何图形指定另一个数据源。

为了阐述这个想法，下面的代码生成了一个包含不同种类汽车的不同燃料效率的（下）界限。这些数据来自 Green Communities Grant Program 的 4 号标准，这个项目由马萨诸塞州能源部运作。

```
> gcLimits <-
      data.frame(category=c("2WD car",
                   "4WD car",
                   "2WD small pick-up truck",
                   "4WD small pick-up truck",
                   "2WD std pick-up truck",
```

```
                        "4WD std pick-up truck"),
                    limit=c(29, 24, 20, 18, 17, 16))
```

下面的代码从 mtcars2 数据集中创建了一幅散点图，并根据新的 gcLimits 数据集添加了额外的线条和文本。几何对象函数中的 data 参数用来显式指定几何对象的数据源，使得这些几何对象的图形属性映射可以利用 gcLimits 数据框而不是 mtcars2 数据框中的变量。最终结果见图 5.16。

```
> p + geom_point(aes(x=disp, y=mpg)) +
      geom_hline(data=gcLimits,
                 aes(yintercept=limit),
                 linetype="dotted") +
      geom_text(data=gcLimits,
                aes(y=limit + .1, label=category),
                x=70, hjust=0, vjust=0, size=3)
```

5.13 ggplot2扩展

因为 ggplot2 基于一系列的绘图组件，所以开发一种新型的图形通常就是简单地把已有的组件用新的方法组合起来。

Hadley Wickham 关于 ggplot2 的书提供了更深入的讨论，包括如何利用 ggplot2 函数写一个高级绘图函数。

本章小结

ggplot2 包实现并扩展了统计图形的图形语法范式。在简单情形下，qplot() 函数像 plot() 函数一样。复杂情况下，图形由基础组件创建：数据框，加上一组几何形状（几何对象），再加上从数据值到形状属性的映射（图形属性）。图例和坐标轴是自动生成的，但图中其他方方面面的外观细节都可以通过函数控制。同时，ggplot2 也可以用于绘制多面板图。

第6章 grid绘图模型

本章预览

这一章介绍 grid 中用于绘制图形场景（graphical scenes）的基本工具。其中包括一些基础输出，如绘制线条、矩形和文本的函数可以用于生成基础输出；还有更精细也更有用的概念，如视图（viewport）、图层和单元等，它们使得基本输出可以以一种很灵活的方式放置并对输出大小进行调整。

这一章内容的学习有助于我们绘制类型广泛的各种图形，包括从头开始绘制各种统计图形，并且还有助于我们为 lattice 和 ggplot2 创建的图形进行添加和改进。

构成 grid 绘图系统的函数在名为 grid 的扩展包中。grid 绘图系统可按如下方法在 R 中载入：

```
> library(grid)
```

grid 绘图系统只提供底层的绘图函数，没有用于生成完整图形的高级函数。6.1 节简要地介绍了 grid 绘图系统的基础概念，但也只是指出了如何用 grid 工作，以及有些工作可以用 grid 来完成。要高效直接地使用 grid 需要对 grid 绘图系统有更深入的理解（见本章后面的几节和第 7 章）。

第 4 章和第 5 章中介绍的 lattice 和 ggplot2 包提供了可以用 grid 生成的高级结果的大量实例。本书中其他关于 grid 的例子见第 1 章的图 1.8、图 1.9、图 1.11 等。

6.1 grid绘图简述

这一节介绍了如何使用 grid 来生成图形输出，其中包括生成基础输出，如线、矩形和文本的函数可以用来生成这些输出，还有决定图形内容的函数，比如指定输出位置和图形中颜色和字体的函数。

如同基础绘图系统一样，grid 遵循画家模型，新画的内容会在重叠的部分遮住旧的内容。通过这种方法，我们可以用 grid 依次调用函数增加越来越多的输出进而逐步构建图形。

grid 中有用来绘制基础输出诸如线条、文本和多边形的函数，还有用于绘制稍微高级的图形组件比如坐标轴（见 6.2 节）的函数。复杂的图形输出是按照一定次序调用基础函数来生成的。

颜色、线型、字体以及其他的影响图形输出外观的方面都通过一组绘图参数控制（见 6.4 节）。

grid 绘图系统并没有为图形输出提供预定的区域，但是提供了基于视图概念（见 6.5 节）定义区域的强大能力。很容易创建一组区域使得我们能方便地生成一个图形（参见 6.2 节的例子），但也可以生成非常复杂的一组区域，比如那些用来生成网格图的区域（见第 4 章）。

所有视图都带有一组坐标系，使得它可以用物理单位（比如，厘米）或相对于坐标轴尺寸的方法以及其他许多不同的方法（见 6.3 节）来确定输出的位置以及大小。

所有 grid 的输出都发生在页面当前的视图。为了开启一个新的输出页面，用户必须调用 `grid.newpage()` 函数。

在生成图形输出的同时，grid 绘图系统还会生成表示输出的对象。这些对象可以保存下来作为图形持久的记录，其他的 grid 函数可以修改这些图形对象。比如说，我们可以查询一个对象，从而确定它的宽度，其他要绘制的图形可以被放置在相对于这个对象的位置。我们可以完全根据图形描述来工作而不生成任何输出。第 7 章将会详细描述用于图形对象的函数。

一个简单的例子

下面的例子描述了使用 grid 构建简单散点图的过程。这不只是一个简单的函数调用，它还展示了一些使用 grid 生成图形的优点。

这个例子使用了 pressure 数据，生成了一个类似于图 1.1 的散点图。

首先，我们会创建一些区域，这些区域对应“绘图区域”（数据符号将在这些区域中绘制）和“边缘”（用来绘制坐标轴和标签的区域）。

下面的代码创建了两个视图。第一个视图是一个矩形区域，留出空间来绘制在底部的 5 条文本线、左侧的 4 条文本线、顶部的 2 条线以及右侧的 2 条线。第二个视图在第一个视图同样的位置上，但它有对应于用于绘图的气压数据数值范围的 x 轴尺度和 y 轴尺度。

```
> pushViewport(plotViewport(c(5, 4, 2, 2)))
> pushViewport(dataViewport(pressure$temperature,
```

```
                    pressure$pressure,
                    name="plotRegion"))
```

接下来的代码将散点图各部分逐步画出。grid 函数的输出被画到相对最新的视图上，在这个例子中是带有适当坐标尺度的视图。相对于 *x* 轴和 *y* 轴尺度画出数据符号，在整个绘图区域周围画了一个矩形，并画出 *x* 轴坐标和 *y* 轴坐标，用来表示尺度。

```
> grid.points(pressure$temperature, pressure$pressure,
              name="dataSymbols")
> grid.rect()
> grid.xaxis()
> grid.yaxis()
```

向坐标轴添加标签展示了 grid 中不同坐标系的使用。标签文本画在绘图区域外面，使用文本线的数量来确定位置（即文本线占据的高度）。

```
> grid.text("temperature", y=unit(-3, "line"))
> grid.text("pressure", x=unit(-3, "line"), rot=90)
```

运行以上代码的显然结果就是图形输出（见图 6.1 的左上图）。不太明显的结果是若干对象已经被创建。其中有表示视图区域的对象，还有表示图形输出的对象。下面的代码利用这一点来修改绘图符号，将圆圈换成三角形（见图 6.1 的右上图）。表示数据符号的对象名为 `dataSymbols`（见上面的代码），使用这个名字找到该对象并用 `grid.edit()` 函数修改它。

```
> grid.edit("dataSymbols", pch=2)
```

接下来的代码利用了表示视图的对象。`upViewport()` 和 `downViewport()` 两个函数用于在不同视图区域之间定位，添加额外的注释。首先，调用 `upViewport()` 回到整个页面上，使得我们可以在整个图形周围画出一个虚线框。

```
> upViewport(2)
> grid.rect(gp=gpar(lty="dashed"))
```

接下来调用 downViewport() 函数，回到绘图区域，在图形坐标系相应的坐标位置上添加一条文字注释（见图 6.1 的右下图）。

```
> downViewport("plotRegion")
> grid.text("Pressure (mm Hg)\nversus\nTemperature (Celsius)",
            x=unit(150, "native"), y=unit(600, "native"))
```

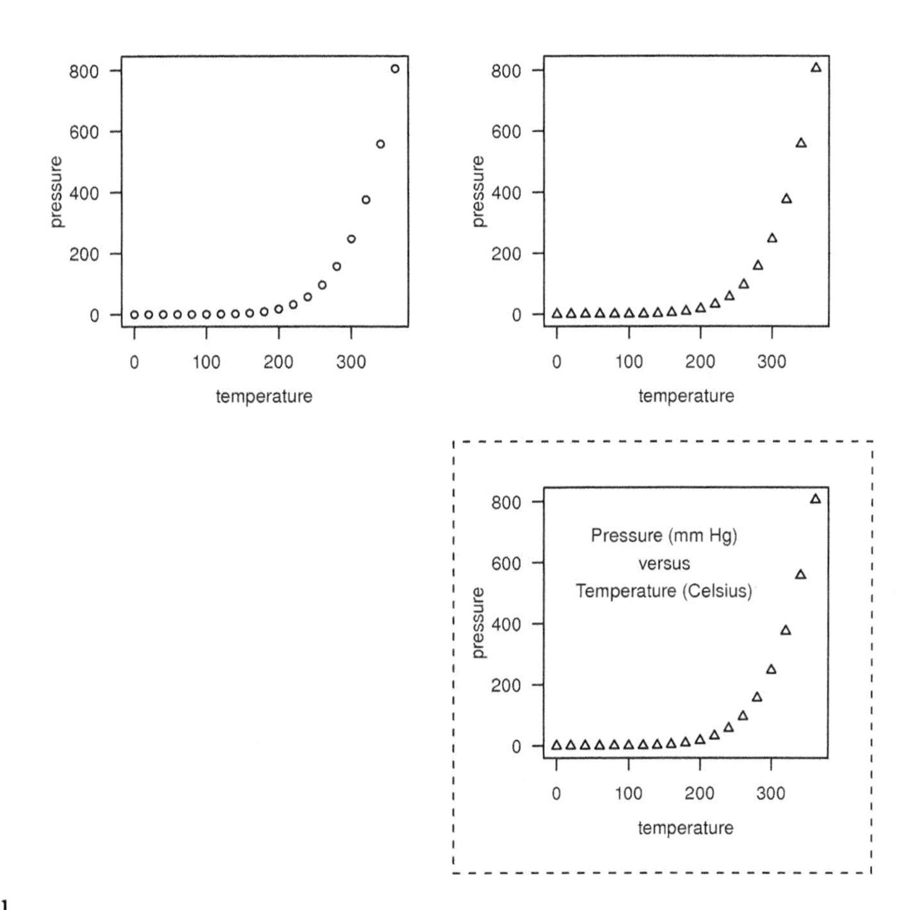

图6.1

使用 grid 绘制的简单散点图。左上图由一系列产生图形输出的 grid 基本函数的调用生成。右上图展示了调用 grid.edit() 函数交互地修改绘图符号的结果。右下图通过调用 upViewport() 和 downViewport() 函数定位不同的绘图区域再添加额外输出（一个虚线框和图中的文本）生成

这个例子中最终生成的散点图依然很简单，但是这里用来生成这个散点图的技术用途广泛而且是非常有用的。它可以用来生成非常复杂的图，然后在图中各部分彻底修改或添加成分。

这一章余下的小节中，我们会详细讨论 grid 的基本概念：视图与单元。对 grid 绘图系统的整体理解有两个好处：它使得读者可以从头构建足够复杂的图形；帮助用户更好地在别人的代码所生成的复杂的 grid 输出上进一步工作，比如使用 lattice 或 ggplot2 生成的图形。

6.2 图形基础

最简单、最容易理解的 grid 函数是那些用来直接画出图形的函数。grid 中有一组函数用于生成基本的图形输出，比如线、圆和文本。[①] 表 6.1 列出了所有这些函数。

表6.1

grid 中的基础图形。这是 grid 中生成图形输出的低级函数的完整集合。每个生成图形输出的函数（最左边的列）都有一个对应的函数，对应函数会返回一个图形对象，这个对象中包含了图形输出的描述而不是生成图形输出（最右边的列）。后一类函数的集合会在第 7 章进一步介绍

生成输出的函数	描述	生成对象的函数
`grid.move.to()`	设置当前位置	`moveToGrob()`
`grid.line.to()`	从当前位置到新位置画一条直线，然后重置当前位置	`lineToGrob()`
`grid.lines()`	按顺序通过多个位置画出一条线	`linesGrob()`
`grid.polyline()`	按顺序通过多个位置画出多条线	`polylineGrob()`
`grid.segments()`	在多对位置之间画出多条线	`segmentsGrob()`
`grid.xspline()`	画出关于控制点的光滑曲线	`xsplineGrob()`
`grid.bezier`	画出（合适的）Bézier 曲线	`bezierGrob`
`grid.rect()`	根据给定的位置和尺寸画出矩形	`rectGrob()`
`grid.roundrect()`	根据给定的位置和尺寸画出圆角矩形	`roundrectGrob()`
`grid.circle()`	根据给定的位置和半径画出圆	`circleGrob()`
`grid.polygon()`	根据给定的顶点画出一个多边形	`polygonGrob()`
`grid.path()`	画出含有多条路径的多边形	`pathGrob()`
`grid.text()`	根据给定的字符串、位置和方向画出文本	`textGrob()`
`grid.raster()`	画出位图	`rasterGrob()`
`grid.curve()`	画出两个端点之间的光滑曲线	`curveGrob()`
`grid.points()`	根据给定的位置画出数据符号	`pointsGrob()`

① 所有这些函数都形如 `grid.*()`，每个这样的函数都有一个对应的 `*Grob()` 函数，这些对应的函数生成包含基本图形输出描述的对象，但不画出任何内容。这些 `*Grob()` 版本的函数会在第 7 章详细描述。

大部分这类函数的第一个参数是所绘制图形对象的一组位置和维度值。比如说，grid.rect() 需要 x、y、width 和 height 这些参数来确定需要画的矩形的位置和大小。一个重要的例外是 grid.text() 函数，它的第一个参数是需要画出的文本。需要画出的文本可以是一个字符向量或者是一个 R 表达式（生成特殊的符号和格式，见 10.5 节）。

在大部分情况下，可以指定多个位置参数和尺寸参数生成对应的多个基本图形。举例来说，下面的函数调用将生成 100 个圆，因为指定了 100 个位置和半径（见图 6.2）。

```
> grid.circle(x=seq(0.1, 0.9, length=100),
              y=0.5 + 0.4*sin(seq(0, 2*pi, length=100)),
              r=abs(0.1*cos(seq(0, 2*pi, length=100))))
```

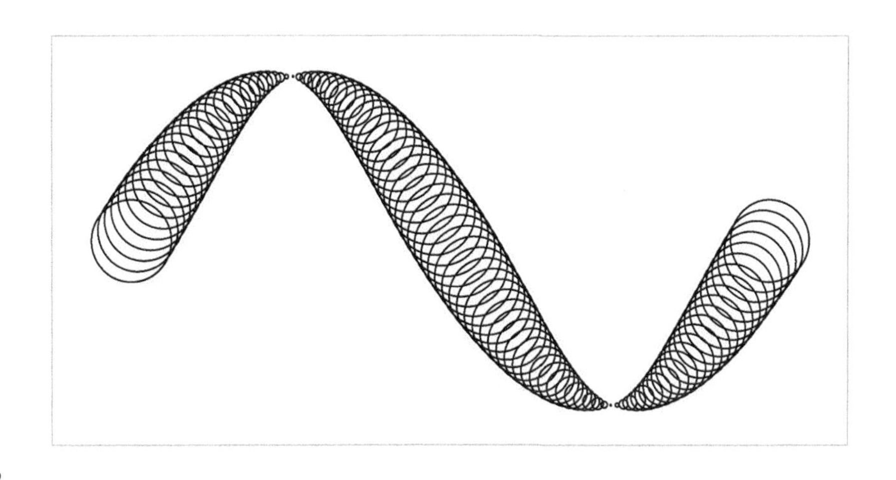

图6.2

grid 基本输出。简单调用 grid.circle() 生成基本图形输出的例子。在不同的 (x, y) 位置上有 100 个不同尺寸的圆

grid.move.to() 和 grid.line.to() 函数有点与众不同，因为它们都只接受一个位置参数。这两个函数指向并修改"当前位置"。grid.move.to() 函数设定当前的位置，grid.line.to() 函数从当前位置出发画线到新位置，然后把新位置设置为当前位置。其他绘图函数不会使用当前位置。在大多数情况下，grid.lines() 函数会更方便，但是 grid.move.to() 和 grid.line.to() 在多个视图间切换画图的时候会很有用（见 6.5.1 小节）。

grid.line() 和 grid.polyline() 的不同之处在于后者多了一个 id 参数。这个参数用来将 (x, y) 位置切分到不同的线上。

grid.curve() 函数在两个点之间画一条曲线，这在画简单示意图的时候很有用。有几个参数用来控制曲线的形状，包括曲线偏离两点之间直线的程度（curvature 参数）、是否遵循街区模式（a city-block pattern）（square 参数）以及曲线的光滑程度（ncp）。下面的代码生成 3 个例子：一条街区模式的曲线；一条光滑、倾斜的曲线；一条偏向开始点且在转角的地方摆动很大的曲线（见图 6.3）。

```
> grid.curve(x1=.1, y1=.25, x2=.3, y2=.75)
> grid.curve(x1=.4, y1=.25, x2=.6, y2=.75,
             square=FALSE, ncp=8, curvature=.5)
> grid.curve(x1=.7, y1=.25, x2=.9, y2=.75,
             square=FALSE, angle=45, shape=-1)
```

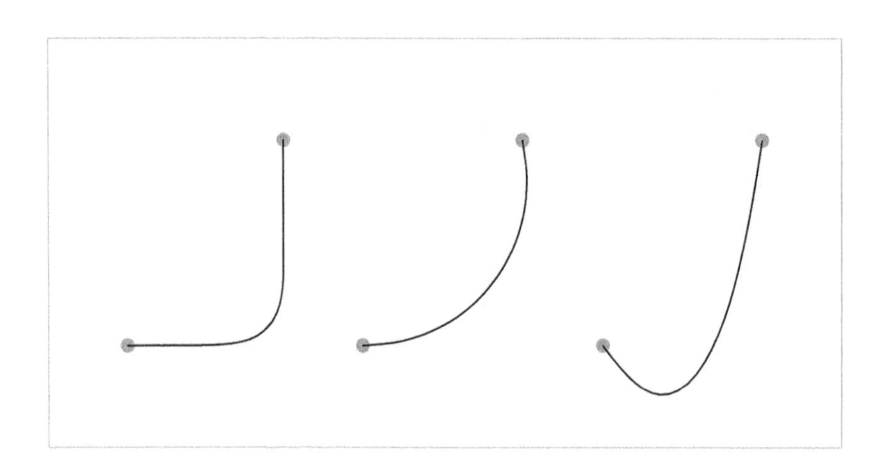

图6.3

使用 grid.curve() 函数绘制两点之间的曲线：左边是默认的街区模式曲线；中间是弯曲程度没有那么大的曲线，它关于两个端点对称；右边的曲线向起始点弯曲较大

grid.curve() 函数使用 X 样条，使得两个端点之间的曲线光滑；grid.xspline() 函数可以用来生成多个控制点之间的光滑曲线。grid.bezier() 函数用来绘制一条近似的三次 Bézier 曲线，称它为近似的是因为曲线实际上是用参数化的 X 样条来逼近 Bézier 曲线。

所有画线的函数都有一个 arrow 参数，它可以用来在线的某一端添加箭头。arrow() 函数用来创建箭头的描述，然后将其作为 arrow 参数的值。下面的代码描述了两种可能的用法（见图 6.4）。调用 grid.lines() 为绘出的线添加了一个开口的箭头，调用 grid.

segments() 为画出的 3 条线添加了更窄的封闭式箭头。

```
> angle <- seq(0, 2*pi, length=50)
> grid.lines(x=seq(0.1, 0.5, length=50),
             y=0.5 + 0.3*sin(angle), arrow=arrow())
> grid.segments(6:8/10, 0.2, 7:9/10, 0.8,
                arrow=arrow(angle=15, type="closed"))
```

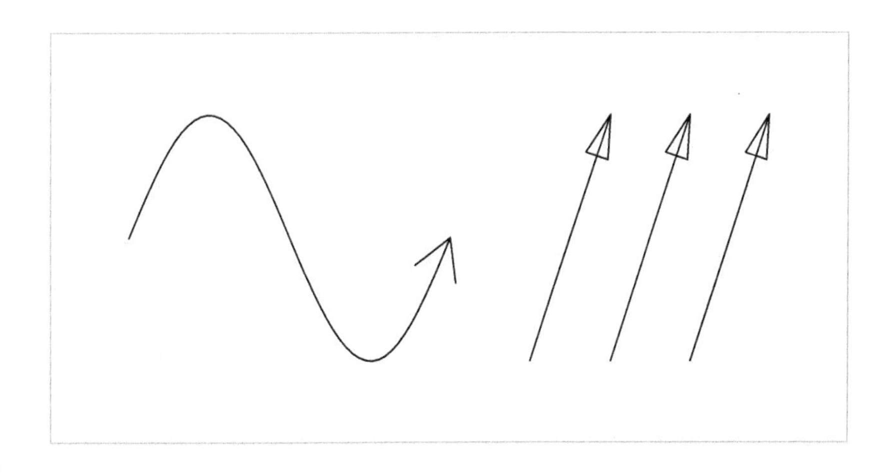

图6.4

使用画线函数绘制箭头。箭头可以添加在 grid.lines()、grid.polyline()、grid.segments()、grid.line.to()、grid.xspline() 和 grid.curve() 的输出上。这是 grid.lines()（左半边的正弦曲线）和 grid.segments()（右半边的 3 条线段）的例子

在简单的应用中，grid.polygon() 函数通过指定 x 坐标和 y 坐标画出一个多边形，它会自动地将最后一个点与第一个点重合来闭合多边形。也可以利用 id 参数，用一次调用来生成多个多边形。在这种情形下，每一组对应不同 id 的 x 坐标和 y 坐标用来生成一个多边形。下面的代码展示了上面两种用法（见图 6.5）。两个 grid.polygon() 函数调用使用相同的 x 坐标和 y 坐标，但是第二个函数调用通过 id 参数将坐标分成了 3 个独立的多边形。

```
> angle <- seq(0, 2*pi, length=10)[-10]
> grid.polygon(x=0.25 + 0.15*cos(angle), y=0.5 + 0.3*sin(angle),
               gp=gpar(fill="gray"))
```

```
> grid.polygon(x=0.75 + 0.15*cos(angle), y=0.5 + 0.3*sin(angle),
               id=rep(1:3, each=3),
               gp=gpar(fill="gray"))
```

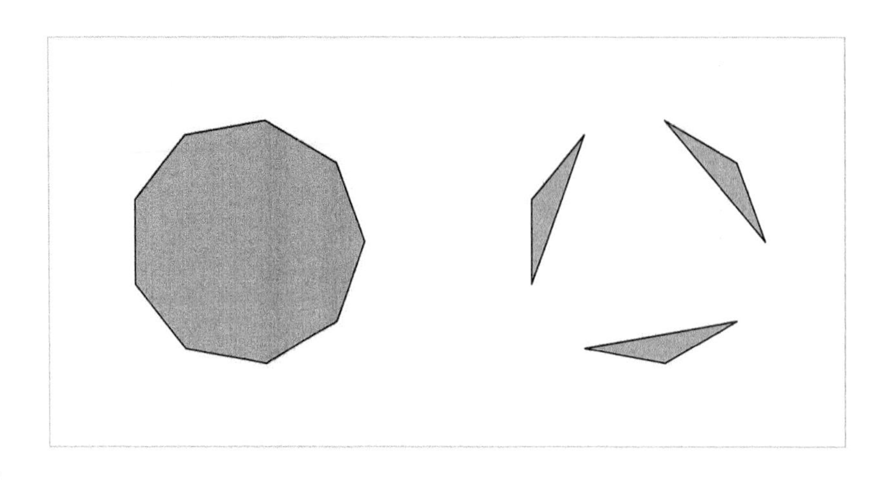

图6.5

使用grid.polygon()函数绘制多边形。默认地，会从多个x和y坐标中生成一个单独的多边形（左边的正九边形），但也可以使用id参数将不同的坐标子集和独立的多边形联系在一起（右边3个三角形）

grid.path()函数也有id参数，但它并不生成多个多边形，而是生成一个带有多组路径的多边形。这可以用来生成带洞的形状。下面的代码展示了一个例子：一个中间有矩形的洞的多边形（见图6.6）。

```
> angle <- seq(0, 2*pi, length=10)[-10]
> grid.path(x=0.25 + 0.15*cos(angle), y=0.5 + 0.3*sin(angle),
            gp=gpar(fill="gray"))
> grid.path(x=c(0.75 + 0.15*cos(angle), .7, .7, .8, .8),
            y=c(0.5 + 0.3*sin(angle), .4, .6, .6, .4),
            id=rep(1:2, c(9, 4)),
            gp=gpar(fill="gray"))
```

grid.point()函数在指定的(x,y)位置用小图形来表示数据符号。pch参数确定了数据符号形状，它的值是整数（比如说，0表示空心方形，1表示空心圆等）或者是单个的字符（见10.3节）。

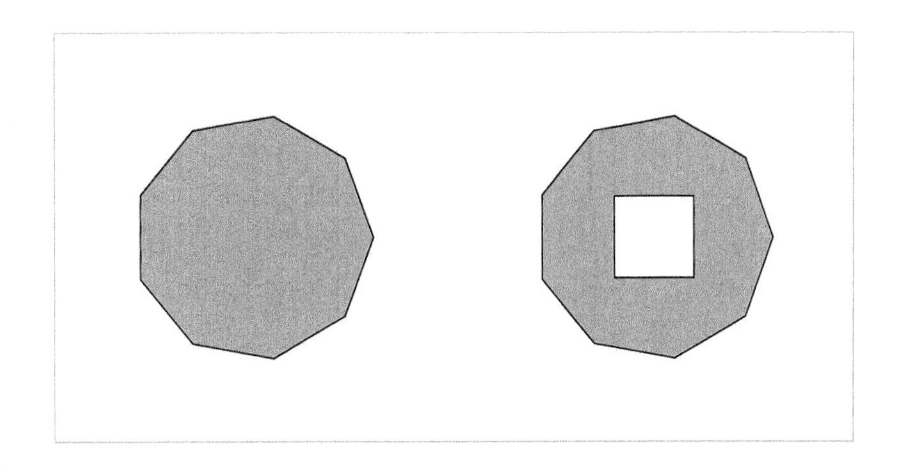

图6.6

使用 grid.path() 函数绘制路径。在简单情形下，从 (x,y) 坐标中生成了一个多边形（左边的九边形），但也可以使用 id 参数将不同的坐标子集和独立的子路径联系在一起，这种方法可以用来生成多边形中的洞（右边的图形）

grid.raster() 函数生成一个位图。这个位图可以由一个向量、矩阵或者数组指定。第 11 章描述了从外部文件中导入图像的方法。

6.2.1　绘图实用程序

除了上述最基础的图形，grid 还提供了一些稍微高级的函数。表 6.2 列出了这些函数，接下来我们对其进行简单的介绍。

表6.2

grid 中的绘图实用程序。这些函数可以用来绘制少量的基础图形组合，或者带有非直接参数的基础图形。如同基础绘图函数一样，这里的每个函数生成图形输出（最左边的列），也都有一个对应的函数，返回一个图形对象，这个对象中包含了图形输出的描述而不是生成图形输出（最右边的列）。后一类函数的集合会在第 7 章进一步介绍

生成输出的函数	描述	生成对象的函数
grid.xaxis()	画 *x* 轴	xaxisGrob()
grid.yaxis()	画 *y* 轴	yaxisGrob()
grid.abline()	画给定斜率和截距的直线	ablineGrob()
grid.grill()	画垂直或水平的直线	grillGrob()
grid.function()	画由函数定义的曲线	functionGrob()

grid.xaxis() 函数和 grid.yaxis() 函数并不是真正的基础绘图函数，因为它们生成相对复杂的输出，既包含线又包含文本。这两个函数的主要参数是 at 参数。这个参数用来确定刻度线的位置。如果不指定这个参数值，系统会根据当前尺度生成有效的刻度线（视图尺度的信息参见 6.5 节）。为 at 参数指定的值通常会参考当前的尺度（参看 6.3 节中“native”坐标系的概念）。相比 axis() 函数，这两个函数的灵活性稍显不足，也不如 axis() 函数通用。比如说，它们并不自动支持从基于时间或基于日期的 at 参数中生成标签。

其他几个函数都是用来画一条或多条线。grid.abline() 函数基于给定的截距和斜率绘制一条直线，确保直线的起点和终点位于当前视图边缘。grid.grill() 函数基于一组垂直值和水平值分别绘制一组垂直和水平线。grid.function() 函数基于一个函数绘制一系列折线，绘图所基于的函数必须只取一个参数 x 并且必须返回由 x 和 y 构成的列表。

6.2.2 标准参数

所有基础绘图函数都接受一个 gp 参数，这个参数可以控制相关输出的属性如颜色和线型。比如说，下面的代码指定了矩形的边界是红色虚线。

```
> grid.rect(gp=gpar(col="red", lty="dashed"))
```

6.4 节提供了关于设置绘图参数的更多信息。

所有基础绘图函数还可以接受 vp 参数，这个参数用来指定画出对应输出的视图。下面的代码展示了这种语法的一个简单例子（其结果是一个画在页面左半边的矩形）；6.5 节详细介绍了视图和 vp 参数的使用。

```
> grid.rect(vp=viewport(x=0, width=0.5, just="left"))
```

最后，所有基础绘图函数都可以接受一个 name 参数，这个参数用来指定函数生成的图形对象这个参数在编辑图形和操作图形对象时会很有用（见第 7 章）。下面的代码展示了如何将一个名字和一个矩形联系起来。

```
> grid.rect(name="myrect")
```

6.2.3 剪切

grid.clip() 函数并不是一个基础绘图函数，因为它不会画出任何东西。实际上，这个函数会生成一个剪切矩形。在这个函数被调用之后，任何后续的函数输出只有落在这个剪切框中才是可见的。

剪切框可以通过调用 grid.clip()，或者改变绘画视图重新设置（见 6.5 节，特别是 6.5.2 小节）。

6.3 坐标系

在 grid 中画图的时候，往往有大量的坐标系可以用于确定图形输出的坐标和尺寸。比如说，可以用绘图区域宽度所占的比例或者从绘图区域左边开始的和相对于当前 *x* 轴的相对尺度的英寸数（或厘米、毫米）来确定 x 坐标。表 6.3 展示了可用的全部坐标系。其中有一些坐标的意义需要在了解视图（6.5 节）和绘图对象（第 7 章）之后才能理解。[①]

表6.3

grid 中可用的全部坐标系

坐标系名	描述
“native”	相对于当前视图的 x 和 y 标度计算位置和尺寸
“npc”	正规化父坐标。当前视图的左下角作为 (0,0)，右上角为 (1,1)
“snpc”	方形正规化父坐标。位置和尺寸会表示为当前视图的宽度和高度中较小部分的比率
“in”	位置和尺寸用实际的英寸数表示，对于位置来说，(0,0) 是视图左下角
“cm”	同 “in”，单位用厘米
“mm”	毫米
“pt”	点。每英寸有 72.27 个点
“bigpts”	大点。每英寸有 72 个大点
“picas”	十二点活字高度。每个十二点活字有 12 个点
“dida”	1157dida 等于 1238 个点

① 绝对单位，如英寸等，不一定能在所有输出格式中都得到精确表达。

续表

坐标系名	描述
"cicero"	每 cicero 等于 12dida
"scaledpts"	标度点。每个点有 65536 个标度点
"char"	位置和尺寸由当前标准化的字体尺寸表达（依赖于当前的 fontsize 和 cex 参数）
"line"	位置和尺寸由当前文本的行的高度表达（依赖于当前的 fontsize、cex 和 lineheight 参数）
"strwidth" "strheight"	位置和尺寸由给定的字符串的宽度（或高度）表达（依赖于字符，以及当前的 fontsize、cex、fontfamily 和 fontface 参数）
"grobx" "groby"	位置和尺寸由给定图形对象边界的 x 和 y 坐标表达（依赖于图形对象的类型、位置和图形设置）
"grobwidth" "grobheight"	位置和尺寸由给定图形对象的宽度（或高度）表达（依赖于图形对象的类型、位置和图形设置）

既然有这么多坐标系可用，那么我们必须基于位置和大小确定使用哪一个坐标系。这就是 unit() 函数的作用。这个函数创建 unit 类的对象（下面我们简单记作单位），它类似于常规的 numeric 对象——我们也可以对单位进行诸如取子集和加减这样的操作。

单元中每个值都可以和不同的坐标系关联起来，同时图形对象的位置和维度都是一个单独的单位，所以，举例来说，矩形的 x 坐标、y 坐标、宽度和高度，都可以针对不同的坐标系来指定。

下面的一段代码描述了 grid 单位的灵活性。第一个代码例子展示了 unit() 函数不同的用法：一个单独的值与一个坐标系联系起来，然后若干个值与同一个坐标系联系在一起（注意到坐标系的循环利用），接着若干个值和不同的坐标系联系在一起。

```
> unit(1, "mm")

[1] 1mm

> unit(1:4, "mm")

[1] 1mm 2mm 3mm 4mm
```

```
> unit(1:4, c("npc", "mm", "native", "line"))

[1] 1npc     2mm      3native 4line
```

下面的代码展示了单位如何能像常规的数值向量一样通过多种方法来操作：首先是取子集，然后是简单算术运算（再次注意循环使用），最后是概括函数的使用（在这里是 max()）。

```
> unit(1:4, "mm")[2:3]

[1] 2mm 3mm

> unit(1, "npc") - unit(1:4, "mm")

[1] 1npc-1mm 1npc-2mm 1npc-3mm 1npc-4mm

> max(unit(1:4, c("npc", "mm", "native", "line")))

[1] max(1npc, 2mm, 3native, 4line)
```

一些作用到单位上的运算不像在数值向量中那么简单直接，而是需要使用专门为单位所写的函数。比如说，单位需要用 unit.c() 串联在一起（相当于 c() 函数）。

下面的代码给出了一个例子，展示了使用单位来确定矩形的位置和大小。这个矩形的左下角在当前视图宽度 40% 处，离视图底部 1 英寸，它与文本“very snug”等宽，高度等同于一行文本（见图 6.7）。

```
> grid.rect(x=unit(0.4, "npc"), y=unit(1, "in"),
            width=stringWidth("very snug"),
            height=unit(1, "line"),
            just=c("left", "bottom"))
```

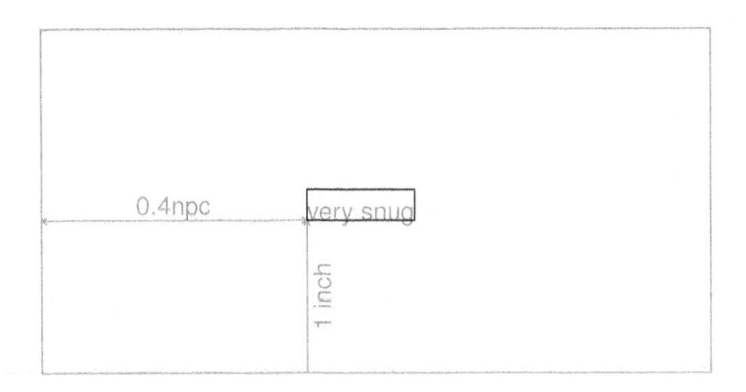

图6.7

grid 单位的展示。描述使用 grid 单位将不同数值和不同坐标关联起来从而定位图形输出和确定图形输出大小的示意图。灰色边界表示当前视图。黑色矩阵被画出，它的左下角在当前视图宽度 40% 处，离视图底部 1 英寸。该矩形的高度等同于一行文本的高度，宽度等同于文本“very snug”（它会以当前字体画出）

6.3.1 转换函数

正如上一节所述，单位并不是简单的数值，它只是在绘图的时候退化为数值（绘图设备上的位置）。其结果就是单位可以表示十分不同的东西，这依赖于什么时候画图（理解了 6.4 节中的绘图参数和 6.5 节中的视图之后会更明显）。

在某些例子中，将单位转换成简单的数值会很有用。比如说，为了做数值计算，我们有时候必须知道当前的尺度界限。有几个函数可以帮助我们解决这个问题：convertX()、convertY()、convertWidth() 和 convertHeight()。下面的代码展示了以英寸为单位计算当前的页面高度。

```
> convertHeight(unit(1, "npc"), "in")
```

```
[1] 7in
```

注意：这些转换函数必须小心使用。这些函数的输出只对当前的页面和屏幕尺寸有效。比如说，如果当前屏幕窗口的大小发生了改变，或者输出从屏幕以不同物理尺寸复制为文件格式，那么这些计算结果都不再正确。换句话说，只有在确认屏幕尺寸不会改变的情况下才能依赖这些函数。我们还会在诸如 makeContent() 方法、grid.record() 以及 grid.delay() 函数的使用中讨论这种情况（参见 8.3.10 小节）。

6.3.2 复杂单位

考虑到一个值可以看作其他对象位置或大小的倍数，grid 中许多坐标系是相关的。这些单位包括 strwidth、strheight、grobx、groby、grobwidth 和 grobheight，另外在这类坐标系中有两个特例需要进一步解释。前两种情形，即 strwidth 和 strheight 单位下，其他对象只是文本字符串（例如，a label），但在后面的 4 种情形下，其他对象可以是任何图形对象（见第 7 章）。有必要在为坐标系生成单位的时候指定其他对象，这将通过 data 参数来达成。下面的代码展示了一些简单的例子。

```
> unit(1, "strwidth", "some text")

[1] 1strwidth

> unit(1, "grobwidth", textGrob("some text"))

[1] 1grobwidth
```

当所有值都与一个坐标系相关时，生成单位的更方便的方法是通过 stringWidth()、stringHeight()、grobX()、grobY()、grobWidth() 和 grobHeight() 函数完成。下面的代码等价于前面的例子。

```
> stringWidth("some text")

[1] 1strwidth

> grobWidth(textGrob("some text"))

[1] 1grobwidth
```

在这个特别的例子中，stringWidth 和 grobwidth 的单位是相同的，因为它们基于相同的文本。不同之处在于，图形对象不仅包含需要画出的文本，也包含其他影响文本尺寸的信息，比如字体族和尺寸。

下面的代码中，这两个单位不再相同，因为 text 图形对象表示画出字体大小为 18 的文本，而简单字符串表示尺寸为默认大小 10 的文本。convertWidth() 函数用来展示这一差异。

```
> convertWidth(stringWidth("some text"), "in")

[1] 0.715666666666667in

> convertWidth(grobWidth(textGrob("some text",
                                  gp=gpar(fontsize=18))),
               "in")

[1] 1.0735in
```

对于包含多个值的单位，必须有一个对象指定每一个 strwidth、strheight、grobx、groby、grobwidth 和 grobheight 的值。当在一个单位中混合使用坐标系的时候，可以为不需要数据的坐标系提供 NULL 值。下面的代码展示了这种做法。

```
> unit(rep(1, 3), "strwidth", list("one", "two", "three"))

[1] 1strwidth 1strwidth 1strwidth

> unit(rep(1, 3),
       c("npc", "strwidth", "grobwidth"),
       list(NULL, "two", textGrob("three")))

[1] 1npc       1strwidth 1grobwidth
```

同样，对于简单情形，有更简单的接口：

```
> stringWidth(c("one", "two", "three"))
```

```
[1] 1strwidth 1strwidth 1strwidth
```

对于 grobx、groby、grobwidth 和 grobheight 这些单位，也可以指定图形对象的名称而不需指定对象本身。这在建立到图形对象的引用时很有用，它使得在命名的图形对象被修改的时候，对应的单位也会得到更新。下面的代码展示了这个想法。首先，画出名为 tgrob 的 text 对象：

```
> grid.text("some text", name="tgrob")
```

然后，根据名为 tgrob 的图形对象的宽度创建单位：

```
> theUnit <- grobWidth("tgrob")
```

convertWidth() 函数可以用来显示当前单位的值。

```
> convertWidth(theUnit, "in")
```

```
[1] 0.715666666666667in
```

下面的代码修改了名为 tgrob 的图形对象，再通过 convertWidth() 表明单位的值反映了新的 text 图形对象宽度。

```
> grid.edit("tgrob", gp=gpar(fontsize=18))
> convertWidth(theUnit, "in")
```

```
[1] 1.0735in
```

关于计算图形对象尺寸的更多例子，可参见7.11节。

6.4 控制输出的外观

所有基础绘图函数（还有 viewport() 函数，参见6.5节）都有 gp 参数，该参数用于提供一组绘图参数以控制图形输出的外观。表6.4中有一组固定的绘图参数，所有类型的图形输出都可以通过指定该组参数的值来设置。

表6.4

grid 中可用的所有绘图参数集合

参数	描述
col	线、文本、矩形边界等的颜色
fill	矩形、圆形、多边形等的填充颜色
alpha	透明度的 alpha 混合系数
lwd	线的宽度
lex	线的扩展乘子，用于 lwd，以得到最终的线的宽度
lty	线型
lineend	线的终端类型（圆形、柄形、方形）
linejoin	线的连结类型（弧线、斜线、斜角）
linemitre	线的倾斜界限
cex	字符扩展乘子，用于 fontsize，以得到最终的字体尺寸
fontsize	文本的尺寸（用点作单位）
fontface	字形（加粗、斜体……）
fontfamily	字体族
lineheight	用于最终的字体尺寸上的乘子，得到一行的高度

gp 参数的值必须是一个 gpar 类的对象，该对象由 gpar() 函数产生。比如说，下面的代码生成一个 gpar 对象，该对象包含了绘图参数中控制颜色和线型的设置。

```
> gpar(col="red", lty="dashed")

$col
```

```
[1] "red"

$lty
[1] "dashed"
```

函数 get.gpar() 可以用来获得当前的绘图参数设置。下面的代码显示了如何查询当前的线型和填充颜色。不带参数调用时，这个函数返回一个当前设置的完整列表。

```
> get.gpar(c("lty", "fill"))

$lty
[1] "solid"

$fill
[1] "transparent"
```

gpar 对象是显式图形背景 (explicit graphical context)——小部分特定绘图参数的设置。上面的例子生成了一个图形背景，指定颜色设置为 red，线型是 dashed。当然总会有隐式图形背景 (implicit graphical context)，它们包含所有图形设置的默认值。隐式图形背景在调用 grid.newpage() 时会自动初始化，并可以通过视图（见 6.5.5 小节）或通过 gTrees 修改。①

画出一个基础图形时，除了由基础图形的 gp 参数指定的显式绘图参数设置，其余的绘图参数设置都来自于隐式绘图背景。对基础图形来说，显式绘图背景只在画出这个基础图形期间有效。下面的代码例子展示了这些规则。

默认的初始隐式图形背景包括诸如 lty="solid" 和 fill="transparent" 这样的设置。第一个矩形有一个显式设置 fill="black"，所以它只使用隐式设置 lty="solid"，第二个矩形没有显式绘图参数设置，所以它用了所有的隐式绘图参数设置，如它的填充方式是透明。特别地，它根本不受第一个矩形的显式设置影响（见图 6.8）。

---

① 隐式和显式图形背景的思想类似于 PostScript 中的 Cascading Style Sheets 和图形状态的设置设定。

```
> grid.rect(x=0.33, height=0.7, width=0.2,
            gp=gpar(fill="black"))
> grid.rect(x=0.66, height=0.7, width=0.2)
```

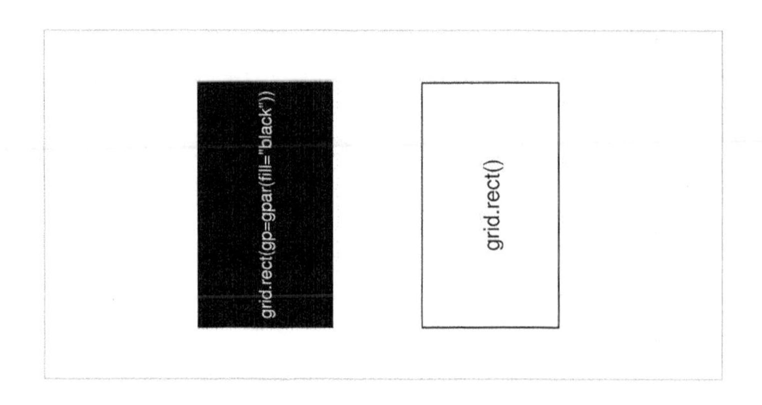

图6.8

基础图形的绘图参数。灰色的矩形表示当前视图。右边的矩形在没有指定绘图参数的情况下画出，所以它继承了当前视图的默认设置（这个例子中是黑色边框，没有填充颜色）。左边的矩形指定了填充颜色为黑色（依然继承了黑色边框的设置）。一个矩形的绘图参数设置不会影响到另一个

6.4.1 指定绘图参数设置

可以用于指定颜色、线型、线宽、线的终端、线的连接和字体的值与基础绘图系统中的大部分是相同的。比如说，颜色可以用名字如 red 来确定。第 10 章介绍了在 R 中指定绘图参数的具体细节。

grid 的一个特例是 `fontface`，它的值可以是一个名字而不是整数。表 6.5 展示了可以指定的字形。

表6.5

grid 中可以指定的字形

整数	名字	描述
1	`plain`	罗马或垂直字形
2	`bold`	粗体
3	`italic` 或 `oblique`	斜体
4	`bold.itatlic`	加粗斜体

grid 中许多参数的名字也与基础绘图系统中的相同，虽然有几个 grid 的名字稍显冗长（比如 lineend 和 fontfamily）。

在 grid 中，cex 的值是累积的。这意味着它会将之前的 cex 值相乘得到当前的 cex 值。下面的代码展示了一个简单的例子。我们调用一个参数设置为 cex=0.5 的视图。这意味着下面的文本会是正常情况下的一半大小。接下来，再画一些文本，同样设置 cex=0.5，这个文本是开始尺寸的四分之一，因为 cex 的值已经是视图的 0.5 了（0.5*0.5=0.25）。

```
> pushViewport(viewport(gp=gpar(cex=0.5)))
> grid.text("How small do you think?", gp=gpar(cex=0.5))
```

lex 参数是影响线宽的倍数，它同样是累积的。

绘图参数 alpha 提供了一个通用的 alpha 透明度设置。它的值位于 1（完全不透明）到 0（完全透明）之间。alpha 的值与颜色的 alpha 通道值组合，两者相乘得到最终的 alpha 通道值，这个参数亦如 cex 一样是累积的。下面的代码展示了一个简单的例子。我们调用一个视图，它的参数设置为 alpha=0.5，然后画出一个半透明红色填充的矩形（alpha 通道值设为 0.5），最终填充颜色的 alpha 值是 0.25（0.5*0.5=0.25）。

```
> pushViewport(viewport(gp=gpar(alpha=0.5)))
> grid.rect(width=0.5, height=0.5,
            gp=gpar(fill=rgb(1, 0, 0, 0.5)))
```

grid 绘图系统并不提供渐变填充和纹理填充的支持，但是可以通过巧妙运用光栅图像、基础图形和剪切来获得一定的效果。第 13 章介绍了一些向 grid 输出添加填充模式的方法。

6.4.2 向量化绘图参数设置

所有的绘图参数设置都可以是向量值。许多基础绘图函数生成多个基础图形作为输出，绘图参数设置在所有这些基础图形上循环使用。下面的代码将生成 100 个圆，在 50 种不同的灰度之间循环（见图 6.9）。

```
> levels <- round(seq(90, 10, length=25))
> grays <- paste("gray", c(levels, rev(levels)), sep="")
```

```
> grid.circle(x=seq(0.1, 0.9, length=100),
              y=0.5 + 0.4*sin(seq(0, 2*pi, length=100)),
              r=abs(0.1*cos(seq(0, 2*pi, length=100))),
              gp=gpar(col=grays))
```

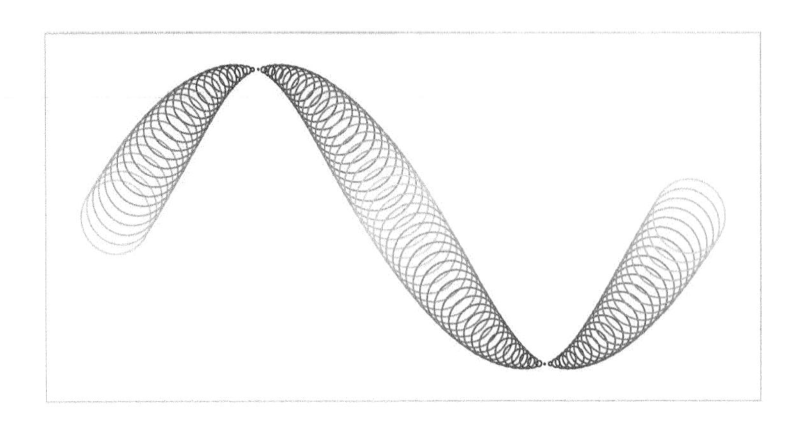

图6.9

循环绘图参数。一次函数调用画出100个圆，对边界颜色指定了50种不同的灰度（从非常浅的灰色到非常深的灰色再回到非常浅的灰色）。这50种颜色会在100个圆上循环，所以第 i 个圆和第 i+50个圆有同样的颜色

grid.polygon()函数是稍微复杂的例子。这个函数有两种方法生成多个多边形：指定id的值和在 x 坐标与 y 坐标中设置NA值（见6.6节）。对于grid.polygon()，不同的绘图参数只会用于不同id对应的多边形。当一个多边形（用单独的id来标识）由NA值分成多个子多边形时，所有的子多边形都会得到相同的绘图参数设置。下面的代码展示了这些规则（见图6.10）。第一个grid.polygon()调用画出两个多边形，由id标记。绘图参数fill包含两个颜色设置，使得第一个多边形得到第一种颜色设置（灰色），第二个多边形得到第二种颜色设置（白色）。第二个grid.ploygon()调用与前一个调用不同的是引入了NA值。这意味着第一个由id参数确定的多边形被分成了两个独立的多边形，但都是用相同的fill设置，因为它们对应的id都为1，这两个多边形都是第一种颜色设置（灰色）。

```
> angle <- seq(0, 2*pi, length=11)[-11]
> grid.polygon(x=0.25 + 0.15*cos(angle), y=0.5 + 0.3*sin(angle),
               id=rep(1:2, c(7, 3)),
```

```
               gp=gpar(fill=c("gray", "white")))
> angle[4] <- NA
> grid.polygon(x=0.75 + 0.15*cos(angle), y=0.5 + 0.3*sin(angle),
               id=rep(1:2, c(7, 3)),
               gp=gpar(fill=c("gray", "white")))
```

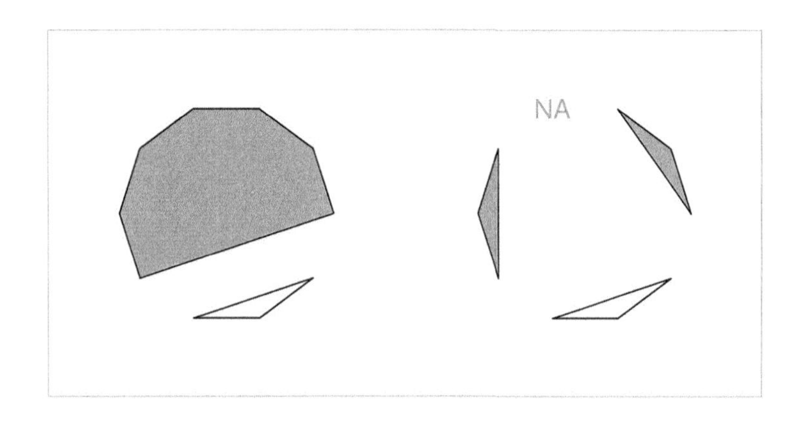

图6.10

多边形的循环绘图参数。左图中，一次函数调用生成了两个有不同填充颜色的多边型，这通过指定一个 id 参数和两个填充颜色实现。右图中，在多边型的 (x,y) 位置中使用了 NA 值，生成了 3 个多边形，但是依然指定了两种填充颜色。这些颜色留给了使用 id 参数的多边形而忽略了 NA 值

其他带有 id 参数的函数，比如，grid.polyline() 和 grid.xspline()，遵循相同的规则。但 grid.path() 函数是一个例外，这是因为（在概念上）它只画一个形状。

因为所有的基础图形都有 gp 组件，所以可以为任何基础图形指定任意绘图参数设置。这看起来有点效率低下，而且确实在有些情况下某些值被完全忽略（比如说，文字绘图会忽略 lty 设置），但在很多情况下，这些值很可能很有用。举例来说，即使在没有文本要画出的时候，fontsize、cex 和 lineheight 的设置通常用来计算 line 和 char 坐标的含义。比如，下面代码生成的矩形有不同的高度。这两个矩形都根据文本线条定义了它们的高度，虽然没有绘制文本，但是矩形的尺寸由与文本相关的绘图参数设置所影响（在这个例子中是 lineheight 因子）。

```
> grid.rect(height=unit(1, "lines"))
> grid.rect(height=unit(1, "lines"),
            gp=gpar(lineheight=2))
```

6.5 视图

视图是为绘图提供了背景的一个矩形区域。

视图提供的绘图背景 (drawing context) 包括几何背景 (geometric context) 和图形背景 (graphical context)。几何背景包括一组坐标系，用于定位输出和确定输出大小，所有在 6.3 节介绍过的坐标系都可以用于每个视图中。图形背景包括用于控制输出外观的显式绘图参数设置。这由 gpar() 函数生成的 gpar 参数指定。

grid 默认生成一个根 (root) 视图，这个视图对应于整个页面，绘图是在整个页面进行的，使用的是默认的绘图参数设置，直到创建另一个新视图为止。①

我们用 viewport() 函数创建一个新的视图。视图有位置（由 x 和 y 两个参数给出），有尺寸（由 width 和 height 两个参数给出），并且有相对于位置的修正（根据 just 参数的值）。视图的位置和尺寸用单位确定，所以视图可以十分灵活地在另一个视图中放置和确定大小。下面的代码创建了一个视图，这个视图位于绘图区域左边开始 0.4npc 的位置，在底部上方 1cm 处。它与文本“very very snug indeed”等宽，六行文本高。图 6.11 展示了这个视图的示意图。

```
> viewport(x=unit(0.4, "npc"), y=unit(1, "cm"),
           width=stringWidth("very very snug indeed"),
           height=unit(6, "line"),
           just=c("left", "bottom"))

viewport[GRID.VP.14]
```

上面例子中一个值得注意的重要事项是，viewport() 函数的结果是 viewport 类的对象。实际上页面上没有创建区域。为了在页面上创建区域，我们需要调入 (push) viewport 对象，这将在下一节介绍。

① 警告：一些默认绘图参数设置在不同的图形格式之间是不同的。比如说，fill 参数通常是 transparent，但对 PNG 输出，它是 white。

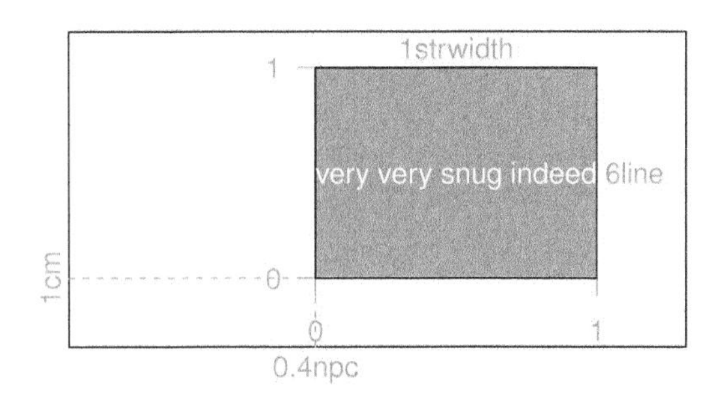

图6.11

一个简单的视图示意图。视图是由一个(x, y)位置、一个(width, height)尺寸和一个调整项（可能还有一个旋转方向）确定的矩形区域。这个视图的左下角离页面底部有1cm，离绘图区域左边开始0.4npc，六行文本高，和文本“very very snug indeed”一样宽

6.5.1 调入、弹出和视图之间的定位

pushViewport()函数调入一个viewport对象，并用它在绘图设备上创建一个区域。这个区域成为后续图形输出的绘图背景，直到这个区域被移除或者另一个区域被定义。

下面的代码展示了这个想法（见图6.12）。首先，一个完整的页面以及默认的绘图参数提供绘图背景。在这个背景中，调用grid.text()在设备的左上角画出了一些文本。然后调入一个视图，它创建了一个区域，该区域的宽度为当前页面的80%，高为当前页面的一半，并旋转10度。[①]这个视图被命名为“vp1”，这在后面会帮助我们在新的绘图背景中从另一个视图定位回到这个视图。

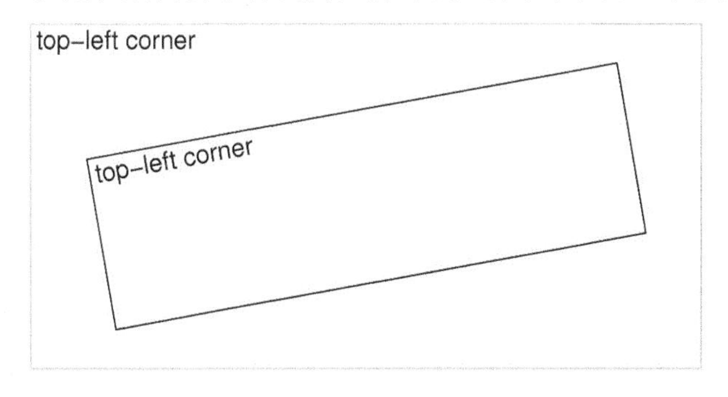

图6.12

调入视图。绘画动作会相对于整个设备进行，直到有视图被调入。比如说，有些文本被画在了设备的左上角。调入了一个视图之后，输出会相对于该视图进行。黑色矩形表示有一个视图被调入，文本画在了视图的左上角

① 通常旋转一个视图没有什么用处，但在这个例子中，它凸显了绘图区域之间的不同。

在这个调入视图定义的新绘图背景里，完全相同的 grid.text() 调用会在新视图左上角生成文本。我们又画出一个矩形，使得新的视图边界清晰呈现。

```
> grid.text("top-left corner", x=unit(1, "mm"),
            y=unit(1, "npc") - unit(1, "mm"),
            just=c("left", "top"))
> pushViewport(viewport(width=0.8, height=0.5, angle=10,
               name="vp1"))
> grid.rect()
> grid.text("top-left corner", x=unit(1, "mm"),
            y=unit(1, "npc") - unit(1, "mm"),
            just=c("left", "top"))
```

调入视图是非常常见的。视图相对于当前的绘图背景调入。下面的代码稍微扩展了前面的例子，调入了一个更深的视图，和前面的例子一样，再次在左上角画出文本（见图 6.13）。第二个视图的位置、大小和旋转角度都是相对第一个视图提供的背景而言的。视图可以像这样嵌套到任意深度。

```
> pushViewport(viewport(width=0.8, height=0.5, angle=10,
               name="vp2"))
> grid.rect()
> grid.text("top-left corner", x=unit(1, "mm"),
            y=unit(1, "npc") - unit(1, "mm"),
            just=c("left", "top"))
```

在 grid 中，绘画总是在当前视图背景中进行。改变当前视图的一种方法是调入一个视图（就如前面的例子一样），但是还有别的方法，即用 popViewport() 函数弹出（pop）一个视图。这个动作会移除当前的视图，绘图背景回退到当前视图被调入之前的状态。弹出最顶层表示整个页面和默认绘图参数的视图是非法的，这样做会导致一个错误。

下面的代码展示了弹出视图的过程（见图 6.14）。调用 popViewport() 函数移除页面中最后创建的视图。文本在移除视图后得到的视图区域右下角中画出（回到了第一个调入的视图中）。

```
> popViewport()
> grid.text("bottom-right corner",
            x=unit(1, "npc") - unit(1, "mm"),
            y=unit(1, "mm"), just=c("right", "bottom"))
```

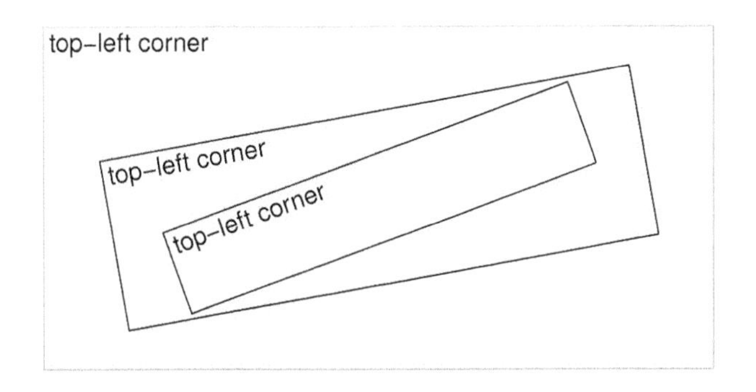

图6.13

调入若干个视图。视图相对于当前视图被调入。这里，第二个视图相对于图 6.12 中被调入的视图调入。文本再一次在调入视图的左上角被画出

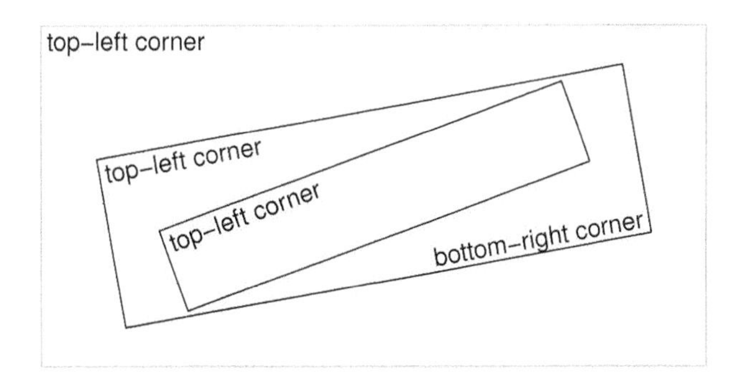

图6.14

弹出视图。当视图被弹出的时候，绘图背景会回退到前一级视图。在这个图中，第二个视图（在图 6.13 中被调入）被弹出，并返回到第一个视图（在图 6.12 中被调入）。这次，文本被画在右下角

popViewport() 函数有一个整数参数 n 以指定弹出多少个视图。默认是 1，指定更大的值可以同时弹出若干个视图。特殊值 0 意味着所有视图都被弹出。换言之，绘图背景会回到整个绘图设备和默认的绘图设置。

另一个改变当前视图的方法是使用 upViewport() 和 downViewport() 函数。upViewport() 函数类似于 popViewport()，绘图背景回到当前视图被调入之前的状态。不同之处在于 upViewport() 不会从页面中移除当前的视图。这个差异很重要，因为这意味着一个视图可以重复访问而不需重新调入。重新访问一个视图比重新调入更快，它允许创建与输出图形相分离的视图区域（见 6.5.3 小节和第 8 章）。

视图可以用 downViewport() 重新访问。这个函数有一个参数 name，该参数可以用来指定已经存在的视图名字。downViewport() 函数的结果是使指定的视图变成当前绘图背景。下面的代码展示了 upViewport() 和 downViewport() 的使用（见图 6.15）。

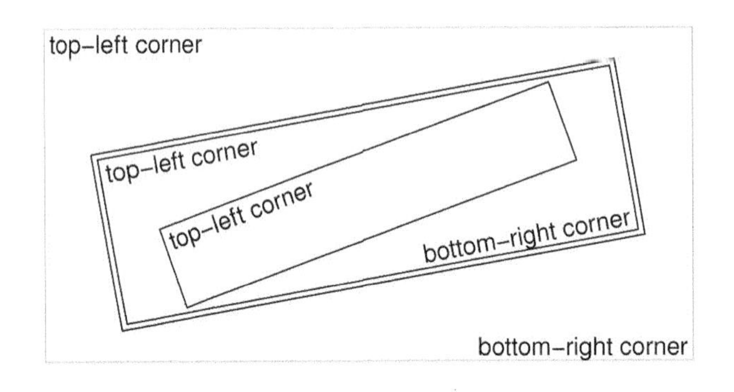

图6.15

在视图之间定位。可以从一个视图定位到上层视图（甚至离开设备上的视图）而不需要弹出视图。这里从第一个视图中开始定位，绘图背景回退到整个设备，文本被画在最右下角。然后再次定位到第一个视图，在视图外边加上第二个边界

调用了 upViewport() 之后，绘图背景回到顶层（根）视图（整个页面），然后文本被画在最右下角（回想在这个定位之前，当前视图是第一个调入的视图）。然后再调用 downViewport() 函数回到第一个被调入的视图中，在这个视图周边画出第二个边界。这个视图通过它的名字 vp1 被定位。

```
> upViewport()
> grid.text("bottom-right corner",
            x=unit(1, "npc") - unit(1, "mm"),
            y=unit(1, "mm"), just=c("right", "bottom"))
> downViewport("vp1")
```

```
> grid.rect(width=unit(1, "npc") + unit(2, "mm"),
            height=unit(1, "npc") + unit(2, "mm"))
```

seekViewport() 函数也可以用来遍历视图树。它在交互使用中很方便但其结果会更难预测，所以不太适合写给其他人用的 grid 函数。调用 seekViewport("avp") 等价于 upViewport(0)；downViewport("avp")。

在视图之间绘图

有时候，可以相对于多于一个视图来定位图形输出是很有用的。在 grid 中为达成此目标，可以使用 grid.move.to() 和 grid.line.to() 函数。可以在一个视图中调用 grid.move.to()，改变视图，再调用 grid.line.to()。

另一种方法是调用 grid.null() 函数。这是一个特殊的基础图形，它不画出任何内容，但它是在一个非常特殊的位置不画内容。通过使用 grobX() 和 grobY() 函数，可以相对一个或多个不可见的位置画图，这些位置由一个或多个“空”grob 表示，它们可以定位于一个或多个不同的视图。7.11 节有一个这种方法的例子。

6.5.2 剪切到视图

通过对 viewport() 函数设置 clip 参数，图形可以被限制在当前视图内部（剪切到视图）。这个参数有 3 个值：on 表示输出会被剪切到当前视图；off 表示输出不会被剪切；inherit 表示使用前一个视图的剪切区域（如果前一个视图的 clip 参数也是 inherit，那么这个区域也许不会被设置）。下面的代码展示了一个简单的例子（见图 6.16）。一个剪切参数为 on 的视图被调入，一个边界很粗的圆相对于这个视图被画出。同时画出一个矩形展示视图的范围。这个圆部分超出视图的边界，所以只有这部分在视图中的圆被画出。

```
> pushViewport(viewport(width=.5, height=.5, clip="on"))
> grid.rect()
> grid.circle(r=.7, gp=gpar(lwd=20))
```

然后，另一个视图被调入，这个视图继承了第一个视图的剪切区域。另一个圆被画出，这次边界是灰色的，而且稍微窄一点，再一次，这个圆被剪切到这个视图中。

```
> pushViewport(viewport(clip="inherit"))
> grid.circle(r=.7, gp=gpar(lwd=10, col="gray"))
```

最后，第三个视图被调入，剪切参数设为 off。现在画出第三个圆（更细的黑色边界），整个圆都被画出，超出视图边界的部分也被画出。

```
> pushViewport(viewport(clip="off"))
> grid.circle(r=.7)
> popViewport(3)
```

图6.16

在视图中剪切输出。调入一个视图的时候，输出会被剪切以适应视图，或者剪切区域会被留在当前状态，或者剪切功能会被关闭。上边左侧图形显示调入视图的结果（黑色矩形），并且打开了剪切功能。在中间图中，重复左图过程，然后，调入第二个视图（在同样的位置），剪切功能保留原来的状态。画第二个圆，其边界稍微窄一点且为灰色，它也被剪切了。右边图中，重复中间图的过程，然后调入第三个视图，关闭剪切功能。画一个黑色窄边的圆，这个圆没有被剪切。

6.5.3 视图列表、栈和树

有时候一次用几个视图同时工作会很方便，grid 有几种机制实现这种做法。pushViewport() 函数会接受多个参数，并将指定的视图一个一个调入。比如说，下面第四个表达式就是等价于前 3 个表达式的简短形式。

```
> pushViewport(vp1)
> pushViewport(vp2)
> pushViewport(vp3)
```

```
> pushViewport(vp1, vp2, vp3)
```

pushViewport() 函数也接受包含若干视图的对象：视图列表、视图栈和视图树。函数 vpList() 创建一个视图的列表，这些视图会被“平行地”调入。列表中第一个视图被调入之后，grid 会在列表中的下一个视图被调入之前定位回到上一层。vpStack() 函数创建一个视图的栈，里面的视图会“按顺序”被调入。调入一栈视图和在 pushViewport() 中通过多个参数来指定视图是完全相同的。vpTree() 函数创建包含视图的树，包括了一个父视图和任意数目的子视图。父视图会先被调入，然后子视图会在父视图中并行调入。

在当前设备中被调入的当前一组视图组成一个视图树，current.vpTree() 函数画出当前视图树的表示。下面的代码给出了 current.vpTree() 的输出，以及视图的列表、栈和树之间的差别。首先，创建几个要用到的（普通的）视图。

```
> vp1 <- viewport(name="A")
> vp2 <- viewport(name="B")
> vp3 <- viewport(name="C")
```

下面这一部分代码展示了将 3 个视图作为列表调入。current.vpTree() 的输出显示了根视图（表示整个设备），并展示了将上面 3 个视图作为根视图的子视图。得到的视图树见图 6.17（左上）。

```
> pushViewport(vpList(vp1, vp2, vp3))
> current.vpTree()

viewport[ROOT]->(viewport[A], viewport[B], viewport[C])
```

接下来的代码将视图作为栈调入。视图 vp1 现在是根视图唯一的子视图，vp2 是 vp1 的子视图，同样 vp3 是 vp2 的子视图。得到的视图树见图 6.17（右上）。

```
> grid.newpage()
> pushViewport(vpStack(vp1, vp2, vp3))
> current.vpTree()

viewport[ROOT]->(viewport[A]->(viewport[B]->(viewport[C])))
```

最后，所有的视图以树的形式调入，vp1 作为父视图而 vp2 和 vp3 作为它的子视图。得到的视图树见图 6.17（左下）。

```
> grid.newpage()
> pushViewport(vpTree(vp1, vpList(vp2, vp3)))
> current.vpTree()
```

viewport[ROOT]->(viewport[A]->(viewport[B], viewport[C]))

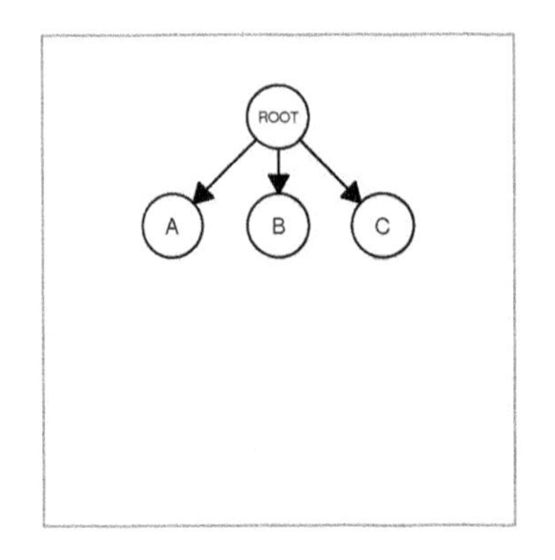

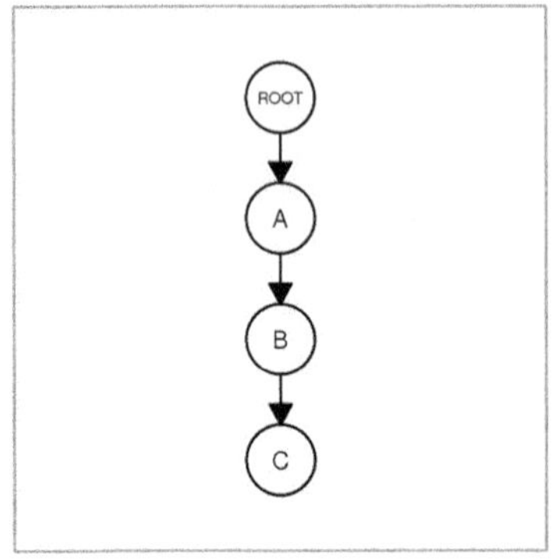

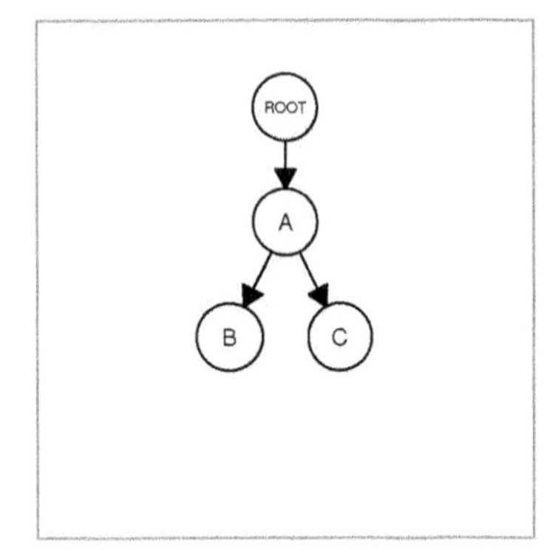

图6.17

视图列表、视图栈和视图树。ROOT 视图总是存在的。左上角是调入了 3 个视图的列表。右上角是调入了 3 个视图的栈。左下角是调入了 3 个视图的树（这里的树有一个父对象和两个子对象）

和单个视图一样，视图列表、视图栈和视图树可以作为绘图函数的 vp 参数的值（见 6.5.4 小节）。

视图路径

downViewport()函数默认沿当前视图树向下搜索直到找到给定的视图名。这便于交互应用，但当有多个视图重名时，容易混淆。

grid 绘图系统提供了视图路径 (viewport path) 的概念来解决这种模糊性。视图路径是一个视图名的有序列表，它指明了一列父子关系。视图路径由 vpPath() 函数创建。比如说，下面的代码生成一个视图路径，其中指定了一个名为 C 的视图，它的父视图名为 B，而 B 同时又有名为 A 的父视图。

```
> vpPath("A", "B", "C")
```

```
A::B::C
```

为了方便在交互情况下使用，视图路径可以直接写成字符串。比如说，前面的视图路径可以简单指定为 C。然而，在为其他用户写绘图函数时，应该使用 vpPath() 函数。

downViewport() 函数的 name 参数会接受一个视图路径，这种情况下，它会搜索匹配整个路径的视图。downViewport() 函数的 strict 参数确保只找到从视图树当前视图开始整个路径都匹配的视图。

6.5.4 作为基础绘图参数的视图

在 6.2.2 小节，我们提到，视图可以用作产生图形输出的函数的参数（通过名为 vp 的参数）。当一个视图以这种方法指定的时候，视图会在图形输出生成之前被调入，当输出生成之后，该视图又会被弹出。为了彻底搞清楚这一点，我们用下面等价的两个代码段来说明。首先，我们定义一个简单视图。

```
> vp1 <- viewport(width=0.5, height=0.5, name="vp1")
```

下面的代码显式调入视图，画出一些文本，再把视图弹出。

```
> pushViewport(vp1)
> grid.text("Text drawn in a viewport")
> popViewport()
```

下面用一行代码完成同样的事情。

```
> grid.text("Text drawn in a viewport", vp=vp1)
```

也可以为 vp 参数指定一个视图的名字（或者一个视图路径）。这种情况下，通过调用 downViewport() 函数，名字（或者路径）用来定位到该视图，然后再调用 upViewport() 回到原来的状态。这提出了一种实用的方法：一次调入视图，然后通过简单对适合的视图命名确定需要在哪里绘制不同的输出。下面的代码跟前一个例子做了一样的事情，但保持了视图原来的状态（这样它可以用于进一步的绘图）。

```
> pushViewport(vp1)
> upViewport()
> grid.text("Text drawn in a viewport", vp="vp1")
```

这个特性非常有用，尤其是当我们为高级绘图函数生成的图加上注释时。只要绘图函数为它创建的视图命名了，并且没有将它们弹出，那么我们就可以再次访问视图，添加更多的输出。lattice 和 ggplot2 就是这样做的，这种注释类型的例子将在 6.8 节给出。第 8 章会深入讨论这种写高级 grid 函数的方法。

6.5.5 视图中的绘图参数设置

通过 viewport() 中的 gp 参数，视图也可以有与自身相关联的绘图参数设置。当视图有绘图参数设置时，这些设置会影响到所有在这个视图中画出的图形对象，以及其他在这个视图中调入的视图，除非图形对象或其他调入的视图设定自己的绘图参数设置。换句话说，视图的绘图参数设置修改了隐式图形背景。

下面的代码展示了这个规则。调入视图，该视图带一个 fill="gray" 的参数设置。再画出一个不带绘图参数设置的矩形，这个矩形“继承”了 fill="gray" 这个设置。接下来，另一个矩形带着自己的 fill 设置被画出，它并不继承视图的设置（见图 6.18）。

```
> pushViewport(viewport(gp=gpar(fill="gray")))
> grid.rect(x=0.33, height=0.7, width=0.2)
```

```
> grid.rect(x=0.66, height=0.7, width=0.2,
            gp=gpar(fill="black"))
> popViewport()
```

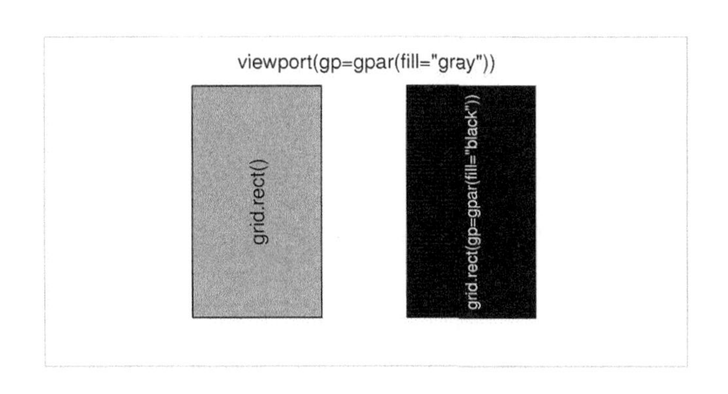

图6.18

视图绘图参数的继承。一个展示了绘图参数设置是如何被图形输出继承的示意图。这个视图设置了默认的填充颜色为灰色。左边的矩形没有指定填充颜色，所以它被填充为灰色。右边指定了黑色作为填充颜色，代替了视图的设置

一个视图中的绘图参数设置只影响这个视图中的其他视图和图形输出。这些设定并不影响视图本身。比如说，控制文本尺寸的参数（fontsize、cex 等）并不会在确定视图位置和尺寸的时候影响 line 单位的意义，但它们会影响这个视图中其他视图或图形输出的位置和尺寸。在视图中，图层（见 6.5.6 小节）也会受到影响（也就是说它会受到视图的绘图参数设置影响）。

当确定视图的位置和尺寸时，如果绘图参数设置有多个值，只有第一个值会起作用。

6.5.6　图层

视图可以通过 layout 参数指定一个图层。grid 中的图层和传统绘图中的图层概念相似（见 3.3.2 小节）。它将视图分成若干行和列，其中列可以有不同的宽度而行可以有不同的高度。不过，因为某些原因，grid 中的图层更灵活：有多种坐标系可以用来确定列的宽度和行的高度（见 6.3 节）；视图可以占据图层中重叠的区域；每个视图树中的视图都可以有自己的图层（图层可以嵌套）。如果图层没有占据整个视图区域，还有一个 just 参数可以用来调整视图中的图层。

图层提供了一种方便的方法来使用标准坐标系组定位视图，并特别提供额外的坐标系 null。

基本思想是，视图可以带着图层被创建，然后后续的视图可以相对该图层进行定位。在简单情形下，这只是在标准网格中定位视图的简便方法，但在更复杂的情形下，图层是显示视图的唯一方法。grid 中图层有许许多多的用法；下面几节将会提供一系列的例子，让大家一观图层使用的可能性。

我们可以使用 grid.layout() 函数（而不是基础绘图系统中的 layout() 函数）来创建 grid 图层。

简单图层

下面的代码生成一个三列三行的简单图层，中间单元（第二行、第二列）被强制设置为正方形（使用 respect 参数）。

```
> vplay <- grid.layout(3, 3,
                        respect=rbind(c(0, 0, 0),
                                      c(0, 1, 0),
                                      c(0, 0, 0)))
```

下面的代码在一个视图中使用这个图层。任何后续的视图都可以使用这个图层，也可以彻底忽略它。

```
> pushViewport(viewport(layout=vplay))
```

接下来的代码中，伴随着这个图层，两个视图会被调入这个视图内。layout. pos.col 和 layout.pos.row 参数用来指定视图占据图层中的哪个单元。第一个视图占据第二列，第二个视图占据第二行。这说明视图可以占据图层中重叠的区域。每个视图中画了一个矩形，用来展示视图占据的区域（见图 6.19）。

```
> pushViewport(viewport(layout.pos.col=2, name="col2"))
> upViewport()
> pushViewport(viewport(layout.pos.row=2, name="row2"))
```

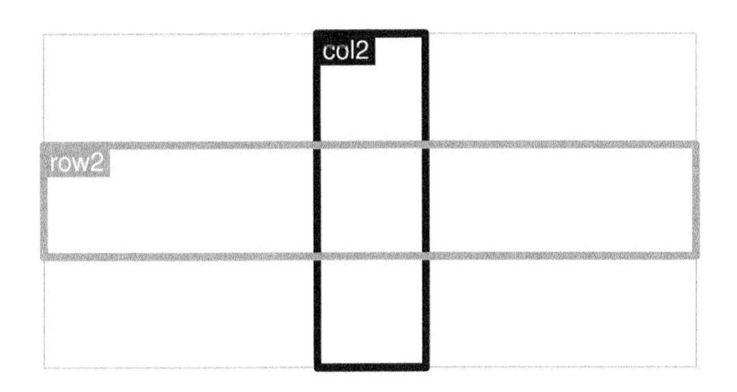

图6.19

图层与视图。两个视图占据了一个图层中的一部分重叠区域。每个视图都用矩形表示，视图的名字在左上角。图层有三列三行，其中一个视图占据了第二行，另一个视图占据了第二列

带单位的图层

这一节介绍使用grid单位的图层。在需要确定图层列的宽度和行的高度的背景下，有一个另外的单位可用，即“null”单位。其他单位（如cm, npc等）会在图层中被首先分配，然后null单位用来将剩余的空间按比例分配（见3.3.2小节）。下面的代码创建了三行三列的图层。左边的列宽为一英寸，最上面的行高等同三行文本。当前区域剩下的部分分成等高的两行和两列，其中右边列为左边列两倍宽（见图6.20）。

```
> unitlay <-
    grid.layout(3, 3,
                widths=unit(c(1, 1, 2),
                            c("in", "null", "null")),
                heights=unit(c(3, 1, 1),
                             c("line", "null", "null")))
```

使用strwidth和grobwidth单位，我们可以生成和图形输出刚好等宽的列（或者是刚好等高的行——见7.12节）。

嵌套图层

这一节介绍图层的嵌套。下面的代码定义了一个函数，这个函数展示了一个包含两个等宽列的图层用于生成grid输出时的普通使用方法。

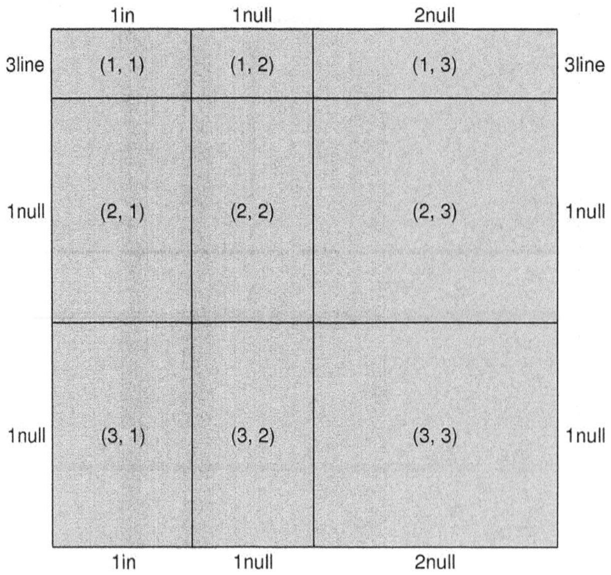

图6.20

图层与单位。一个使用许多不同的坐标系指定列的宽度和行的高度的 grid 图层

```
> gridfun <- function() {
    pushViewport(viewport(layout=grid.layout(1, 2)))
    pushViewport(viewport(layout.pos.col=1))
    grid.rect()
    grid.text("black")
    grid.text("&", x=1)
    popViewport()
    pushViewport(viewport(layout.pos.col=2, clip="on"))
    grid.rect(gp=gpar(fill="black"))
    grid.text("white", gp=gpar(col="white"))
    grid.text("&", x=0, gp=gpar(col="white"))
    popViewport(2)
}
```

下面的代码创建了带图层的视图，将上面函数的输出放到图层特定的单元中（见图 6.21）。

```
> pushViewport(
    viewport(
      layout=grid.layout(5, 5,
                         widths=unit(c(5, 1, 5, 2, 5),
                                     c("mm", "null", "mm",
                                       "null", "mm")),
                         heights=unit(c(5, 1, 5, 2, 5),
                                      c("mm", "null", "mm",
                                        "null", "mm")))))
> pushViewport(viewport(layout.pos.col=2, layout.pos.row=2))
> gridfun()
> popViewport()
```

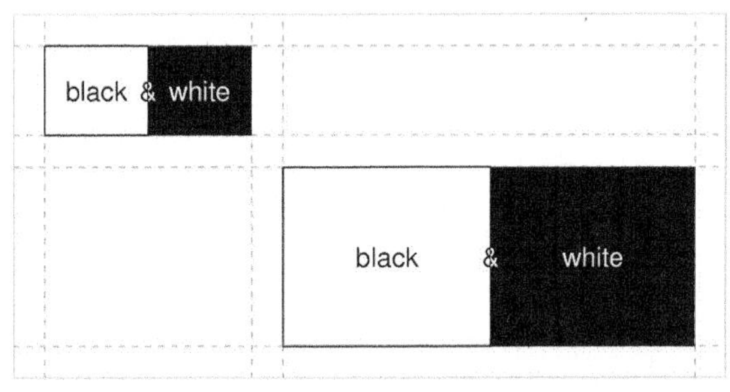

图6.21

嵌套图层。图层嵌套在另一个图层里面的例子。黑白方格被画在一个有两个等宽列的图层中。一个黑白方格示例被嵌入有五列五行且宽度和高度不完全相同的图层（虚线所指）的 (2, 2) 单元格中，另一个示例则被嵌入到 (4,4) 单元格中

下面的代码再次调用相同的函数在图层的不同单元中画出相同的内容。

```
> pushViewport(viewport(layout.pos.col=4, layout.pos.row=4))
> gridfun()
> popViewport(2)
```

尽管可以用一个图层来得到这个特殊例子的效果，但是这个例子展示了 grid 代码能使用图层（也许别人也写过这个例子）并将它嵌入你自己的图层中。体现这一思想的更精细复杂的例

子包括 lattice 绘图，参见 6.8.2 小节。

6.6 缺失值和非有限值

非有限值不允许出现在位置、尺寸或者视图的标度中。视图在创建时会检查标度，但这时无法确定位置和尺寸是不是非有限值，所以只能在视图被调入时检查。非有限值会导致错误信息。

图形对象的位置和尺寸可以设定为缺失值（NA, "NA"）或者非有限值（NaN, Inf, -Inf）。对大部分基础图形来说，非有限值被设置成位置和尺寸会导致对应的基础图形不被画出。对于 grid.line.to() 函数，线段只会在当前位置和新位置都不是非有限值的情况下被画出。对于 grid.polygon() 函数，一个非有限值会将一个多边形分成两个独立的多边形。这种断开也会在有 id 参数确定的当前的多边形中发生。所有有同样 id 参数的多边形接受同样的 gp 设置。对于会画出箭头的画线基元，箭头只有在第一个或最后一个线段被画出的情况下画出。

图 6.22 展示了这 3 种基础图形在 x 和 y 坐标均匀分布在圆周 7 个等分点上的情况。左上图中，所有位置都是有限的。其他图中，有两个位置被设置成非有限的（由每个例子中的灰色文本标出）。

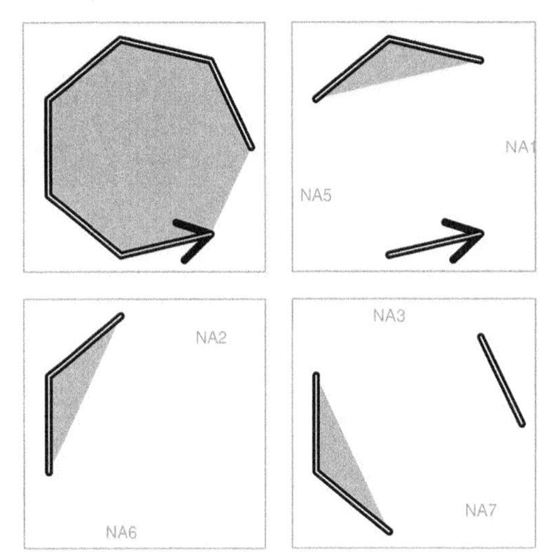

图6.22

有向线、多边形和箭头中的非有限值。grid.line.to()、grid.polygon() 和 grid.lines()（指定了 arrow 参数）中非有限值的效果。每个面板中，一个灰色的多边形、一条深黑色的线（在终端带箭头），还有一系列的细白色有向线被画出，它们都经过 7 个相同的点集。在某些情形下，特定的位置被设定为 NA（灰色文本标出），这导致了多边形被截断，线之间有了缝隙，箭头消失。在左下角的面板中，第七个位置不是 NA，但是也没有生成输出

fontsize、lingheight 和 cex 的非有限值设置会被自动忽略，效果与不指定参数设置相同。这是因为这里存在一些依赖于参数设置的 grid 单位，确定输入有限值才能保证坐标系变换可以发生。

6.7 交互图形

grid 绘图系统的强大之处在于生成静态图形。只有 grid.locator() 函数提供非常基本的用户交互支持。这个函数返回相对于当前视图的鼠标点击位置。其结果是包含一个 x 和一个 y 单位的列表。unit 参数可以用来指定坐标系，该坐标系可以用于返回结果。

6.8 定制lattice图

第 4 章介绍的 lattice 包用 grid 生成完整且非常精细的图形。有时，它利用大量视图来对图形输出布局。一个 lattice 输出页面包含了一个顶层视图，这个视图有一个非常复杂的图层，该图层为这个图中所有的面板、条框和边界提供空间。系统会为每个面板和每个条框（以及其他对象）创建视图，这个图由大量的矩形、线条、文本和数据点组成。

很多情形下，我们在对 grid 一无所知的情况下可能使用 lattice。然而，了解 grid 会让我们有更多高级的方法去运用 lattice 输出（见 7.14 节）。

6.8.1 将 grid 输出添加到 lattice 输出中

lattice 用于添加输出到面板的函数如 panel.text() 和 panel.points() 是受限的，因为它们仅仅允许输出根据“native”坐标系（亦即相对面板的坐标系）去定位和设置大小。底层 grid 基础图形提供了更多额外面板输出关于位置和大小的控制。如果需要，我们甚至可以在面板中创建并调入额外的视图，不过很重要的一点是调入的视图需要重新弹出，否则 lattice 会变得非常混乱。

同样，grid 的函数 upViewport() 和 downViewport() 与 trellis.focus() 函数相比，允许更灵活地对 lattice 图形定位。

下面的代码展示了一个 grid.text() 的例子，它在一个 lattice 面板函数中添加输出。这生成图 4.5 的一个变形，在每个面板的右上角增加了文本标签，在标签中指出了每个面板中的数据量（见图 6.23）。[①]

```
> xyplot(mpg ~ disp | factor(gear), data=mtcars,
         panel=function(subscripts, ...) {
             grid.text(paste("n =", length(subscripts)),
                       unit(1, "npc") - unit(1, "mm"),
                       unit(1, "npc") - unit(1, "mm"),
                       just=c("right", "top"))
             panel.xyplot(subscripts=subscripts, ...)
         })
```

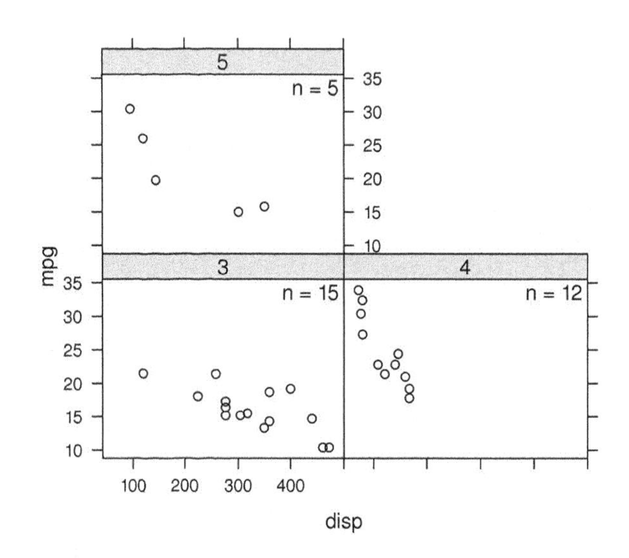

图6.23

将 grid 输出添加到 lattice 图形中（图 4.5 中的 lattice 图）。grid 函数 `grid.text()` 用在 lattice 面板函数中，用来显示每个面板中点的数目

6.8.2 将 lattice 输出添加到 grid 输出中

正如使用 grid 函数将更多的输出添加到 lattice 图中有优点一样，了解到 lattice 输出

① 数据来自 mtcars 数据集。

其实就是 grid 输出，使我们可以在 grid 输出中嵌入 lattice 输出。下面的代码提供了一个简单的例子，其中两个 lattice 图被安排在一个页面中，它们被画在一个 grid 视图中（见图 6.24）。

```
> grid.newpage()
> pushViewport(viewport(x=0, width=.4, just="left"))
> print(barchart(table(mtcars$gear)),
        newpage=FALSE)
> popViewport()
> pushViewport(viewport(x=.4, width=.6, just="left"))
> print(xyplot(mpg ~ disp, data=mtcars,
               group=gear,
               auto.key=list(space="right")),
        newpage=FALSE)
> popViewport()
```

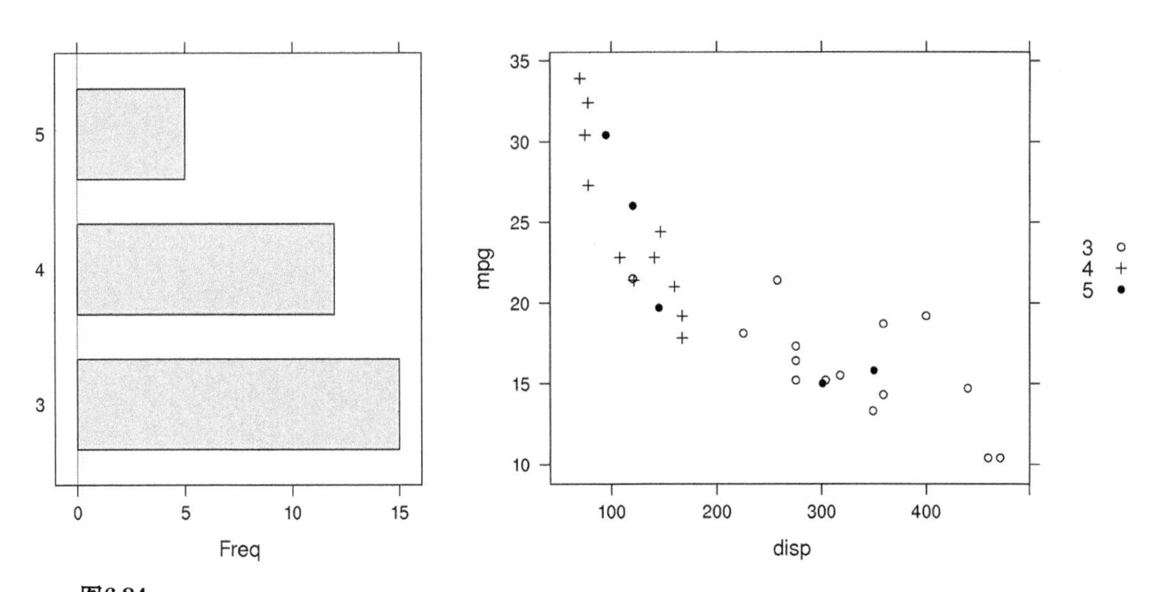

图6.24

将 lattice 图添加到 grid 输出中。在 grid 视图中画出两个 lattice 图，并将它们安排在一个页面中首先用标准 grid 函数建立视图，然后显式调用 print() 函数，指定 newpage=FALSE 在视图中画出 lattice 图。

6.9 定制ggplot2输出

如lattice一样，ggplot2包也是使用grid来完成绘图，这也包括了创建大量视图和基础图形。这意味着可以使用低级 grid 函数来操作和添加更多的图形到 ggplot2 输出中。

6.9.1 将 grid 输出添加到 ggplot2 输出中

用 grid 函数向 ggplot2 输出中添加图形有几个困难要面对：我们必须调用 grid.force() 函数使得 ggplot2 创建的视图可用（见 7.7 节）; ggplot2 创建的视图并不知道图上 x 轴和 y 轴的标度，所以要相对绘图标度将额外的输出放置好并不容易; ggplot2 创建的视图的命名不像 lattice 视图的命名那么方便。

然而，还是可以用任意 grid 坐标系来放置更多的图形。比如说，下面的代码首先画了一个 ggplot2 散点图，然后调用 grid.force() 函数使得视图可用。接着用 grid.grep() 函数获取图中 panel 视图的准确名字（见 7.2 节）。最后再定位到面板视图并在图中右上角放一个文本标签（见图 6.25）。

```
> ggplot(mtcars2, aes(x=disp, y=mpg)) +
      geom_point()

> grid.force()
> panelvp <- grid.grep("panel", grobs=FALSE,
                       viewports=TRUE, grep=TRUE)
> downViewport(panelvp)
> grid.text(paste("n =", nrow(mtcars2)),
            x=unit(1, "npc") - unit(1, "mm"),
            y=unit(1, "npc") - unit(1, "mm"),
            just=c("right", "top"))
```

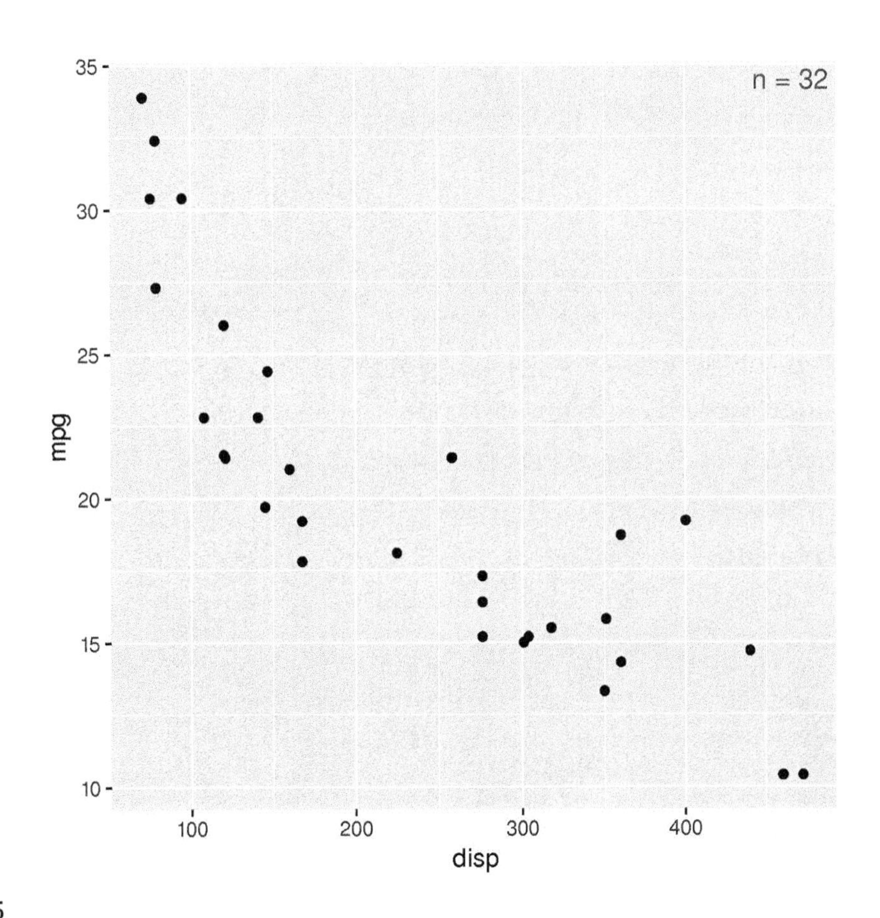

图6.25

将 grid 输出添加到 ggplot2 中。通过调用 grid.text() 在合适的 ggplot2 视图中为 ggplot2 散点图添加文本标签

第 7 章将介绍更多向 ggplot2 输出添加 grid 输出的思想和方法。

6.9.2　将 ggplot2 输出添加到 grid 输出中

类似于 lattice 函数，ggplot2 函数创建了 ggplot 对象，这个对象只有在被画出的时候才产生输出。从而使得画出的过程可以被控制，比如说，ggplot2 绘图时不会开启一个新的页面。这使得我们可以创建 grid 视图并将 ggplot2 输出画在视图中。

下面的代码阐述了这个想法，它在一个 ggplot2 散点图的左边画出一个 ggplot2 条形图（见图 6.26）。

```
> grid.newpage()
> pushViewport(viewport(x=0, width=1/3, just="left"))
> print(ggplot(mtcars2, aes(x=trans)) +
        geom_bar(),
        newpage=FALSE)
> popViewport()
> pushViewport(viewport(x=1/3, width=2/3, just="left"))
> print(ggplot(mtcars2, aes(x=disp, y=mpg)) +
        geom_point(aes(color=trans)) +
        scale_color_manual(values=gray(2:1/3)),
        newpage=FALSE)
> popViewport()
```

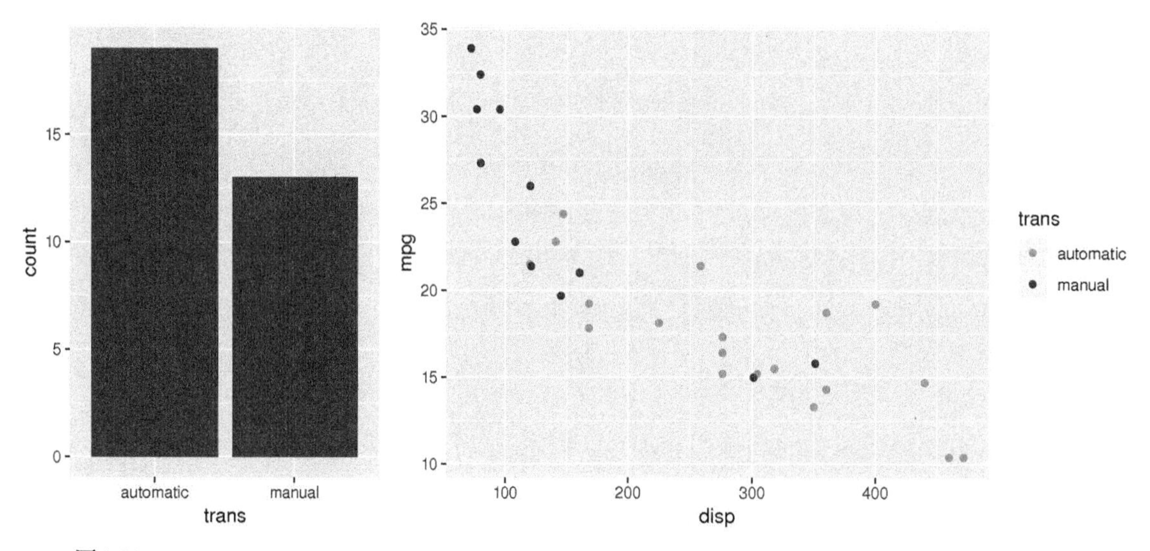

图6.26

将 ggplot2 图嵌入到 grid 输出中。两个 ggplot2 图画在两个 grid 视图中。这是在同一页面获得多个 ggplot2 图的方法

我们还可以组合 lattice 图和 ggplot2 图，如下面的代码所示（见图 6.27）。

```
> grid.newpage()
> pushViewport(viewport(x=0, width=.4, just="left"))
> print(ggplot(mtcars2, aes(x=trans)) +
        geom_bar(),
        newpage=FALSE)
> popViewport()
> pushViewport(viewport(x=.4, width=.6, just="left"))
> print(xyplot(mpg ~ disp, data=mtcars,
               group=gear,
               auto.key=list(space="right"),
               par.settings=list(
                   superpose.symbol=list(pch=c(1, 3, 16),
                                         fill="white"))),
        newpage=FALSE)
> popViewport()
```

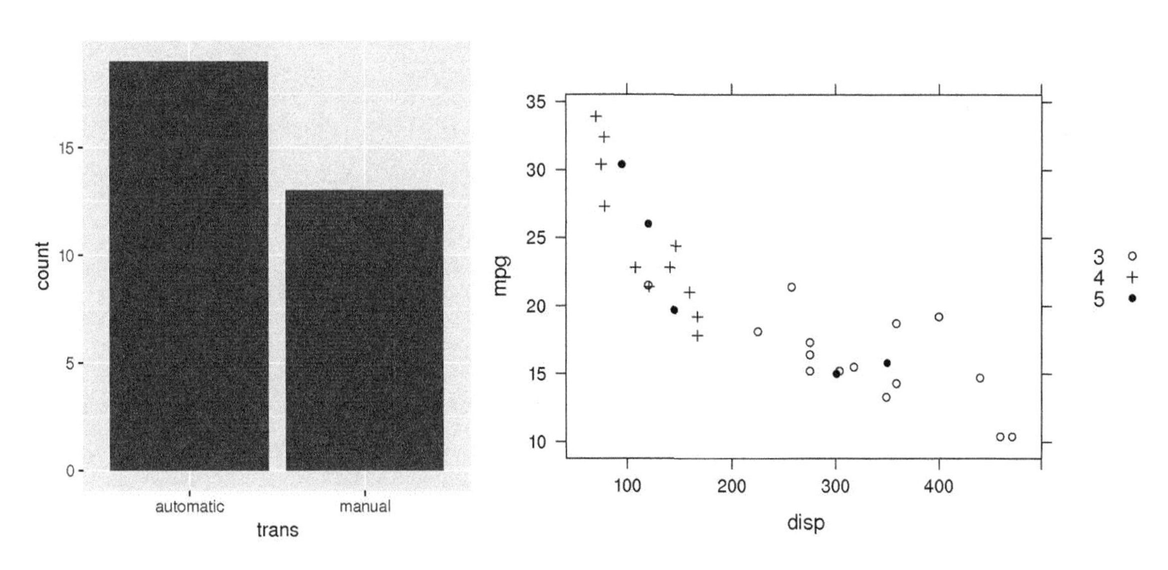

图6.27

组合 lattice 图和 ggplot2 图。在一个页面左侧的 grid 视图中绘制一个 ggplot2 图，然后在页面右侧的 grid 视图中绘制一个 lattice 图

本章小结

grid包提供了大量函数，有一些函数可以生成基础图形输出，诸如线条、多边形、矩形和文本，还有一些函数生成稍微复杂的输出，诸如数据符号、平滑曲线和坐标轴等。图形输出可以相对许多坐标系设定位置和大小，还有许多绘图参数设置用来控制输出的外观，比如颜色、字体和线型等。

可以创建视图为绘图提供背景。视图在设备上定义了一个矩形区域，所有坐标系在所有视图中都是可用的。视图可以用图层来布局，并且可以嵌套在一个图层中生成更复杂的图形输出布局。

因为lattice和ggplot2输出都是grid输出，所以grid函数可以用来向ggplot2和lattice图中添加更多的输出，grid函数还可以用来控制ggplot2和lattice图形的大小和位置。

第7章　grid绘图对象模型

本章预览

本章介绍了如何使用绘图元件（grobs）。使用绘图元件的主要优点在于我们可以修改 grid 生成的场景（scene），而不需要修改生成该场景的代码。因为 lattice 和 ggplot2 都是基于 grid 构建的，所以我们也可以修改 ggplot2 和 lattice 图。

能够获知如图形输出的大小这类事情对我们很有帮助。比如说，了解这些信息后我们很容易为一个图旁边的图例留出空间。

绘图元件可以组成更大的、有层次的绘图元件（gTrees）。这使得我们可以同时控制整组绘图元件的外观和位置。

这一章介绍了 grid 绘图元件 (grobs) 和图形树 (gTrees) 的概念，同时介绍了访问、查询和修改这些对象的重要函数。

前一章主要讲述了如何用 grid 函数来生成图形输出。这部分知识对于为 grid 生成的图（比如 lattice 图）添加注释、生成自己使用的一次性或定制的图以及写出简单的绘图函数，都很有用。

这一章介绍创建和操作绘图元件的 grid 函数。这部分的内容有助于我们查询和修改由 grid 生成的图形输出（如 lattice 图），以及写出来给用户使用的绘图函数和对象（见第 8 章）。

7.1　使用图形输出

这一节介绍使用 grid 修改图形输出。每当我们用 grid 绘制图形时，除了生成图形输出，还创建了绘图元件（grobs），grid 保留了这些对象的记录（称之为显示列表，display list）。例如，下面的代码绘制一个圆（见图 7.1 中的左图）。

```
> grid.circle(r=.4, name="mycircle")
```

除了画出我们看到的这个圆，这行代码还在显示列表中生成了一个“circle”绘图元件。我们可以调用 grid.ls() 函数看到显示列表中的所有绘图元件。

```
> grid.ls()
```

```
mycircle
```

我们也可以调用函数来修改显示列表中的绘图元件。我们要给绘图元件命名，因为我们要用绘图元件的名字来定位我们要修改的元件。

例如，grid.edit() 函数可以用来修改显示列表中的绘图元件。下面的代码中，我们修改所绘制的圆对象，改变它的填充颜色（见图 7.1 中的中间面板），这个例子中，circle 绘图元件的 gp 组件被修改了。通常，大部分最初绘制图形输出时被指定的参数也可以在编辑输出时使用。

```
> grid.edit("mycircle",
            gp=gpar(fill="grey"))
```

可以用 grid.remove() 函数删除来自显示列表的绘图元件。下面的代码通过删除显示列表中的 circle 对象删除了这个图形输出（见图 7.1 的右边面板）。

```
> grid.remove("mycircle")
```

任何 grid 函数，包括 lattice 和 ggplot2 函数（见 7.14 节和 7.15 节）生成的输出，都可以用这种方法操作。

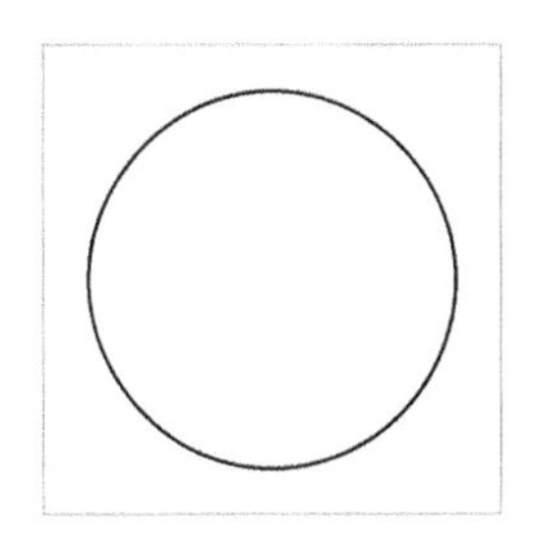
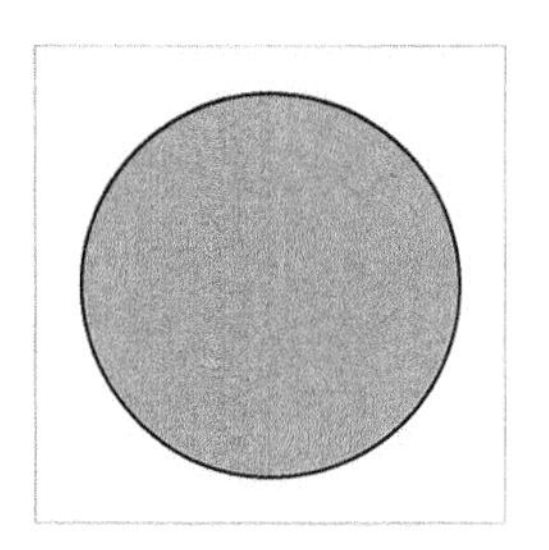

图7.1

修改一个“circle”绘图元件。左边面板展示了调用 `grid.circle()` 生成的输出，中间面板展示了使用 `grid.edit()` 修改圆圈颜色的结果，右边面板展示了使用 `grid.remove()` 删除圆的结果

除了编辑和删除绘图元件，我们还可以增加和替换绘图元件。表 7.1 列出了我们可以对显示列表中的绘图元件进行操作的主要函数。

表7.1

对绘图元件进行操作的函数。形如 `grid.*()` 的函数接收并破坏性地修改 grid 显示列表中的绘图元件，并影响图形输出。形如 `*Grob()` 的函数操作用户层面上的绘图元件并将绘图元件作为函数的返回值（它们不会影响图形输出）

操作输出图形的函数	描述	操作绘图元件的函数
grid.get()	返回一个或多个绘图元件的副本	getGrob()
grid.edit()	修改一个或多个绘图元件	editGrob()
grid.add()	将一个绘图元件添加到一个或多个绘图元件中	addGrob()
grid.remove()	删除一个或多个绘图元件	removeGrob()
grid.set()	替换一个或多个绘图元件	setGrob()

也可以用 `grid.display.list()` 函数使 grid 显示列表无效化，这样就不再保存绘图元件，从而使得上面提及的操作无法进行。

7.2　绘图对象列表

在 grid 显示列表中修改绘图元件的所有函数都需要绘图元件的名称作为其第一个参数。复杂的 grid 场景，比如 lattice 或 ggplot2 图形场景中，可能有许多绘图元件但并不知道它们的名称。在这些情形下，grid.ls() 函数可以用来显示出当前场景下的绘图元件的名称。

例如，下面的代码绘制了一个简单的 lattice 散点图（见图 7.2）。

```
> xyplot(mpg ~ disp, mtcars)
```

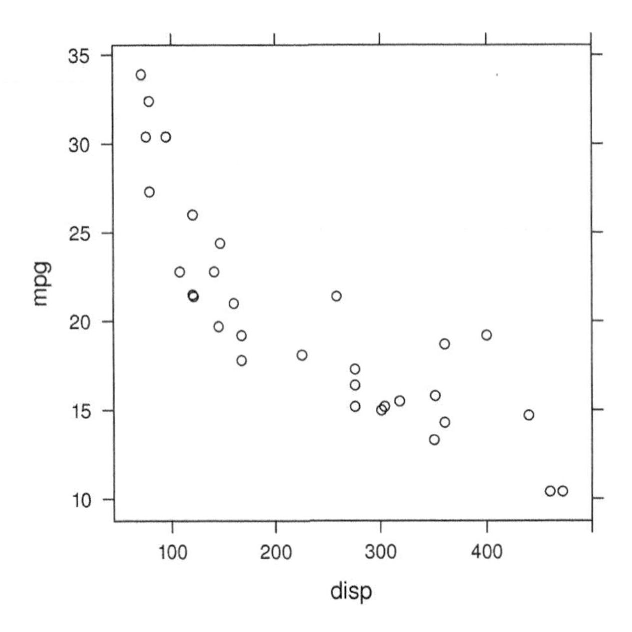

图7.2

利用 grid.ls() 显示绘图元件。上图由 lattice 生成，它生成了许多 grid 绘图元件和视图

这个图形中的绘图元件可以通过调用 grid.ls() 显示出来。我们可以看到 lattice 创建的所有绘图元件的名称。

```
> grid.ls()
```

```
plot_01.background
plot_01.xlab
plot_01.ylab
plot_01.ticks.top.panel.1.1
plot_01.ticks.left.panel.1.1
```

```
plot_01.ticklabels.left.panel.1.1
plot_01.ticks.bottom.panel.1.1
plot_01.ticklabels.bottom.panel.1.1
plot_01.ticks.right.panel.1.1
plot_01.xyplot.points.panel.1.1
plot_01.border.panel.1.1
```

我们还可以列出 lattice 创建的所有视图，并且可以显示出更长的名称，从而可以更容易区分绘图元件和视图。

```
> grid.ls(viewports=TRUE, fullNames=TRUE)

viewport[ROOT]
  rect[plot_01.background]
  viewport[plot_01.toplevel.vp]
    viewport[plot_01.xlab.vp]
      text[plot_01.xlab]
      upViewport[1]
    viewport[plot_01.ylab.vp]
      text[plot_01.ylab]
      upViewport[1]
    viewport[plot_01.figure.vp]
      upViewport[1]
    viewport[plot_01.panel.1.1.vp]
      upViewport[1]
    viewport[plot_01.strip.1.1.off.vp]
      segments[plot_01.ticks.top.panel.1.1]
      upViewport[1]
    viewport[plot_01.strip.left.1.1.off.vp]
      segments[plot_01.ticks.left.panel.1.1]
```

```
    text[plot_01.ticklabels.left.panel.1.1]
    upViewport[1]
  viewport[plot_01.panel.1.1.off.vp]
    segments[plot_01.ticks.bottom.panel.1.1]
    text[plot_01.ticklabels.bottom.panel.1.1]
    segments[plot_01.ticks.right.panel.1.1]
    upViewport[1]
  downViewport[plot_01.panel.1.1.vp]
    points[plot_01.xyplot.points.panel.1.1]
    upViewport[1]
  downViewport[plot_01.panel.1.1.off.vp]
    rect[plot_01.border.panel.1.1]
    upViewport[1]
  viewport[plot_01.]
    upViewport[1]
  upViewport[1]
```

在 lattice 图下，所有的绘图元件和视图名称都应该是唯一的并有一定的意义，但对其他代码情形并不能保证这一点。例如，ggplot2 图形中有些绘图元件和视图就不是很明确（ggplot2 图的情形将在 7.15 节详细讨论）。

当有许多绘图元件和视图并且命名系统不那么清晰时，`grid.grep()` 函数可以用来查询绘图元件和视图名称。例如，利用上面的 lattice 图，下述代码找到了所有包含单词 `lab` 的绘图元件的名称。

```
> grid.grep("lab", grep=TRUE, global=TRUE)

[[1]]
plot_01.xlab

[[2]]
```

```
plot_01.ylab

[[3]]
plot_01.ticklabels.left.panel.1.1

[[4]]
plot_01.ticklabels.bottom.panel.1.1
```

7.3 选择绘图对象

在 grid 显示列表中修改绘图元件的所有函数，比如 grid.edit() 函数，都需要一个绘图元件的名称作为其第一个参数，这个参数表明选择修改哪一个绘图元件。

在简单情形下，我们希望修改单个绘图元件，但这一节我们将展示如何对多于一个绘图元件进行修改。

为了有助于展示如何处理这些情况，下面的代码画了 8 个同心圆绘图元件。第一、三、五、七个绘图元件被命名为 circle.odd，第二、四、六、八个绘图元件被命名为 circle.even。这些圆被画出的时候，它们的灰度依次下降（见图 7.3 的左边面板）。

```
> suffix <- rep(c("odd", "even"), 4)
> names <- paste0("circle.", suffix)
> names

[1] "circle.odd" "circle.even" "circle.odd" "circle.even"
[5] "circle.odd" "circle.even" "circle.odd" "circle.even"
> for (i in 1:8)
    grid.circle(name=names[i], r=(9 - i)/20,
                gp=gpar(col=NA, fill=gray(i/10)))
```

函数 grid.ls() 列出了当前场景下的 8 个绘图元件。

```
> grid.ls()

circle.odd
circle.even
circle.odd
circle.even
circle.odd
circle.even
circle.odd
circle.even
```

所有对图形输出进行操作的函数都有 grep 参数。如果将其设置为 TRUE，那么我们输入的作为第一个参数的绘图元件名称将作为一个正则表达式。这些函数还有一个 global 参数，如果将其设置为 TRUE，那么在显示列表中（不只是第一个）所有与输入名称匹配的绘图元件都会被选择。

接下来我们对上面画出的同心圆进行修改。下面的代码调用 grid.edit()，利用 global 参数来修改所有名为 circle.odd 的绘图元件，将它们的填充颜色改成深灰色（见图 7.3 的中间面板）。

```
> grid.edit("circle.odd", gp=gpar(fill="gray10"),
            global=TRUE)
```

再次调用 grid.edit()，利用 grep 参数和 global 参数修改所有名称中带有 circle 的绘图元件（即所有圆），将它们的填充颜色改为浅灰色，边界颜色改为深灰色（见图 7.3 的右边面板）。

```
> grid.edit("circle", gp=gpar(col="gray", fill="gray90"),
            grep=TRUE, global=TRUE)
```

当修改 ggplot2 图形时，7.15 节提供了使用更复杂的选择方式进行操作的例子。

还有一些方便的函数，如 grid.gget()、grid.gedit() 以及 grid.gremove()，它们也有 grep 和 global 参数，都默认设置为 TRUE。

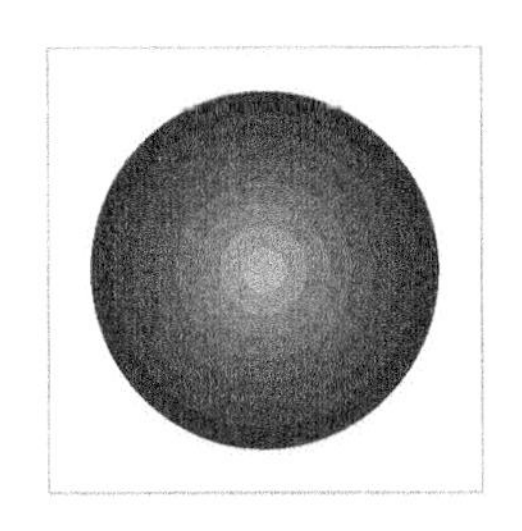
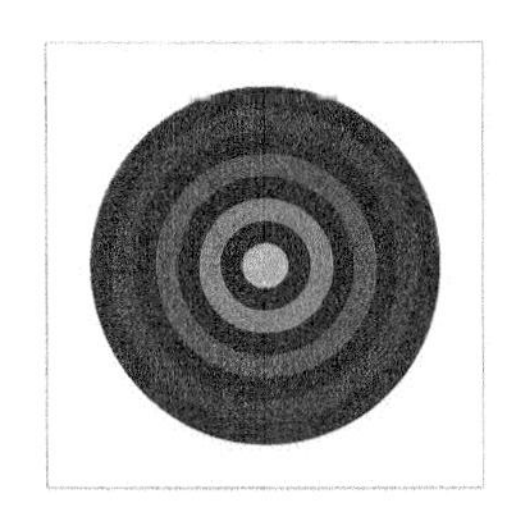
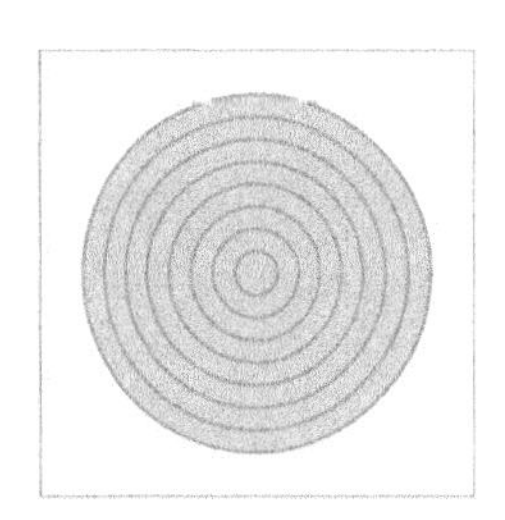

图7.3

在 grid.edit() 函数中使用 grep 和 global 编辑绘图元件。左边面板展示了 8 个独立的同心圆，轮流用 circle.odd 和 circle.even 对这些圆命名，并用逐渐变浅的灰色填充。中间面板展示了使用 global 参数改变所有名为 circle.odd 的圆环的填充颜色为黑色。右边面板展示了使用 grep 和 global 参数将名称中带有 circle 的圆（即所有圆）的填充颜色改为浅灰色，并将边界颜色改为深灰色

7.4 绘图元件列表、树和路径

正如基础绘图元件一样，我们可以使用一个绘图元件的列表（gList）或者将若干个绘图元件组合成一个树形结构（gTree）。gList 是由若干个绘图元件组成的列表（由函数 gList() 生成）。gTree 是一个可以包含其他绘图元件的绘图元件。比如关于 gTree 对象的两个例子 xaxis 和 yaxis 对象，它们分别由 grid.xaxis() 和 grid.yaxis() 函数生成。关于 gTree 更复杂的例子是绘制 ggplot2 图形时产生的（见 7.15 节）。还有 grid.grab() 也能生成 gTree（见 7.10 节）。这一节主要关注如何使用 gTree 工作。

在调用 grid.xaxis() 函数时，除了绘制坐标轴，还创建了一个 xaxis 绘图元件。这个绘图元件包含了坐标轴的高级描述，另外还有几个子绘图元件，分别表示构成坐标轴的线条和文本（见图 7.4）。

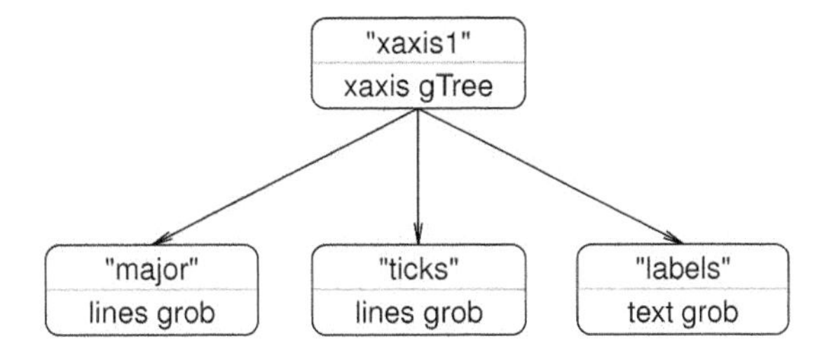

图7.4

gTree 的结构。xaxis gTree 的结构示意图。其中包含 xaxis gTree 本身（被命名为 xaxis1）和它的子对象（名为 major 的 lines 绘图元件，名为 ticks 的 lines 绘图元件，以及名为 labels 的 text 绘图元件）

下面的代码画出一个 x 坐标轴并在显示列表中创建 xaxis 绘图元件（见图 7.5 的左边面板）。grid.ls() 函数显示 axis1 绘图元件有 3 个子对象。列表显示中的缩进用来表明 major、ticks 和 labels 绘图元件是 axis1 绘图元件的子对象。

```
> grid.xaxis(name="axis1", at=1:4/5)
> grid.ls()
```

```
axis1
  major
  ticks
  labels
```

gTree 的层次结构使得它既可以用如 xaxis 绘图元件提供的高级描述，亦可以用 gTree 中子对象提供的低级描述来操作。下面的代码展示了用 xaxis 绘图元件的高级描述进行操作的例子。xaxis 的 gTree 包含了描述在坐标轴上放置坐标刻度位置、是否画出标签等的组件。下面的代码显示 xaxis 绘图元件的 at 组件被修改了。我们设计 xaxis 绘图元件以便它修改自己的子对象从而匹配新的高级描述，最后，只有 3 个刻度被画出（见图 7.5 的中间面板）。

```
> grid.edit("axis1", at=1:3/4)
```

也可以访问 gTree 的子对象。在 xaxis 对象的例子中，有 3 个子对象：名为 major 的 lines 绘图元件；名为 ticks 的另一个 lines 绘图元件；名为 labels 的 text 绘图元件。这些子对象可以通过指定 xaxis 绘图元件中的名字来访问，子对象的名字在一个绘图元件路径（gPath）中。一个 gPath 类似于视图路径（见 6.5.3 节）——它是几个绘图元件名称的链接。下面的代码展示了如何利用 gPath() 函数指定一个 gPath 来访问 xaxis 绘图元件的 labels 子对象。这个 gPath 指定了名为 axis1 的 gTree 中的名为 labels 的子对象。标签被旋转 45 度（见图 7.5 的右边面板）。

```
> grid.edit(gPath("axis1", "labels"), rot=45)
```

当然，也可以直接用字符串指定 gPath，比如用 "labels"，但这只在交互使用的时候才推荐使用。

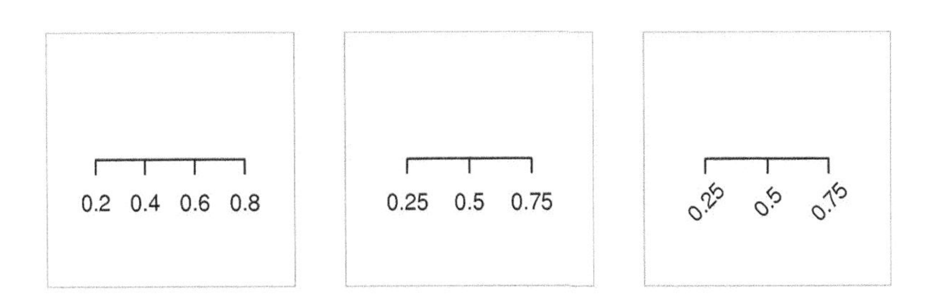

图7.5

修改gTree。左边面板展示了基本的 x 轴，中间面板展示了修改 x 轴 at 组件（所有的刻度线和标签都改变了）之后的效果。右边面板展示了修改 x 轴子对象"label"的 rot 组件的效果（只有标签的旋转角度改变了）

gTree 中的绘图参数设置

一个 gTree 也可以有与之关联的绘图参数设置，这种情形下，这些设置影响 gTree 子对象下所有的绘图元件，除非子对象设置了自己的绘图参数。换句话说，gTree 的绘图参数设置对 gTree 的子对象修改其隐式图形背景。

下面的代码展示了这个规则。首先，我们创建 xaxis 绘图元件，然后编辑高级 axis2 gTree 的绘图参数设置并指定绘图颜色为 gray。这意味着这个 xaxis 的所有子对象——线和标签——都会是灰色的。最后，我们修改低级刻度 labels 的绘图参数设置使得只有标签被画成黑色（见图 7.6）。

```
> grid.xaxis(name="axis2", at=1:4/5)

> grid.edit("axis2", gp=gpar(col="gray"))

> grid.edit("labels", gp=gpar(col="black"))
```

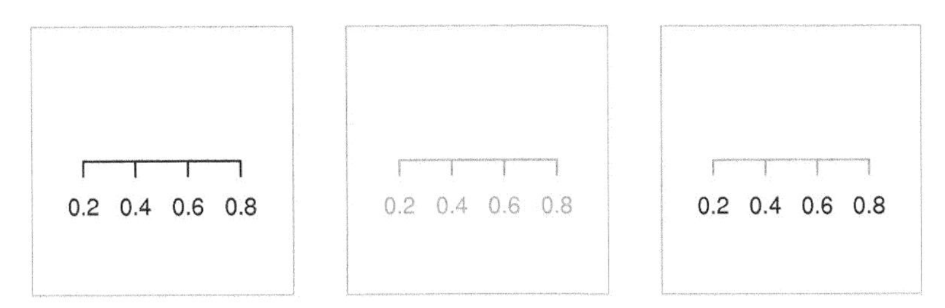

图7.6

gTree 中的绘图参数。左边面板展示了基本的 x 轴，中间面板展示了修改 x 轴 gp 组件（所有刻度线和标签都改变了颜色）之后的效果，右边面板展示了修改 x 轴子对象“labels”的 gp 组件的效果（只有标签改变了颜色）

这种规则的另外一个例子将在 7.8 节给出。

7.5 搜索绘图元件

这一节详细介绍了如何利用绘图元件名称和 gPath 来找到一个绘图元件。

绘图元件以其被画出的顺序保存在 grid 显示列表中。当要搜索一个匹配的名字时，表 7.1 中的函数会从头搜索显示列表。这意味着如果有若干个绘图元件名字匹配的话，它们会以画出的顺序被找到。

此外，这些函数会进行深度优先搜索。这意味着如果显示列表中有一棵 gTree，但它的名字不匹配，那么它的子对象会先于显示列表中其他对象被搜索。

用来搜索的名字可以通过 gPath 的形式给出，这使得我们可以显式指定特定 gTree 中的特定子对象。比如说，labels 指定了必须有名为 axis1 的父对象的绘图元件 labels。

参数 strict 控制是否需要找到完全匹配。strict 默认是 FALSE，所以在前面的例子中，axis1 的子对象 labels 可以用表达式 grid.get("labels") 访问。但如果 strict 为 TRUE，那么只简单地指定 labels 会导致不匹配，因为没有顶层的绘图元件名为 labels，如下面的代码所示。

```
> grid.edit("labels", strict=TRUE, rot=45)
```

```
Error in
  editDLfromGPath(gPath, specs, strict, grep, global, redraw) :

  'gPath' (labels) not found
```

7.6 编辑绘图背景

当使用 grid.edit() 或 editGrob() 函数编辑绘图元件时，gp 组件的修改会被视作特殊情况。只有显式给出绘图参数的新值时，新的设置才会被修改，所有其他设置保持不变。下面的代码给出了简单的例子。

首先画出一个内部填充颜色为灰色的圆（见图 7.7 的左边面板），然后将这个圆的边界加粗（见图 7.7 的中间面板）而保持内部填充颜色不变。最后，将边界改为虚线，但是仍然保持加粗（填充颜色保持不变——见图 7.7 的右边面板）。

```
> grid.circle(r=0.3, gp=gpar(fill="gray80"),
              name="mycircle")
> grid.edit("mycircle", gp=gpar(lwd=5))
> grid.edit("mycircle", gp=gpar(lty="dashed"))
```

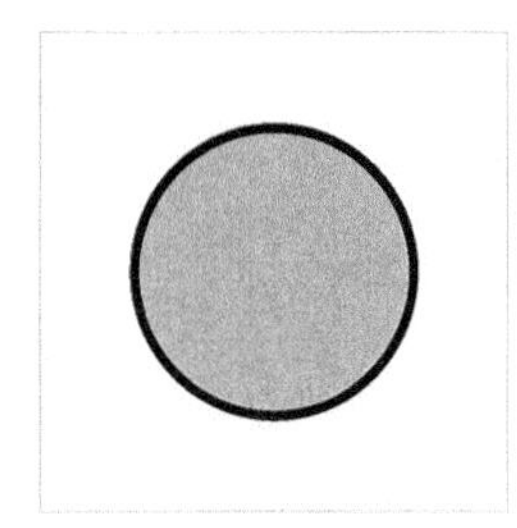

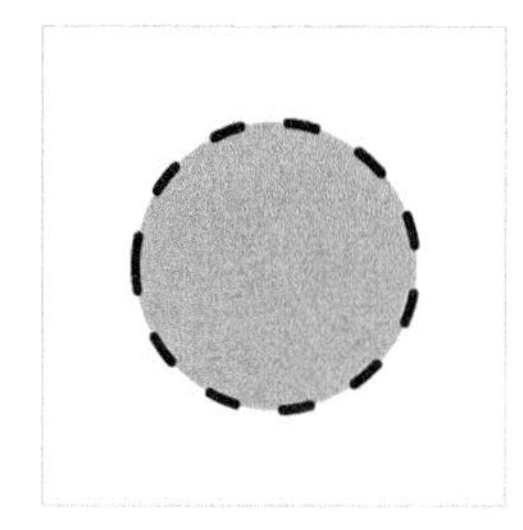

图7.7

编辑绘图背景。左边面板展示了一个带浅黑色实线边界、内部填充颜色为灰色的圆。中间面板展示了将边界加粗的效果。重点是圆的其他特点没有受影响（边界依然是实线，填充颜色还是灰色）。右边面板展示了类似的做法，边界变成了虚线（但是边界仍然是加粗的，填充颜色还是灰色）

7.7 强制绘图对象

我们可以创建一个不会立即画出子对象（见 8.3.4 节）的 gTree，而仅仅决定当 gTree 作为一个整体画出时我们要画什么。例如，当我们不指定 at 参数调用 grid.xaxis() 时，这个创建出来的 xaxis gTree 不包含任何子对象。这是因为只有在 xaxis 被画出来的时候，它才确定画哪些刻度线（它可以要求使用绘制于其中的视图的 naive 标度）。

下面的代码展示了一个例子。我们首先调入一个视图，然后指定 x 轴标度为 0 到 100。画出一个矩形表示视图的位置，x 轴沿着视图的底部边界被画出（见图 7.8）。

```
> pushViewport(viewport(xscale=c(0, 100)))
> grid.rect(name="rect")
> grid.xaxis(name="axis3")
```

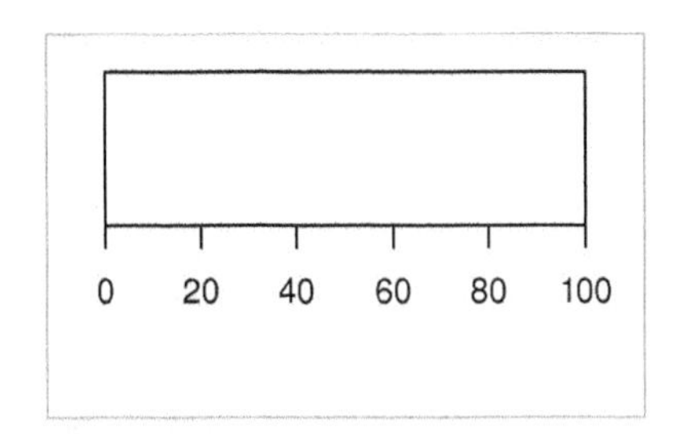

图7.8

绘制在视图（以一个黑色矩形框表示）中的 xaxis 绘图元件，其中 x 轴标度为 0 到 100。这个轴的 at 参数值是 NULL，所以在画出的时候（而不是被创建的时候）才确定刻度线的位置

如果我们列出显示列表中的绘图元件，那么会有两个，即灰色的矩形和 xaxis，但是 xaxis 没有子对象（在显示列表里）。

```
> grid.ls()

rect
axis3
```

这意味着我们不能直接访问或修改 xaxis 的子对象。然而，grid.force() 函数可以用来强制 xaxis 在显示列表中创建子对象，如下面的代码所示。xaxis 的子对象现在已经在显示列表中显示出来，因此我们可以访问和修改它们。

```
> grid.force()
> grid.ls()

rect
axis3
  major
  ticks
  labels
```

这种情形的另一个更复杂的例子出现在我们创建 ggplot2 图形的时候。ggplot2 函数创建的

gTree 包含非常少的子对象。大部分绘图元件仅在 ggplot2 图形画出时才创建，并且在显示列表中没有记录。这就是为什么有必要在我们修改 ggplot2 图形的绘图元件和视图之前调用 grid.force() 函数。

7.8 离屏使用绘图对象

第 6 章介绍了绘制图形输出的 grid 函数。所有这些函数同时创建表示这些图形的绘图元件，而这些绘图元件保存在 grid 显示列表中。

我们也可以只创建绘图元件而不产生输出。这一节介绍如何使用 grid 值生成图形对象（而不画出它们）。有一些函数用来创建、组合和修改绘图元件，grid.draw() 函数用来画出这些对象。

对每个生成图形输出的 grid 函数，都有一个对应的函数只生成图形对象而不产生任何输出。比如说，grid.circle() 函数对应 circleGrob() 函数（见表 6.1）。类似地，对于每个对 grid 显示列表中的绘图元件进行操作的函数，也有一个对应的函数作用于离屏对象。比如说，grid.edit() 函数对应 editGrob() 函数（见表 7.1）。

下面的例子展示了创建绘图元件并使用它但不画出该对象的过程。下面的代码画出了一个和文本绘图元件等宽的矩形，但是文本并没有画出来。函数 textGrob() 生成一个文本绘图元件，但并不画出它。

```
> grid.rect(width=grobWidth(textGrob("Some text")))
```

我们还可以创建绘图元件并在生成图形输出之前修改它（也就是说，只画出最终结果）。下面的代码展示了一个包含 xaxis 的例子。第一个表达式创建一个 xaxis，但不画出任何东西。

```
> ag <- xaxisGrob(at=1:4/5, name="axis4")
```

因为我们指定了 at 参数，所以 xaxis 子对象也被创建出来。下面的代码展示了 grid.ls() 函数可以将一个给定的 gTree 作为其第一个参数，这里它将列出这个 gTree 的所有子对象。

```
> grid.ls(ag)
```

```
axis4
```

```
major
ticks
labels
```

接下来，我们将 xaxis 的 labels 子对象的字体修改为斜体，结果是修改过的 xaxis 对象，目前为止仍没有画出任何内容。

```
> ag <- editGrob(ag, "labels", gp=gpar(fontface="italic"))
```

最后我们调用 grid.draw() 函数绘制（修改过的）xaxis。

```
> grid.draw(ag)
```

7.9 重排绘图对象

另一种修改 gTree 子对象的方式是改变子对象的绘制顺序，这需要用到 grid.reorder() 函数。

为了演示这个函数的使用，下面的代码创建了一个将多个矩形作为其子对象的 gTree，一个矩形宽而矮，一个矩形窄而高，还有一个正方形（依顺序创建）。将它们画出来（见图 7.9 的左边面板）。

```
> r1 <- rectGrob(height=.2, gp=gpar(fill="black"), name="r1")
> r2 <- rectGrob(width=.2, gp=gpar(fill="grey"), name="r2")
> r3 <- rectGrob(width=.4, height=.4, gp=gpar(fill="white"),
                 name="r3")
> gt <- gTree(children=gList(r1, r2, r3), name="gt")
> grid.draw(gt)
```

下面的代码调用 grid.reorder() 函数反转了子对象的绘制顺序，所以正方形被最先画出（见图 7.9 右边面板的最底层）。

```
> grid.reorder("gt", c("r3", "r2", "r1"))
```

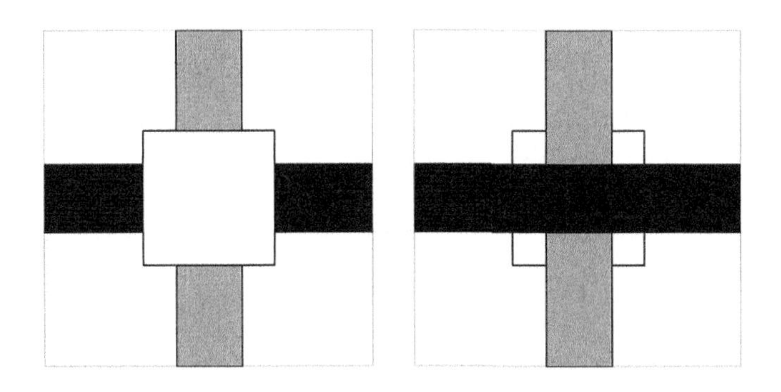

图7.9

重排 gTree 的子对象

7.10　捕捉输出

前一节的例子中，若干个绘图元件被离屏创建，然后组合成一个 gTree，这允许我们将若干个绘图元件当成单个的对象来处理。

也可以先画出几个绘图元件，然后再组合它们。`grid.grab()` 函数就是做这样的工作，它从当前输出页面的所有绘图元件中生成一个 gTree。这意味着，即使一个函数的输出非常复杂（含多个绘图元件），比如一个 lattice 图，我们也可以捕捉输出。例如，下面的代码画出一个 lattice 图，然后创建一个包含图中所有绘图元件的 gTree。

```
> bwplot(voice.part ~ height, data=singer)
> bwplotTree <- grid.grab()
```

`grid.grab()` 函数实际上捕捉了当前屏幕的所有视图和绘图元件，所以画出这个 gTree，如下面的代码所示，生成的就是和原来图形一样的输出。

```
> grid.newpage()
> grid.draw(bwplotTree)
```

函数 grid.grabExpr() 允许离屏捕捉 grid 输出。这个函数接受 R 表达式，并运行该表达式。运行该表达式的结果将不会被画出，但它产生的所有绘图元件都会被捕捉。

下面的代码提供了一个简单的展示。这里我们捕捉了一个 lattice 图而没有画出任何输出。[1]

```
> grid.grabExpr(print(bwplot(voice.part ~ height, data=singer)))
gTree[GRID.gTree.75]
```

grid.grab() 和 grid.grabExpr() 都以一种精细的方式创建了 gTree，从而使得操作创建的 gTree 更容易。不幸的是，并不是总能准确复制一个和原始输出一样的 gTree。当这些函数发现输出可能不会正确地被复制时，它们会给出警告。然而 wrap 参数可以使函数生成没有那么精细的 gTree，但保证其与原始输出一样。

7.11 查询绘图元件

创建图形对象（生成图形输出的同时）的另一个好处是我们可以查询图形对象从而找到关于它们的信息。6.3.2 小节已经介绍了一种方法，该方法利用 grobWidth() 和 grobHeight() 实现这一点，这两个函数分别用来计算图形输出的宽度和高度。下面的代码给出了一个简单的例子，首先绘制一些文本，然后绘制一个与文本同宽的矩形。

```
> grid.text("text", name="t")
> grid.rect(width=grobWidth("t"))
```

关于这个思路的一个小小延伸是我们不需要为了计算文本的宽度而绘制出文本。下面的代码再一次绘制一个与一小段文本同宽的矩形，但是这次并没有绘制出文本。相反，它仅仅创建了一个文本绘图元件并查询它。

```
> t <- textGrob("text")
> grid.rect(width=grobWidth(t))
```

---

① 表达式必须显示调用 print() 函数绘制 lattice 图，否则不会画出任何内容（见 4.1 节）。

这一节介绍了关于计算绘图元件尺寸以及编辑图形背景的另外几个重要的例子。

7.11.1　计算绘图元件的尺寸

单位 grobwidth 与 grobheight，和函数 grobWidth() 与 grobHeight() 提供了确定绘图元件尺寸的方法。

关于这个计算最重要的一点就是绘图元件的尺寸总是相对当前几何和图形背景来计算的。下面的代码展示了这一点。首先，创建一个 text 绘图元件和一个 rect 绘图元件。rect 对象的维度基于文本的维度。①

```
> tg1 <- textGrob("Sample")
> rg1 <- rectGrob(x=rep(0.5, 2),
                  width=1.1*grobWidth(tg1),
                  height=1.3*grobHeight(tg1),
                  gp=gpar(col=c("gray60", "white"),
                          lwd=c(3, 1)))
```

接下来，这两个绘图元件以 3 种不同的设置被分别绘制出来。第一种设置下，矩形和文本以默认的几何和图形背景画出，矩形恰好包围了文本（见图 7.10 的左边面板）。

```
> grid.draw(tg1)
> grid.draw(rg1)
```

第二种设置下，这两个对象都被画在一个 cex=2 的视图中。文本和矩形都画得更大了（当画出 text 绘图元件时，grobwidth 和 grobheight 单位会在同样的背景中被计算，见图 7.10 的中间面板）。

```
> pushViewport(viewport(gp=gpar(cex=2)))
> grid.draw(tg1)
> grid.draw(rg1)
> popViewport()
```

① rect 绘图元件绘制了两个矩形：一个是粗的、深灰色的，另一个是细的、白色的。

第三种设置下，text 绘图元件被画在与矩形不同的背景中，所以矩形的尺寸是“错的”（见图 7.10 的右边面板）。

```
> pushViewport(viewport(gp=gpar(cex=2)))
> grid.draw(tg1)
> popViewport()
> grid.draw(rg1)
```

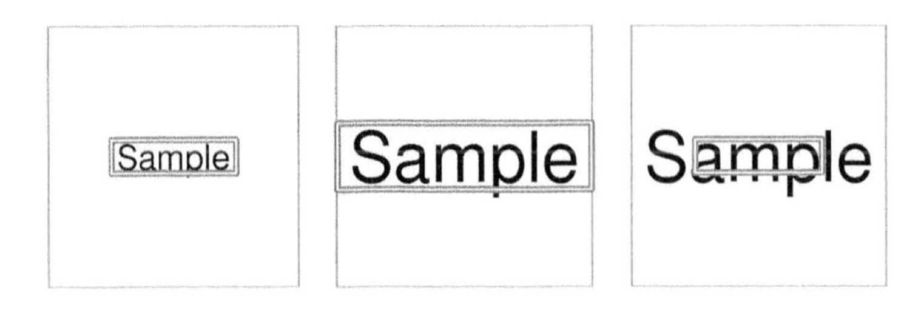

图7.10

计算绘图元件的尺寸。左边面板中，有一个 text 绘图元件和一个独立的 rect 绘图元件，rect 绘图元件的尺寸由 text 绘图元件计算得到，这两个绘图元件被画在一起。中间面板中，这两个绘图元件被画在同一个视图中，文字尺寸变得更大，所以两个对象的尺寸都变大了。右边面板中，只有文字画在视图中，字体尺寸更大，所以只有文本变大了。矩形的尺寸基于左边面板中的文本尺寸计算得到

创建 grobwidth 和 grobheight 单位的时候，一个相关的问题会和绘图元件名称的使用一起出现（见 6.3.2 小节），下面的代码提供了一个简单的例子。

下面的代码创建了一个 text 绘图元件和两个 rect 绘图元件，两个矩形的尺寸都基于文本的尺寸。其中一个矩形，rg1（灰色的那个），在 grobwidth() 和 grobheight() 的调用中使用名称 tg1 指代下一个绘图元件。另一个矩形，rg2（白色的那个），只使用 text 绘图元件本身。

```
> tg1 <- textGrob("Sample", name="tg1")
> rg1 <- rectGrob(width=1.1*grobWidth("tg1"),
                  height=1.3*grobHeight("tg1"),
                  gp=gpar(col="gray60", lwd=3))
> rg2 <- rectGrob(width=1.1*grobWidth(tg1),
                  height=1.3*grobHeight(tg1),
                  gp=gpar(col="white"))
```

当这些矩形和文本刚被画出来时，两个矩形框都正确地围住了文本（见图 7.11 的左边面板）。

```
> grid.draw(tg1)
> grid.draw(rg1)
> grid.draw(rg2)
```

然而，若 text 绘图元件被修改了，如下面的代码所示，只有矩形 rg1（深灰色矩形）会被更新以对应文本新的尺寸（见图 7.11 的右边面板）。rg1 矩形以及它应引用的绘图元件名称 tg1 将得到最终的（修改的）文本绘图元件，而 rg2 矩形只能对最初的文本绘图元件进行操作。

```
> grid.edit("tg1", grep=TRUE, global=TRUE,
             label="Different text")
```

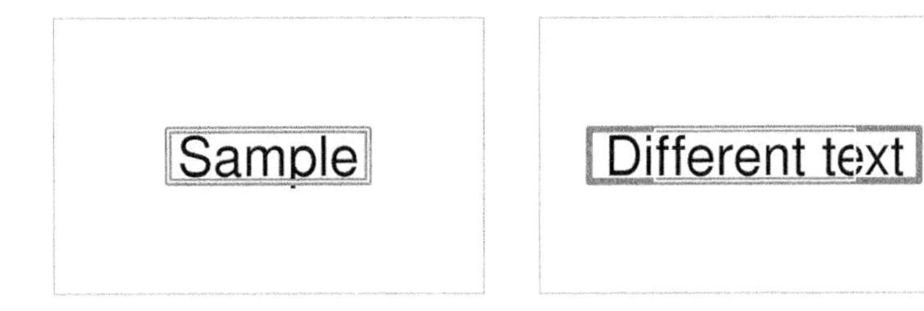

图7.11

通过参照确定绘图元件大小。左边面板有 3 个绘图元件：一个 text 绘图元件和两个 rect 绘图元件。两个 rect 绘图元件的尺寸都由 text 绘图元件的尺寸计算得到。不同之处在于白色矩形通过文本值计算尺寸而深灰色的矩形通过文本的引用来计算。右边面板展示了当 text 绘图元件被修改时图形的改变。只有通过引用来确定大小的深灰色矩形的尺寸被重新定义了

利用这种方法，grobwidth 和 grobheight 单位还是在当前的几何和图形背景中被计算的，但此外，只能引用之前画出的绘图元件。比如，在文本 tg1 之前画出矩形 rg1 是不可以的，因为没有名为 tg1 的绘图元件被画出，无法从中计算尺寸。

```
> grid.newpage()
> grid.draw(rg1)

Error in (function (name) :
    grob 'tg1' not found
```

7.11.2 计算绘图元件的位置

除了可以查询绘图元件的大小，还可以查询绘图元件的位置，使用单位 grobx 与 groby 或函数 grobX() 与 grobY() 即可。

如同宽度和高度一样，位置也是相对于当前几何和绘图背景计算的，所以前面提到的各种警告在这里依然有效。

绘图元件的位置定位于绘图元件的边界，由一个角度给出（相对于绘图元件的“中心”）。下面的代码展示了一个简单的应用例子（见图 7.12）。左边画了一个小点，右边画了一个带环绕的框的文本标签。这个边框对象名为 labelbox。

```
> grid.circle(.25, .5, r=unit(1, "mm"),
              gp=gpar(fill="black"))
> grid.text("A label", .75, .5)
> grid.rect(.75, .5,
            width=stringWidth("A label") + unit(2, "mm"),
            height=unit(1, "line"),
            name="labelbox")
```

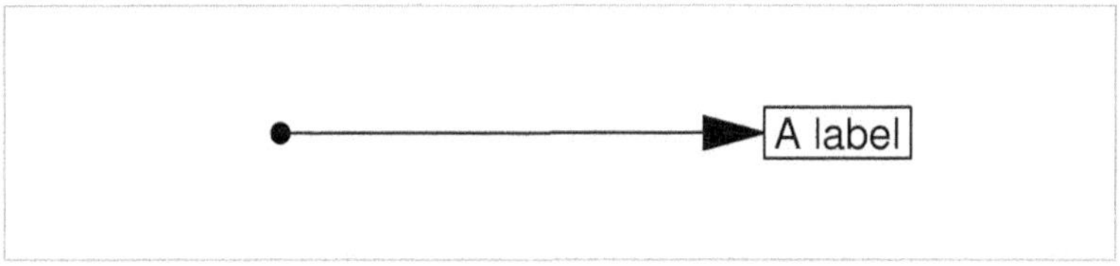

图7.12

计算绘图元件的位置。线段从显式确定的 (x,y) 开始，指向终点，终点由 grobX() 给出的围绕文本的边框的左边界计算得到

现在在点和边框的左边之间画一条带箭头的线段，使用 grobX() 函数确定边框的左边界。

```
> grid.segments(.25, .5,
                grobX("labelbox", 180), .5,
                arrow=arrow(angle=15, type="closed"),
                gp=gpar(fill="black"))
```

下面的例子展示了一个更复杂的应用。它重复了图 3.19 的例子，并描述了 null 绘图元件的一种可能用法。

首先创建两个视图，一个在页面上半边一个在页面下半边。

```
> vptop <- viewport(width=.9, height=.4, y=.75,
                    name="vptop")
> vpbot <- viewport(width=.9, height=.4, y=.25,
                    name="vpbot")
> pushViewport(vptop)
> upViewport()
> pushViewport(vpbot)
> upViewport()
```

现在，在每个视图中都画一个矩形和一条通过一些数据的线。

```
> grid.rect(vp="vptop")
> grid.lines(1:50/51, runif(50), vp="vptop")
> grid.rect(vp="vpbot")
> grid.lines(1:50/51, runif(50), vp="vpbot")
```

下一步并不画出任何内容，只是将 4 个空绘图元件放在特定位置，两个在上面的视图中，两个在下面的视图中。

```
> grid.null(x=.2, y=.95, vp="vptop", name="tl")
> grid.null(x=.4, y=.95, vp="vptop", name="tr")
> grid.null(x=.2, y=.05, vp="vpbot", name="bl")
> grid.null(x=.4, y=.05, vp="vpbot", name="br")
```

最后，画出一个跨过两个视图的多边形。它的头两个顶点由顶部视图两个空绘图元件的位置计算而来，其余两个顶点由底部视图两个空绘图元件的位置计算而来。

```
> grid.polygon(unit.c(grobX("tl", 0),
                      grobX("tr", 0),
                      grobX("br", 0),
                      grobX("bl", 0)),
               unit.c(grobY("tl", 0),
                      grobY("tr", 0),
                      grobY("br", 0),
                      grobY("bl", 0)),
               gp=gpar(col="gray", lwd=3))
```

最终结果见图 7.13。

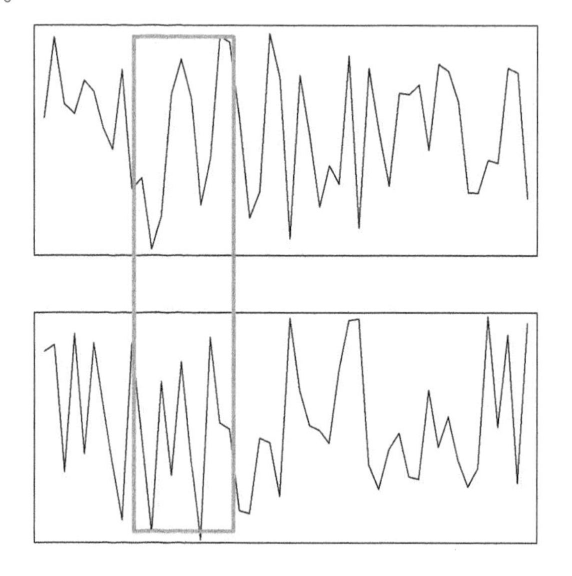

图7.13

计算空绘图元件位置。两条线画在不同的视图中。深灰色的矩形通过 4 个空绘图元件的位置画出，这 4 个空对象中，两个放在顶部的视图中，两个放在底部的视图中

7.12 在框架中放置和打包绘图元件

当在图形中绘制标签或图例时，一个困难的问题是如何为标签和图例留下足够多的绘制空间。grobwidth 和 grobheight 坐标系提供了确定绘图元件大小的方式，可以通过比如在

图层中分配合适的区域这样的方式来实现这类组件的布局。

下面的代码展示了这个想法。首先，一些绘图元件被创建，用作一个图形的组件。第一个对象 label 是一个简单的 text 绘图元件。第二个对象 gplot 是一个包含了 rect 绘图元件、lines 绘图元件和简单地表示了时间序列数据的 points 绘图元件的 gTree。gplot 绘图元件的 vp 组件中有一个视图，矩形和线都画在该视图中。

```
> label <- textGrob("A\nPlot\nLabel ",
                    x=0, just="left")
> x <- seq(0.1, 0.9, length=50)
> y <- runif(50, 0.1, 0.9)
> gplot <-
    gTree(
      children=gList(rectGrob(gp=gpar(col="gray60",
                                      fill="white")),
                     linesGrob(x, y),
                     pointsGrob(x, y, pch=16,
                                size=unit(1.5, "mm"))),
      vp=viewport(width=unit(1, "npc") - unit(5, "mm"),
                  height=unit(1, "npc") - unit(5, "mm")))
```

第二段代码定义了一个两列的图层。图层第二列的宽度由上面创建的 label 对象的宽度决定。第一列会占据剩下的所有空间。

```
> layout <- grid.layout(1, 2,
                        widths=unit(c(1, 1),
                                    c("null", "grobwidth"),
                                    list(NULL, label)))
```

现在可以画出一些东西了。首先调入定义了如上图层的视图，然后在这个图层的第二列中画出 label 对象，其宽度刚好足够容纳其中的文字，然后 gTree 对象 gplot 在第一列画出（见图 7.14）。

```
> pushViewport(viewport(layout=layout))
> pushViewport(viewport(layout.pos.col=2))
> grid.draw(label)
> popViewport()
> pushViewport(viewport(layout.pos.col=1))
> grid.draw(gplot)
> popViewport(2)
```

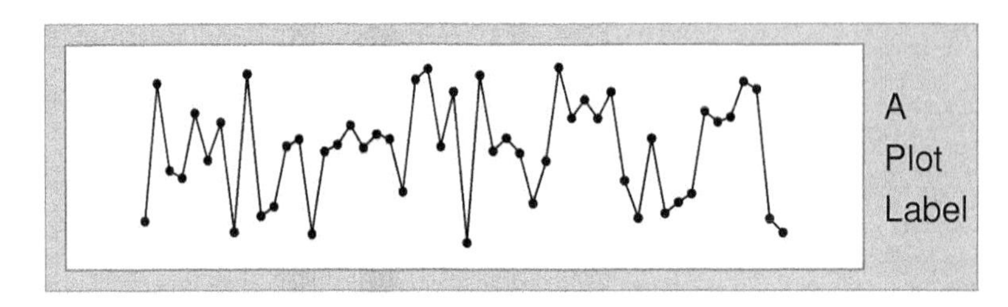

图7.14

手工打包绘图元件。这个场景使用一个框架对象创建，里面打包了一个时间序列图像（包含了矩形、线和点）。文本被打包在右边，这说明时间序列图留出了少量位置给文本

grid 包提供了一组函数使得像上例这样对绘图元件布局更方便，从而使对象可以相互为对方留出空间。函数 `grid.frame()` 和对应的离屏版本 `frameGrob()` 生成一个没有子对象的 gTree 对象。可以使用 `grid.pack()` 函数将子对象添加到这个框架上，该框架确保画出子对象的时候为子对象留出足够的空间。使用这些函数，前面的例子会变得更简单，参见下面的代码（其输入与图 7.14 相同）。与之前操作最大的不同在于这里无须指定一个图层，因为会自动计算生成合适的图层。

下面的第一个函数调用创建空白框架。第二个调用将 gplot 打包进框架中，在这一步，gplot 占据了整个框架。第三个函数调用将文本标签打包进框架的右边，减少矩形的空间从而为文本标签留出足够的空间。

```
> grid.frame(name="frame1")
> grid.pack("frame1", gplot)
> grid.pack("frame1", label, side="right")
```

`grid.pack()` 中有很多参数用来确定框架中的新对象应该放在哪里。还有一个 `dynamic`

参数用来指定打包进框架中的绘图元件被修改之后，框架是否需要重新分配空间。

不幸的是，随着更多绘图元件被打包进来，将对象打包进框架中会变得相当慢，所以它在绘图元件的简单布局或交互构建图像的时候最有用。有另一种方法，这种方法需要更多一点工作，但比起直接调入和弹出视图（可以像打包那样动态化），仍然很方便，这种方法就是在有预定义图层的框架中放置绘图元件。这种情况下，框架和上面定义的图层一起创建，然后 grid.place() 函数用于将绘图元件放到框架图层特定的单元中。

```
> grid.frame(name="frame1", layout=layout)
> grid.place("frame1", gplot, col=1)
> grid.place("frame1", label, col=2)
```

离屏放置与打包

前面两个例子中，当绘图元件每一次被打包进框架时，屏幕都会重新绘图。还有一种方法是创建一个框架，在里面离屏打包或放置绘图元件，只在框架完成的时候才画出。下面的代码介绍了利用 frameGrob() 和 placeGrob() 函数得到与图 7.14 中显示的同样结果，它们离屏完成框架的所有构建。

```
> fg <- frameGrob(layout=layout)
> fg <- placeGrob(fg, gplot, col=1)
> fg <- placeGrob(fg, label, col=2)
> grid.draw(fg)
```

7.13 显示列表

R 绘图引擎保留一个绘图列表，这个列表记录了在一个页面上的所有绘图输出，并且在页面被重新设置大小时（或进行其他操作，见 9.6 节），用来重绘页面。来自基础绘图系统和 grid 绘图系统的绘图函数的输出都会被记录在显示列表中。

grid 包也保留自己单独的显示列表，用来在当前屏幕访问绘图元件以及在编辑后（即调用 grid.edit() 函数后）重绘当前屏幕。grid 显示列表可以利用 grid.refresh() 函数重复显示。

grid 显示列表可以利用 grid.display.list() 函数无效化，grid.display.list() 函数保留在 grid 内存中，它使得 grid 不能修改和重绘屏幕。如果 grid 显示列表无效化了，那么 grid.edit()、grid.get()、grid.add() 和 grid.remove() 函数将不再起作用。

也可以利用 engine.display.list() 函数仅在 grid 显示列表中记录 grid 输出，如下面的代码所示。重新绘制有一点慢，但这避免了在 grid 显示列表和图形引擎显示列表中同时记录输出的内存占用。

```
> engine.display.list(FALSE)
```

这个操作只影响在绘图引擎显示列表中 grid 操作的记录，基础绘图系统输出仍记录在绘图引擎显示列表中。

7.14 使用lattice绘图元件

lattice 函数的输出本质上是 grid 视图和绘图元件的集合。6.8 节介绍了一些用 lattice 图中设置的 grid 视图去添加额外输出的例子。这一节会提供一些使用 lattice 图创建的绘图元件的例子。

下面的代码生成了一个我们要使用的 lattice 散点图。

```
> xyplot(mpg ~ disp, mtcars)
```

grid.ls() 函数列出了为这幅图创建的图形基元集合。

```
> grid.ls()
```

```
plot_01.background
plot_01.xlab
plot_01.ylab
plot_01.ticks.top.panel.1.1
plot_01.ticks.left.panel.1.1
plot_01.ticklabels.left.panel.1.1
```

```
plot_01.ticks.bottom.panel.1.1
plot_01.ticklabels.bottom.panel.1.1
plot_01.ticks.right.panel.1.1
plot_01.xyplot.points.panel.1.1
plot_01.border.panel.1.1
```

其他人用函数创建的绘图元件不必为所有画出的组件提供有用的名字，但在这个例子中，很容易指出哪个组件为该图提供了 x 轴坐标标签或 y 轴坐标标签。

下面的代码编辑坐标轴标签，将字体修改为粗体，并将标签放到坐标轴的尾端（见图 7.15）。

```
> grid.edit("[.]xlab$", grep=TRUE,
            label="Displacement",
            x=unit(1, "npc"), just="right",
            gp=gpar(fontface="bold"))
> grid.edit("[.]ylab$", grep=TRUE,
            label="Miles per Gallon",
            y=unit(1, "npc"), just="right",
            gp=gpar(fontface="bold"))
```

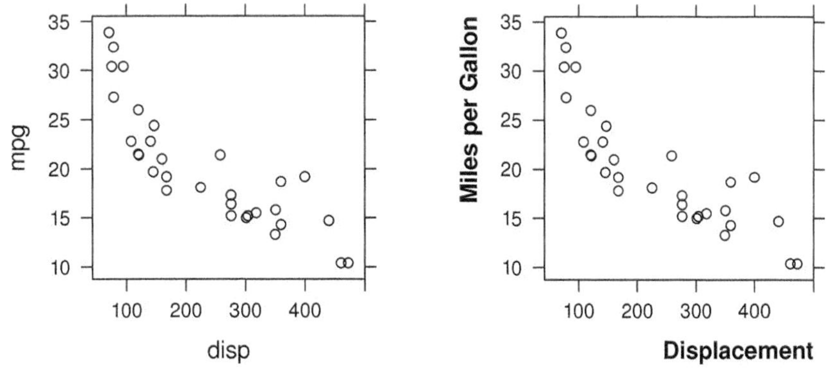

图7.15

编辑 lattice 图中的绘图元件。左边的图是 lattice 函数 xyplot() 生成的初始散点图。右边的图展示了编辑图中标签的 grid text 绘图元件之后的效果（这两个标签被画在了坐标轴的末端，字体换成了等宽字体）

其他的绘图元件操作也是可行的。比如说，下面的代码从图中移除了坐标轴标签。

```
> grid.remove(".lab$", grep=TRUE, global=TRUE)
```

最后，也可以用 grid.grab() 函数将 lattice 图中的所有绘图元件组合在一起。这样创建了 gTree，而该 gTree 可以作为一个组件来创建另一个图像。

7.15 使用ggplot2绘图元件

类似于 lattice，当 ggplot2 画出一个图的时候，也创建了大量 grid 绘图元件，这些对象也可以使用 grid 函数来操作。

下面的代码使用 ggplot2 创建了一个带有线性模型最优拟合直线的散点图。

```
> ggplot(mtcars2, aes(x=disp, y=mpg)) +
      geom_point() +
      geom_smooth(method=lm)
```

由 ggplot2 生成的绘图元件和由 lattice 生成的绘图元件在几个重要的方面有所不同。首先，ggplot2 仅创建一个大的 gTree，但仅当绘图元件被画出时才创建该 gTree。如果对这个 ggplot2 图形调用 grid.ls() 函数我们就会看到这一点。

```
> grid.ls()
```

```
layout
```

如果我们想访问 gglot2 图形中的单个绘图元件或视图，必须先调用 grid.force() 函数（见 7.7 节）。

```
> grid.force()
```

grid.ls() 的输出展示了大量绘图元件。

```
> grid.ls()

layout
  background.1-9-12-1
  panel.7-5-7-5
    grill.gTree.193
      panel.background..rect.184
      panel.grid.minor.y..polyline.186
      panel.grid.minor.x..polyline.188
      panel.grid.major.y..polyline.190
      panel.grid.major.x..polyline.192
    NULL
    geom_point.points.175
    geom_smooth.gTree.180
      geom_ribbon.polygon.177
      GRID.polyline.178
    NULL
    panel.border..zeroGrob.181
  spacer.8-6-8-6
  spacer.8-4-8-4
  spacer.6-6-6-6
  spacer.6-4-6-4
  axis-t.6-5-6-5
  axis-l.7-4-7-4
    axis.line.y.left..zeroGrob.206
    axis
      axis.1-1-1-1
        GRID.text.203
      axis.1-2-1-2
```

```
axis-r.7-6-7-6
axis-b.8-5-8-5
  axis.line.x.bottom..zeroGrob.199
  axis
    axis.1-1-1-1
    axis.2-1-2-1
      GRID.text.196
xlab-t.5-5-5-5
xlab-b.9-5-9-5
  GRID.text.210
ylab-l.7-3-7-3
  GRID.text.213
ylab-r.7-7-7-7
subtitle.4-5-4-5
title.3-5-3-5
caption.10-5-10-5
tag.2-2-2-2
```

ggplot2 与 lattice 的另外一个重要差别是由 ggplot2 创建的绘图元件是以分层的方式布局的，它在 `grid.ls()` 的输出中以缩进的格式显示的。这意味着我们需要用 gPaths 来访问单个绘图元件。

ggplot2 与 lattice 的最后一个差别是 ggplot2 绘图元件名称的意义不太明确，尤其是数字后缀。这意味着我们需要使用 `grid.grep()` 函数来寻找一个合适的绘图元件名称。下面的代码展示了使用 `grid.grep()` 函数寻找名字中带有 `panel` 的视图。

```
> panelvp <- grid.grep("panel", grobs=FALSE,
                       viewports=TRUE, grep=TRUE)
> panelvp
```

现在我们强制生成 ggplot2 图形的绘图元件和视图，并且确定了主要面板视图的正确名称。下面的代码定位到图形区域并查询表示最优拟合直线的绘图元件，同时使用 `grobX()` 和 `grobY()`

函数确定直线的位置。该位置用于画出一个从文本标签指向最佳拟合直线的箭头（见图 7.16）。

```
> downViewport(panelvp)
> sline <- grid.get(gPath("smooth", "polyline"),
                    grep=TRUE)
> grid.segments(.7, .8,
                grobX(sline, 45), grobY(sline, 45),
                arrow=arrow(angle=10, type="closed"),
                gp=gpar(fill="black"))
> grid.text("line of best fit", .71, .81,
            just=c("left", "bottom"))
```

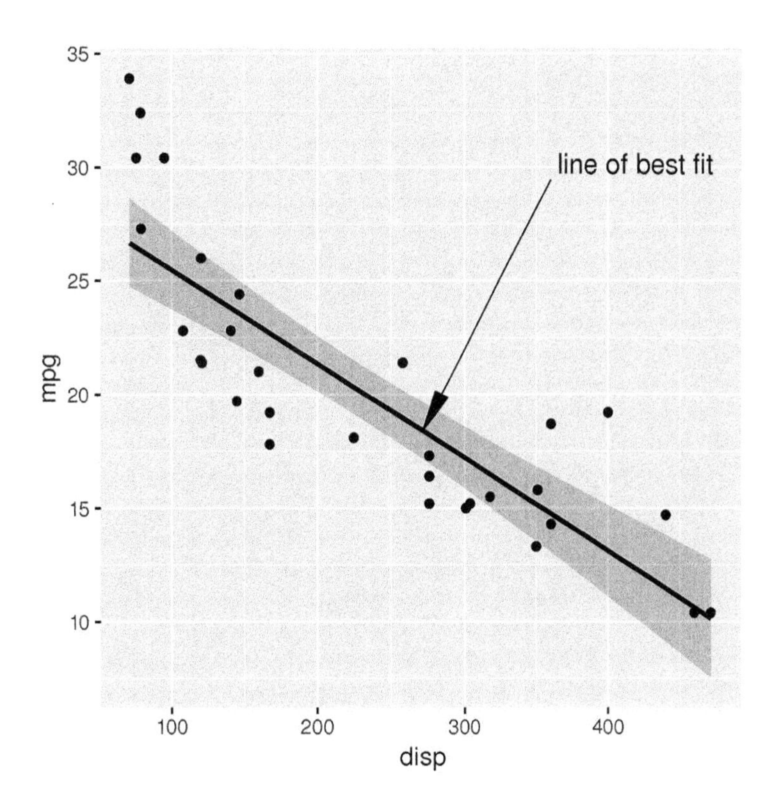

图7.16

使用 ggplot2 中的绘图元件。我们首先画出了一个 ggplot2 散点图，然后画出一条线，这条线的终端由图中表示光滑拟合线的绘图元件计算得到

本章小结

在生成图形输出的同时，所有 grid 函数都创建了包含关于绘制对象的描述的绘图元件（图形对象）。这些绘图元件可以被访问、修改甚至移除，图形输出会根据绘图元件的改变而更新。

也有 grid 函数会生成没有图形输出的绘图元件。可以通过离屏创建、修改和组合绘图元件生成关于图的完整描述。

gTree 是一个将其他绘图元件作为其子对象的绘图元件。gTree 便于将绘图元件分组，并为一组绘图元件提供高级接口。

lattice 和 ggplot2 绘图函数能够生成大量 grid 绘图元件。这些绘图元件可以像其他绘图元件一样操作，我们可以访问、编辑和删除 ggplot2 和 lattice 图的一部分。

第8章 开发新的绘图函数与对象

本章预览

本章介绍如何编写供他人使用的绘图函数。

编写主要为了生成图形输出的简单函数有其重要准则。很重要的一点是确保其他用户可以为函数生成的输出添加注释，这样其他用户可以将该函数作为更大更复杂的图中的组件。

本章还有关于如何创建新的绘图对象类的讨论。允许用户编辑输出、查询一个绘图对象会占用多少空间、在 gTree 中将绘图对象组合起来，这些都是创建绘图对象时很重要的内容。

这一章讨论了开发供他人使用的绘图函数的问题。这会涉及讨论到 grid 工作的一些底层机制和软件设计的一些抽象概念。建议大家在阅读之前对编程概念有基本理解，后面的章节假设读者了解诸如类和方法这些面向对象的概念。

我们会引入 grid 绘图系统重要的底层细节和设计理念，这增加了开始构建简单绘图函数的复杂度。想设计一个全新 grid 绘图对象的读者应该读完这一章。

虽然可以开发非常复杂的 grid 函数和对象（例如，参见 gstable 包），但这一章我们仅考虑非常简单的例子。我们只需要使我们创建的函数和对象简单到能够清晰地展示出主要思想即可。

8.1 一个例子

本章中我们将开发生成非常简单的图形输出（带下画线的文本）的代码（见图 8.1）。

underlined text

图8.1

带下画线文本的例子

下面的代码展示了使用现有的 grid 函数生成这种输出的方法之一。我们的目标是缩减这段代码使其成为一个单纯的函数调用。

```
> grid.text("underlined text", y=.5, just="bottom")
> w <- stringWidth("underlined text")
> grid.segments(unit(.5, "npc") - 0.5*w,
                unit(.5, "npc") - unit(1, "mm"),
                unit(.5, "npc") + 0.5*w,
                unit(.5, "npc") - unit(1, "mm"))
```

虽然图 8.1 的输出非常基础，但它包含了在更复杂的输出中需要强调的几个重要特征的例子：

（1）输出中包含多于一个基础形状；

（2）输出的位置需要计算，而且输出的各部分之间以某种方式相互依赖。

这个例子中有两个基础形状，文本和线段，限制条件是线段必须放置在文本正下方并且与文本等长。

在这个简单的例子中，我们将讨论几种不同的方法，解决在生成更加复杂的输出时会产生的几个不同的问题。

8.2 绘图函数

我们能采取的最简单的方法就是写一个仅为生成图形输出附带产物的绘图函数（即使用第 6 章介绍过的 grid 绘图函数）。下面的代码定义了一个这样的函数 `grid.utext()`，这个函数用来画出带下画线的文本。

```
 1 textCorners <- function(x) {
 2     list(xl=grobX(x, 180), xr=grobX(x, 0),
 3          yb=grobY(x, 270), yt=grobY(x, 90))
 4 }

 6 grid.utext <- function(label, x=.5, y=.5, ...,
 7                        name="utext") {
 8     grid.text(label, x, y, ..., name=paste0(name, ".label"))
 9     corners <- textCorners(paste0(name, ".label"))
10     grid.segments(corners$xl, corners$yb - unit(.2, "lines"),
11                   corners$xr, corners$yb - unit(.2, "lines"),
12                   gp=gpar(lex=get.gpar("cex")),
13                   name=paste0(name, ".underline"))
14 }
```

这段代码很方便地封装了需要在一段文本下画出一条线段的所有工作，将其转化为一个单纯的函数调用，如下所示（见图 8.2）。

```
> grid.utext("underlined text")
```

underlined text

图8.2

利用 grid.utext() 函数画出带下画线的文本的例子

8.2.1 模块化

虽然 grid.utext() 函数非常简单，但关于它的代码展示了一个非常重要的一般原则。

把代码组织成一些小的函数，每一个函数完成一个预定的任务是很有用的思路。在绘图函数中，特别重要的一点是把作为图形基础的计算和实际生成图形的代码分离开来。在上面的一大段代码中，函数 textCorners() 计算了文本绘图元件的左右上下位置。grid.text() 函数绘制文本和线段并利用 textCorners() 函数决定线段画在哪里，从而使其与文本对齐。这个模块方法通常有一个允许代码重用的优势，无论是自己（在这一章我们将多次使用 textCorners() 函数）还是别人重用。

对更复杂的图形输出，这个思想应该被扩展到把代码组织成函数，且使每一个函数都能生成可以组合成一个更大的图形的组件，就像这个函数组成了已有的图形基元一样。

8.2.2 嵌入图形输出

在写一个 grid 函数时另一件要考虑的事情是所有的 grid 绘图都在当前视图进行这一事实。这意味着一个生成 grid 输出的函数应该注意它可能在任意大小的区域以任何绘图参数设置绘制。

这在 grid.utext() 函数代码中的第 10 和 11 行有所反映，在那里 lines 单位用来确定线段到文本的竖直距离。这意味着这个距离将根据文本的增大或缩小而相应调整。下面的代码通过在一个有不同 cex 设置的视图内画一个带下画线的文本来展示这一思想。

结果显示在图 8.3 中，同时还展示了在文本和线段之间使用绝对距离比如 1 毫米会出现的结果。

```
> pushViewport(viewport(y=.5, height=.5, just="bottom",
                        gp=gpar(cex=1)))
> grid.utext("underlined text")
> popViewport()
> pushViewport(viewport(y=0, height=.5, just="bottom",
                        gp=gpar(cex=0.5)))
> grid.utext("underlined text")
> popViewport()
```

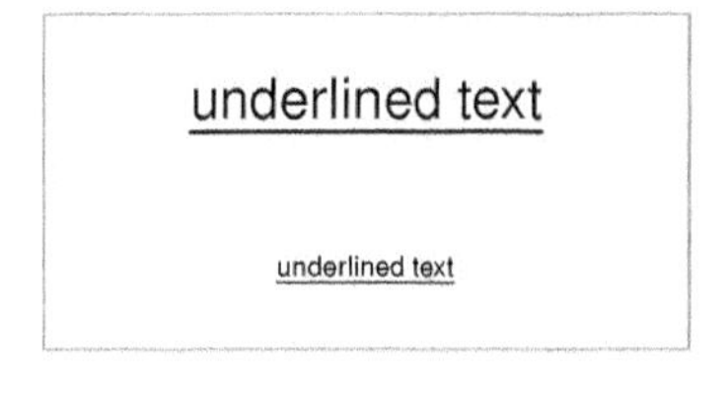

图8.3

在 grid 函数中利用相对单位的重要性的展示。这一性质可以使函数在任何背景下都表现得很好。左边图中，grid.utext() 函数在两个视图中被调用，一个以正常字体（上部）显示，一个以小的字体（下部）显示。两种情形下输出都很合适，因为文本和线段间的距离基于文本线并且线宽也是相对应的。右图中，展示了 grid.utext() 函数的一个变体，其中线段和文本的距离是绝对的（1 毫米）；这就使得绘制不能根据不同的视图背景进行调整，从而使输出结果看上去不那么协调

8.2.3　输出的编辑

grid.utext() 函数代码中另一个重要的特征出现在第 8 和 13 行，此处命名了这个函数绘制的输出。这保证了别人可以编辑这个函数的输出。

例如，在下述代码中我们绘制了带下画线的文本，然后编辑线段来修改它的宽度（同时设置线的端点类型为“butt”，见图 8.4）。

```
> grid.utext("underlined text")
> grid.edit("utext.underline", gp=gpar(lwd=3, lineend="butt"))
```

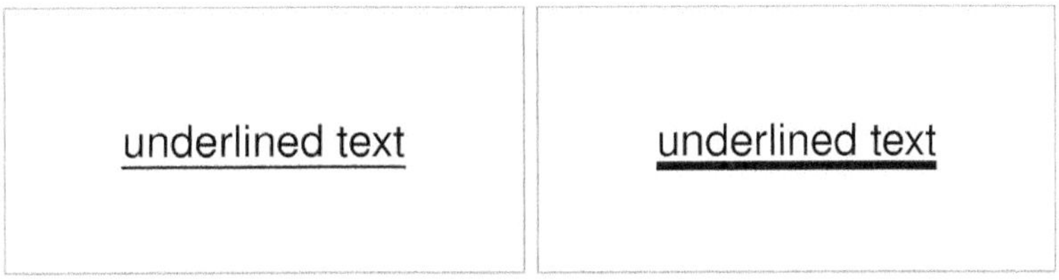

underlined text　　underlined text

图8.4

利用 grid.utext() 函数生成的带下画线的文本（左图），通过编辑修改左图中下画线的宽度（右图）

8.2.4　注释的输出

我们在 8.2.2 小节已经介绍过把 grid.utext() 函数的输出添加到其他 grid 输出中。但怎么把其他 grid 输出添加到 grid.utext() 函数的输出上呢？

为了展示这一点，我们考虑涉及创建 grid 视图的下画线文本的另一个做法。这个函数是 grid.utextvp()，这个函数用于绘制带下画线的文本，它是利用 grid 视图实现的 grid.utext() 函数功能的一个替代版。代码如下所示。

```
1 utextvp <- function(label, x, y, ..., name="utextvp") {
2     w <- stringWidth(label)
3     viewport(x, y, width=w, height=unit(1, "lines"),
4              ..., name=name)
5 }

7 grid.utextvp <- function(label, x=.5, y=.5, ...,
```

```
 8                             name="utext") {
 9     pushViewport(utextvp(label, x, y, ...))
10     grid.text(label, y=0, just="bottom",
11               name=paste0(name, ".label"))
12     grid.segments(0, unit(-.2, "lines"),
13                   1, unit(-.2, "lines"),
14                   name=paste0(name, ".underline"))
15     upViewport()
16 }
```

这个函数的优点是它可以绘制可旋转的下画线文本，如下面的代码所绘制（见图 8.5）。

```
> grid.utextvp("underlined text", angle=20)
```

图8.5

利用 grid.utextvp() 函数生成带下画线的文本的一个例子。这个函数可以绘制可旋转的带下画线的文本（而 grid.utext() 函数不能做到这一点）

这个函数中的重要代码是创建并调入视图的部分（第 9 行），视图名称为 utextvp（第 1 行），以及调用 upViewport() 函数的部分（第 15 行）。视图的使用使得绘图部分的代码（第 10 到 14 行）更简单，因为绘图是相对于视图，而视图已经为文本设置好了合适的位置与大小。upViewport() 函数的使用是非常重要的，因为这意味着视图将持续存在所以其他图形可以继续使用它。

下面的代码利用了这个特点在文本下添加第二条下画线。首先，定位到 utextvp() 创建的视图，然后在视图中绘制一条线段（见图 8.6）。

```
> downViewport("utextvp")
> grid.segments(0, unit(-.3, "lines"), 1, unit(-.3, "lines"))
```

图8.6

对利用 grid.utextvp() 函数生成带下画线的文本进行注释的一个例子（图8.5)。grid.utextvp() 函数为绘制带下画线的文本创建了一个视图。这意味着我们可以定位回到这个视图并进一步添加输出，在这里添加了第二条下画线

8.3 绘图对象

一个合理设计的有用的绘图函数应该可以在其他图形中重用，并能像前面章节所述一样对其进行任意的添加和修改。不过，创建一个绘图对象或绘图元件表示函数生成的输出，也有很多好处。

下面的代码说明了绘图函数方法的不足之处，这段代码对 grid.utextvp() 函数创建的文本进行了编辑。这里只改变了文本但没有改变线段，所以两者的长度不再一致（见图8.7)。

```
> grid.edit("utext.label", label="le texte soulign\U00E9")
```

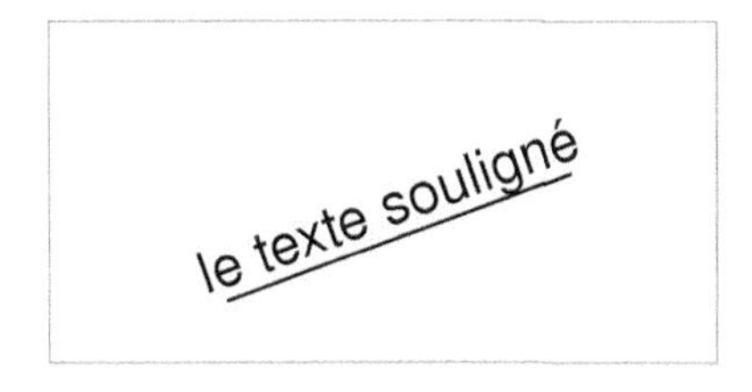

图8.7

对利用 grid.utextvp() 函数生成的带下画线的文本（图8.5）进行编辑以修改文本。因为线段长度不受影响所以两者长度不再一致

绘图函数是一个基本的接口，它允许我们提供关于图像的高级描述以及基于这些描述绘制一个或多个低级绘图形状。然而，所有在 grid 显示列表中记录的都是低级绘图形状。

在我们的例子中，高级描述包括要绘制的文本，以及绘制的位置。`grid.utextvp()` 函数用于计算如何在文本下画线（以及绘制文本本身）。然而，一旦这些绘图形状画出来了，它们之间就不再有高级的联系了。

绘图对象类似于绘图函数，因为它提供了一个绘制低级绘图图形的高级接口，但是当我们绘制绘图对象时，高级对象如同低级形状一样也在 grid 显示列表中被记录下来。这使得修改高级描述以及让绘图对象重新计算低级形状（并绘制它们）成为可能。

在这一节，我们将构建带下画线文本的绘图对象版本。

定义新的绘图元件的工作涉及使用类和泛型函数。这一节假定读者熟悉面向对象编程的基本思想及其在 S3 类和方法中的实现。

8.3.1 定义一个静态绘图元件

我们要创建的最简单的绘图对象是一个带有子对象的 gTree，一个静态绘图对象。为此，下面的代码定义了一个 `utextStatic()` 函数。这个函数创建了一个表达下画线文本的 gTree 对象，这是一个绘图对象而不是 `grid.utext()` 绘图函数。

```
 1 utextChildren <- function(label, x, y, just, name) {
 2     t <- textGrob(label, x, y, just=just,
 3                   name=paste0(name, ".label"))
 4     corners <- textCorners(t)
 5     s <- segmentsGrob(corners$xl,
 6                       corners$yb - unit(.2, "lines"),
 7                       corners$xr,
 8                       corners$yb - unit(.2, "lines"),
 9                       name=paste0(name, ".underline"))
10     gList(t, s)
11 }

13 utextStatic <- function(label,
```

```
14                         x=.5, y=.5, default.units="npc",
15                         just="centre", name="utext") {
16     if (!is.unit(x)) x <- unit(x, default.units)
17     if (!is.unit(y)) y <- unit(y, default.units)
18     kids <- utextChildren(label, x, y, just, name)
19     gTree(label=label, x=x, y=y, just=just,
20           children=kids, cl="utextStatic", name=name)
21 }
```

这个函数最重要的部分是 gTree() 函数的调用（第 19 行）。这里创建了一个 gTree 用以记录绘图对象（文本及其绘制位置）的高级描述。cl 参数用来指定这个函数创建的对象有一个类 utextStatic。这允许我们针对 utextStatic 绘图元件定义方法。这个 gTree 的子对象是一些将要实际画出的低级绘图元件：一个文本绘图元件和一个线段绘图元件。这些都由另一个名为 utextChildren() 的单独函数所创建，这么做是为了使我们可以在后面的例子中重用这个函数。

下面的代码创建一个 utextStatic 绘图元件，然后画出它（见图 8.8）。gTree 的默认绘制行为是画出所有的子对象。

```
> ug <- utextStatic("underlined text")
> grid.draw(ug)
```

underlined text

图8.8

利用 utextStatic() 函数生成下画线文本的例子。utextStatic() 函数创建一个表示下画线文本的绘图元件，单不画出它。生成的绘图元件必须通过调用 grid.drawing() 函数画出来

8.3.2 编辑绘图元件

前面我们已经创建的是一个绘图对象，它包含一个高级描述和几个低级组件（文本和线段）。

```
> grid.ls()
```

```
utext
  utext.label
  utext.underline
```

如果我们想编辑绘图元件的高级描述，那么我们必须为绘图对象定义一个 editDetails() 方法。下面的代码为utextStatic绘图元件展示了一个方法，即editDetails.utextStatic()。这个函数的重要作用是在高级描述被修改后重新创建一个 gTree 的子对象。这个函数允许我们通过重建对象的低级子对象，显式地修改 gTree 的高级描述。

```
1 editDetails.utextStatic <- function(x, specs) {
2     if (any(names(specs) %in%
3         c("label", "x", "y", "just"))) {
4         kids <- utextChildren(x$label, x$x, x$y,
5                               x$just, x$name)
6         x <- setChildren(x, kids)
7     }
8     x
9 }
```

只要我们定义了一个 editDetails() 方法，我们就可以修改高级描述，低级组件也会自动地重建。下面的代码修改了文本标签并且下画线也自动调整了尺寸（见图 8.9）。[①]

① UNICODE 转义序列 \U00E9 用来指定一个 e-acute 字符。

```
> grid.edit("utext", label="le texte soulign\U00E9")
```

图8.9

utextStatic() 函数定义的下画线的文本（图 8.8）被编辑以修改 label（高级描述的一部分）。editDetails() 方法确保绘图对象的子对象被重建，所以下画线长度与文本仍然匹配

因为这里也有低级组件，所以我们可以修改它们来做一些高级接口不允许做的改变。下面的代码修改了下画线的线型（见图 8.10）。

```
> grid.edit("utext.underline", gp=gpar(lty="dashed"))
```

图8.10

utextStatic() 函数定义的下画线文本（图 8.9）被编辑以修改下画线线型（低级组件之一）。这展示了不被高级描述所控制的低级细节的微调

8.3.3　定义一个带绘图背景的静态绘图元件

我们在 8.2 节写一个绘图函数时，考虑了两个方法：一个是仅画出文本和线段，另一个是调入视图并在视图中画出文本和线段。在这一节，我们继续考虑类似于第二种方法的静态绘图对象。

一个静态绘图对象也有一个视图，子对象在其中画出。接下来展示应用这一方法的 utextvpStatic() 函数的代码。这个函数创建一个表示下画线文本的 gTree 对象，这是一个绘图对象而不是 grid.utextvp() 绘图函数。与 utextStatic() 函数的不同在于，在为 gTree 创建子对象时（第 18 行），我们也为子对象创建了一个将子对象绘于其中的视图（第 19 行）。视图成为 gTree 的 childrenvp 组件（第 22 行）。

```
 1 utextvpChildren <- function(label, name) {
 2     t <- textGrob(label, y=0, just="bottom",
 3                   vp=paste0(name, ".vp"),
 4                   name=paste0(name, ".label"))
 5     s <- segmentsGrob(0, unit(-.2, "lines"),
 6                       1, unit(-.2, "lines"),
 7                       vp=paste0(name, ".vp"),
 8                       name=paste0(name, ".underline"))
 9     gList(t, s)
10 }

12 utextvpStatic <- function(label, x=.5, y=.5,
13                           default.units="npc",
14                           angle=0, just="centre",
15                           name="utext") {
16     if (!is.unit(x)) x <- unit(x, default.units)
17     if (!is.unit(y)) y <- unit(y, default.units)
18     kids <- utextvpChildren(label, name)
19     kidsvp <- utextvp(label, x, y, just=just, angle=angle,
20                       name=paste0(name, ".vp"))
21     gTree(label=label, x=x, y=y, just=just, angle=angle,
22           children=kids, childrenvp=kidsvp,
23           cl="utextvpStatic", name=name)
24 }

26 editDetails.utextvpStatic <- function(x, specs) {
```

```
27      if (any(names(specs) %in%
28              c("label", "x", "y", "just", "angle"))) {
29          kids <- utextvpChildren(x$label, x$name)
30          kidsvp <- utextvp(x$label, x$x, x$y,
31                            just=x$just, angle=x$angle,
32                            name=paste0(x$name, ".vp"))
33          x$childrenvp <- kidsvp
34          x <- setChildren(x, kids)
35      }
36      x
37 }
```

伴随着 utextStatic() 函数，我们定义了一个 editDetails() 方法，所以对绘图对象的高级描述的改变会产生一个子对象，子对象绘于其中的视图也被创建出来。

下面的代码创建一个 utextvpStatic 绘图元件（倾斜 20 度）然后画出它（图 8.11）。

```
> ug <- utextvpStatic("underlined text", angle=20)
> grid.draw(ug)
```

图8.11

利用 utextvpStatic() 函数生成的下画线文本的例子。utextvpStatic() 函数创建一个表示下画线文本的对象，但不画出它。生成的绘图元件必须通过调用 grid.draw() 函数画出

我们已经创建出一个绘图对象，它包含一个高级描述、一个视图，以及两个绘制在视图中的低级组件（文本和线段）。

```
> grid.ls(viewports=TRUE, fullNames=TRUE)

viewport[ROOT]
  utextvpStatic[utext]
    viewport[utext.vp]
      upViewport[1]
    downViewport[utext.vp]
      text[utext.label]
      upViewport[1]
    downViewport[utext.vp]
      segments[utext.underline]
      upViewport[1]
```

由于有 editDetails() 方法，因此我们可以修改高级描述以及自动创建的低级组件（见图 8.12）。

```
> grid.edit("utext", label="le texte soulign\U00E9")
```

图8.12

利用 utextvpStatic() 函数生成的下画线文本（图 8.11）被编辑以修改 label 参数（高级描述的一部分）。editDetails() 方法确保绘图对象的子对象，以及子对象绘于其中的视图被重建

因为这里也有低级组件，所以我们可以修改它们来做一些高级接口不允许做的改变（见图 8.13）。

```
> grid.edit("utext.underline", gp=gpar(lty="dashed"))
```

图8.13

利用 utextvpStatic() 函数生成的下画线文本（图 8.11）被编辑以修改下画线线型（低级组件之一）。这展示了不被高级描述所控制的低级细节的微调

8.3.4 定义动态绘图元件

当创建一个绘图元件时，并不总能准确地知道它的子对象是什么。例如，一个带有参数 at=NULL 的 xaxis 只有在它被画出时才能确定它的子对象（刻度线），在哪个视图中，以及在哪个 naive 坐标系统中画图（见 7.7 节）。这一节我们讨论创建一个绘图对象，它可以在绘制时即时创建子对象，即一个动态绘图对象。

下面展示了定义两个函数的代码。第一个函数 utextDynamic()，是一个创建绘图对象的函数。这个函数不画出内容，仅创建一个包含下画线文本的高级描述的 gTree 对象（画出的文本以及在哪里画出）。这个函数最重要的部分是调用 gTree() 函数创建一个 gTree 对象（第 6 行）。cl 参数用来指定由该函数创建的对象有类 utextDynamic。这将允许我们针对 utextDynamic 对象定义方法。

```
1 utextDynamic <- function(label,
2                          x=.5, y=.5, default.units="npc",
3                          just="centre", name="utext") {
4     if (!is.unit(x)) x <- unit(x, default.units)
5     if (!is.unit(y)) y <- unit(y, default.units)
6     gTree(label=label, x=x, y=y, just=just,
7           cl="utextDynamic", name=name)
8 }
```

```
10 makeContent.utextDynamic <- function(x) {
11     kids <- utextChildren(x$label, x$x, x$y,
12                           just=x$just, x$name)
13     setChildren(x, kids)
14 }
```

如果我们比较一下 utextDynamic() 函数和前面的 utextStatic() 函数，会发现主要的差别在于 utextDynamic() 函数创建了一个没有子对象的 gTree。这是因为，对一个动态绘图元件来说，子对象是在 utextDynamic 绘图元件被画出的时候才创建的。那是接下来第二个函数的作用。

第二个函数是一个关于 makeContent() 泛型函数的方法（关于类 utextDynamic 对象）。这个函数创建一个低级图形作为 gTree 的“子对象”（第 11 行），然后调用 setChildren() 函数来把这些绘图元件添加为 utextDynamic gTree 的子对象（第 13 行）。这个函数的结果是修改过的 utextDynamic gTree。

下面的代码利用这些函数创建一个 utextDynamic 绘图元件，然后通过调用 grid.draw() 函数画出它（见图 8.14）。

```
> ug <- utextDynamic("underlined text")
> grid.draw(ug)
```

underlined text

图8.14

利用 utextDynamic() 函数生成的下画线文本的例子。utextDynamic() 函数创建一个表示下画线文本的对象，但不画出它。生成的绘图元件必须通过调用 grid.draw() 函数画出

绘制 utextDynamic 绘图元件的输出与调用 grid.utext() 函数的结果是一样的，与绘制 utextStatic 绘图元件也是相同的。然而，grid 显示列表是非常不同的，因为那

里只有 utextDynamic 绘图元件对象被记录，而不是单个的文本绘图元件和线段绘图元件被记录。

```
> grid.ls()
```

```
utext
```

这说明了对于动态绘图对象来说，grid 显示列表中被记录的只有高级描述。比较来看，对绘图函数来说，只有低级图形在显示列表中被记录，而对于静态绘图函数来说，高级描述和低级图形都被记录下来。

保留高级描述有几个优点。一是 gTree 为它的子对象提供了一个图形背景这一事实（见 6.4 节）；特别地，一个 gTree 的 gp 设置变成其子对象的默认 gp 设置。下面的代码展示了这一点：我们把 utextDynamic 绘图元件的颜色改为灰色，结果是文本和下画线颜色也都变成灰色（见图 8.15）。

```
> grid.edit("utext", gp=gpar(col="grey"))
```

underlined text

图8.15

利用 utextDynamic() 函数生成的下画线文本（图 8.20）被编辑以修改整体 utextDynamic gTree 的 gp 设置。gTree 的两个子对象，标签和线段，被它们的父代 gTree 的图形背景设置所影响，所以它们都变成灰色

在显示列表中保留一个高级 utextDynamic gTree 的另外一个优点是我们可以编辑高级描述，同时也会重画低级图形。下面的代码展示了这一点：我们修改高级 gTree 的标签，然后文本和下画线都随新标签而调整（见图 8.16）。

```
> grid.edit("utext", label="le texte soulign\U00E9")
```

le texte souligné

图8.16

利用 utextDynamic() 函数生成的下画线文本（图 8.15）被编辑以修改高级 utextDynamic gTree 的标签。gTree 的两个子对象，标签和线段，都被重画以反映新标签的设置

不像静态绘图对象（例如，一个 utextStatic 对象）那样，我们不必定义 editDetails() 方法。无论何时绘制 utextDynamic 绘图元件，它的子对象总会被重画。

8.3.5 强制绘图元件

使用高级动态接口的主要不足是我们不能访问低级图形。显示列表仅包含高级 gTree，gTree 中没有记录文本绘图元件或线段绘图元件。这意味着我们不能像图 8.4 中所做的那样直接访问这些个体图形。

```
> grid.get("utext.label")

NULL
```

然而，我们可以通过调用函数 grid.force() 来使得低级图形可访问。这个函数添加 gTree 的子对象到 grid 显示列表中，如下所示。

```
> grid.force()

utext
  utext.label
  utext.underline
```

现在我们可以访问单个低级图形了。比如说，下面的代码中，我们增加下画线的宽度（见图 8.17）。

```
> grid.edit("utext.underline", gp=gpar(lwd=3))
```

le texte souligné

图8.17

首先利用 utextDynamic() 函数画出下画线文本（图 8.14），然后通过调用 grid.force() 函数使低级图形可以被访问，然后再编辑下画线绘图元件使其变粗

8.3.6 恢复绘图元件

调用 grid.force() 的缺点是我们不能再访问高级 gTree 接口（变成一个不再能重建 gTree 子对象的 gTree）。有一个 grid.revert() 函数，它可以从显示列表中删除 gTree 的子对象，然后恢复高级接口，当然这也意味着无法再直接改变低级子对象。换句话说，在动态绘图元件下，我们不能同时访问高级接口和低级图形。

8.3.7 定义带绘图背景的动态绘图元件

在 8.2 节当我们开发一个绘图函数时，考虑了两种方法：一种是仅画出文本和线段，另一种是调入视图然后在视图中画出文本和线段。在这一节，我们考虑与第二种方法类似的动态绘图对象。

我们已经看到我们创建动态绘图对象时必须做的事情是定义 makeContent() 方法，目的是创建一个绘图对象的低级子对象。除此之外，我们还希望为绘图对象的子对象创建一个视图。makeContent() 泛型函数允许我们做到这一点。

下面的代码表示创建下画线文本的新的绘图对象。主函数 utextvpDynamic() 用于创建一个带有类 utextvpDynamic 的 gTree（第 7 行），这个函数是 utextDynamic() 函数的另一个版本。makeContent() 方法为 gTree 创建低级子对象，如同对 utextDynamic 绘图对象一样，同时还有 makeContext() 方法。makeContext() 方法类似于 makeContent()

方法，但是它创建一个视图并把这个视图添加到 gTree 上（而不是创建和添加绘图元件）。

```
1 utextvpDynamic <- function(label,
2                              x=.5, y=.5, default.units="npc",
3                              just="centre", angle=0,
4                              name="utext") {
5     if (!is.unit(x)) x <- unit(x, default.units)
6     if (!is.unit(y)) y <- unit(y, default.units)
7     gTree(label=label, x=x, y=y, just=just, angle=angle,
8           cl="utextvpDynamic", name=name)
9 }

11 makeContext.utextvpDynamic <- function(x) {
12     x$childrenvp <- utextvp(x$label, x$x, x$y,
13                             just=x$just, angle=x$angle,
14                             name=paste0(x$name, ".vp"))
15     x
16 }

18 makeContent.utextvpDynamic <- function(x) {
19     kids <- utextvpChildren(x$label, x$name)
20     setChildren(x, kids)
21 }
```

有了这些函数定义，可以创建一个utextvpDynamic绘图元件并画出它（见图8.18）。utextvpDynamic() 函数相比于 utextDynamic() 的一个好处是前者可以以某种角度绘制下画线。

```
> ug <- utextvpDynamic("underlined text", angle=20)
> grid.draw(ug)
```

图8.18

利用 utextvpDynamic() 函数生成的下画线文本的例子。utextvpDynamic() 函数创建一个表示下画线文本的对象，但不画出它。生成的绘图元件必须通过调用 grid.draw() 函数画出

虽然 utextvpDynamic 绘图元件的低级子对象并不在 grid 显示列表中记录，但在 makeContext() 方法中创建的视图却做了记录。

```
> grid.ls(viewports=TRUE, fullNames=TRUE)

viewport[ROOT]
  utextvpDynamic[utext]
    viewport[utext.vp]
      upViewport[1]
```

在下面的代码中，我们首先定位到其中有低级图形被画出的视图，然后在其中添加另一条下画线（见图 8.19）。

```
> downViewport("utext.vp")
> grid.segments(0, unit(-.3, "lines"), 1, unit(-.3, "lines"))
```

图8.19

利用 utextvpDynamic() 函数生成的下画线文本（图 8.18）被画出，然后我们定位到用来绘制下画线文本的视图并在其中添加第二条下画线

8.3.8 查询绘图对象

相比于绘图函数，创建绘图对象的决定性优势是让别的代码通过函数 grobX()、grobY()、grobWidth() 以及 grobHeight() 查询我们的绘图对象。

通过为一系列泛型函数，如 xDetails()、yDetails()、widthDetails() 以及 heightDetails() 定义方法，我们可以针对我们的绘图对象为上一段所提到的函数提供可用的结果。

下面展示了查询 utextvpDynamic 绘图元件边界位置的 xDetails() 方法和 yDetails()。这些函数的一个重要特征是它们创建一个简单的绘图元件，本例中是一个矩形，然后在这个绘图元件上调用 grobX()（或 grobY()）。换句话说，它们尽可能使用已有的方法。另一个重要特征是它们创建的这些简单绘图元件被给定 vp 值来反映它们是关于 utextvpDynamic 绘图元件的 childrenvp 的事实。

```
 1 xDetails.utextvpDynamic <- function(x, theta) {
 2     h <- unit(1, "npc") + unit(.2, "lines")
 3     grobX(rectGrob(height=h, y=1, just="top",
 4                    vp=paste0(x$name, ".vp")), theta)
 5 }

 7 yDetails.utextvpDynamic <- function(x, theta) {
 8     h <- unit(1, "npc") + unit(.2, "lines")
 9     grobY(rectGrob(height=h, y=1, just="top",
10                    vp=paste0(x$name, ".vp")), theta)
11 }
```

下面的代码利用了这些新方法从当前视图的左上角的点到 utextvpDynamic 绘图元件的左下角的点画一条直线。结果如图 8.20 所示。

```
> ug <- utextvpDynamic("underlined text")
> grid.draw(ug)
> grid.circle(.1, .8, r=unit(1, "mm"), gp=gpar(fill="black"))
> grid.segments(.1, .8,
                grobX("utext", 180), grobY("utext", 270))
```

图8.20

利用 utextvpDynamic() 函数生成的下画线文本被画出，首先生成一个 utextvpDynamic 绘图元件，然后在左上角画出一个点，接着查询 utextvpDynamic 绘图元件左下角的位置，最后画出一条从左上角的点到左下角位置的线

8.3.9 绘图对象方法总结

定义新的绘图对象需要编写一个或多个标准的 grid 泛型函数方法。

- **总是**需要实现类的构造函数，来生成包含需要绘制内容描述的 gTree。对静态绘图元件，构造函数还应该创建 gTree 的子对象以及将所有子对象绘于其中的视图。
- 对动态绘图元件，**总是**需要实现一个 makeContent() 方法来为对象创建一个低级子对象（否则将画不出任何内容）。
- 对动态绘图元件，在绘制涉及调入视图的绘图对象时**有时**需要实现一个 makeContext() 方法。
- 在图形输出的边界能明显确定时，**有时**需要实现 xDetails() 和 yDetails() 方法。
- 在图形输出的大小能明显确定时，**有时**需要实现 widthDetails() 和 heightDetails() 方法。

8.3.10 绘图时的计算

利用 grid 单元和图层，我们可以用一种“陈述”方式来指定输出的复杂布局。比如说，如果我们想要一个方形（长宽比为 1:1）绘图区域，我们可以用一种高级的方法表达，通过设置宽和高为 unit(1, "snpc")，系统会保证得到方形区域。不需要计算当前视图的物理维度再从中决定如何得到方形区域。

但是，有些时候还是需要手动计算。举个例子，考虑根据可用空间的宽度将文本分隔成数行的问题。下面的代码定义了一个函数 splitString()，来展示这个操作（用一种非常简单的方式）。这个函数的重要部分是利用 convertWidth() 函数来获得当前文本行的英寸（第 13 行），以此与当前视图的英寸作对比（第 8 到第 10 行）。

```
 1 splitString <- function(text) {
 2   strings <- strsplit(text, " ")[[1]]
 3   if (length(strings) < 2)
 4     return(text)
 5   newstring <- strings[1]
 6   linewidth <- stringWidth(newstring)
 7   gapwidth <- stringWidth(" ")
 8   availwidth <-
 9     convertWidth(unit(1, "npc"),
10                  "in", valueOnly=TRUE)
11   for (i in 2:length(strings)) {
12     width <- stringWidth(strings[i])
13     if (convertWidth(linewidth + gapwidth + width,
14                      "in", valueOnly=TRUE) <
15         availwidth) {
16       sep <- " "
17       linewidth <- linewidth + gapwidth + width
18     } else {
19       sep <- "\n"
20       linewidth <- width
21     }
22     newstring <- paste(newstring, strings[i], sep=sep)
23   }
24   newstring
25 }
```

上面的 splitString() 函数接收一段文本，并将它分成多行，使得文本（在水平方向上）适应当前视图。这里没有给出有效性检验（比如 strings 是否是长度至少为 2 的字符向量）。

下面的代码使用 splitString() 函数在当前视图中画出一些文本（见图 8.21 的左边面板）。

```
> text <- "The quick brown fox jumps over the lazy dog."
> grid.text(splitString(text),
            x=0, y=1, just=c("left", "top"))
```

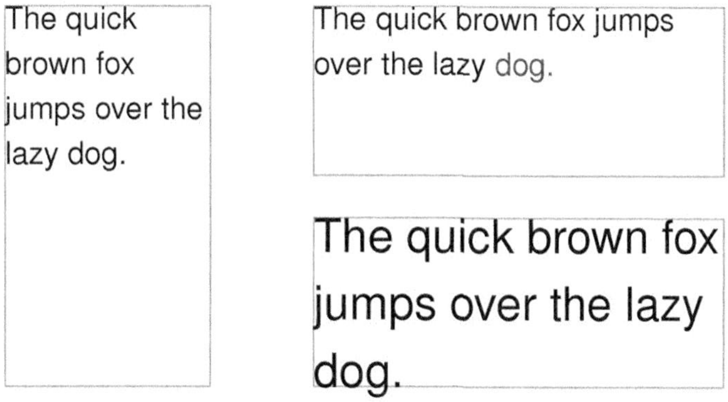

The quick
brown fox
jumps over the
lazy dog.

The quick brown fox jumps
over the lazy dog.

The quick brown fox
jumps over the lazy
dog.

图8.21

在绘图之前计算。如果绘图元件的绘制依赖于计算（这个例子中，计算如何将文本分成数行以使得文本在水平方向上适合当前视图），则计算应该包含在 makeContent() 方法中。这意味着，如果设备的大小改变了（左边面板与右上面板对比）或者绘图元件被修改使得字体尺寸变大了（右上面板与右下面板对比），计算会重新进行

上面的代码有一个问题。如果用它在一个窗口中绘图，窗口的大小被重新设置了，那么计算不会再次进行，从而行的分割会出错。

问题是只有绘图行为会被记录在显示列表当中，而为绘图准备的计算行为则不会。所有不在显示列表上的（如在重定尺寸之后重画）只能重新执行绘图动作。

这个问题有两种解决方案。一种方案依赖如下事实：所有在 makeContent() 方法（或 makeContext() 方法）中的代码都会在图形引擎显示列表中被捕捉。下面的代码利用这个事实创建了一个带 makeContent() 方法的 splitText 绘图元件，该方法会基于当前视图的尺寸重新计算在哪里截断文本。

```
1 splitTextGrob <- function(text, ...) {
2     gTree(text=text, cl="splitText", ...)
```

```
3 }

5 makeContent.splitText <- function(x) {
6     setChildren(x, gList(textGrob(splitString(x$text),
7                                    x=0, y=1,
8                                    just=c("left", "top"))))
9 }
```

当窗口被重新设置大小时，splitText 绘图元件将重新计算线的断点（见图 8.21 的右上面板）。

```
> splitText <- splitTextGrob(text, name="splitText")
> grid.draw(splitText)
```

创建一个带 makeContent() 方法的另外一个好处是，我们可以编辑这个绘图元件，然后更新计算（见图 8.21 右下面板）。

```
> grid.edit("splitText", gp=gpar(cex=1.5))
```

另一种在绘图操作中封装计算的方法是利用 grid.delay() 函数，如下面的代码所示。

```
> grid.delay({
              grid.text(splitString(text),
                        x=0, y=1, just=c("left", "top"))
             },
             list(text=text))
```

对只考虑附带产物（亦即不显式处理绘图元件）来说，这么做是很方便的，但它对所创建对象的控制能力较弱。还有一个 delayGrob() 函数，简单地创建一个封装了计算和绘图操作而不画出任何东西的绘图元件。

8.3.11　避免参数爆炸

非常复杂或者高级的绘图函数和对象常常由若干个低级元素组成，而这些低级元素也有可能由更低级的元素组成。比如说，一个散点图矩阵由若干个散点图组成，每个散点图又包含了坐标轴、标签和数据符号。

理想情况下，我们可以控制图形场景的方方面面。在代码编写的层面上，这意味着应该允许用户为这些场景的参数或组件指定一个特定的值。

在图形基元的层面上，参数包括了诸如线的位置、线的颜色和线的宽度这类内容。在更高的层面，比如对于坐标轴来说，有更高级的参数，比如在哪里放置刻度线，但我们也希望能控制坐标轴的单个元素。

为坐标轴的元素提供参数使其作为坐标轴自身的参数这个想法很吸引人。一个例子就是坐标轴有一个 `rot` 参数，该参数用于确定刻度线标签旋转的角度，但这种方法马上就会遇到困难。其中一点就是很容易产生歧义。如果坐标轴有一个整体标签，那么并不清楚将 `rot` 参数用在刻度标签还是整体标签上。另一个问题是随着元素变得越来越复杂，全部子单元需要的参数的数量增长迅速。想一下单独指定散点图矩阵中所有散点图刻度标签的旋转角度所需要的独立参数数目！

grid 绘图系统提供了几种特性可以用来解决这个问题。`grid.edit()` 和 `editGrob()`（见 7.1 节）使得我们可以使用 gPath 去访问对象的低级元素。比如说，下面的代码创建了一个 *x* 轴，然后编辑名为“`labels`”的 `text` 对象的 `rot` 组件将刻度线的标签旋转。该 `text` 对象是 `xaxis` 绘图元件的子对象。

```
> grid.xaxis(at=1:3/4, name="xaxis1")
> grid.edit("labels", rot=45)
```

更复杂的情况是绘图元件实时计算它的子对象。当绘图元件没有永久的通过 gPath 访问的子对象的时候这种情况经常会发生，而且常对应于绘图对象有 `makeContent()` 方法的情况。

这个问题可以通过调用函数 `grid.force()` 来解决，它使得绘图元件的子对象在显示列表中显式可见。

```
> grid.xaxis(name="xaxis1")
> grid.force()
> grid.edit("labels", rot=45)
```

8.4 绘图函数和绘图对象的混合

这一章主要展现了两种开发绘图功能的方式：一种是通过绘图函数，这种方式单纯为了生成输出的附带产物（见 8.2 节）；另一种是通过绘图对象（见 8.3 节）。本章还着重介绍了生成可重用的图形元素，它的必然结果就是已存在的图形元素应该在可能的情况下用于构建新的图形元素。

没有办法强迫其他开发者创建新的绘图对象而不是绘图函数，所以，有必要掌握利用已有函数和对象的能力，无论是否要创建新的函数和对象。

为了讨论下面的 4 种情况（从已有函数中构建新函数、从已有绘图元件中构建新函数、从已有函数中构建新绘图元件和从已有绘图元件中构建新绘图元件），下面的段落考虑一个简单的例子：画出一张“脸”，“脸”包含了一个矩形作为边界，两个圆作为眼睛，一条线作为嘴巴（例子见图 8.22）。

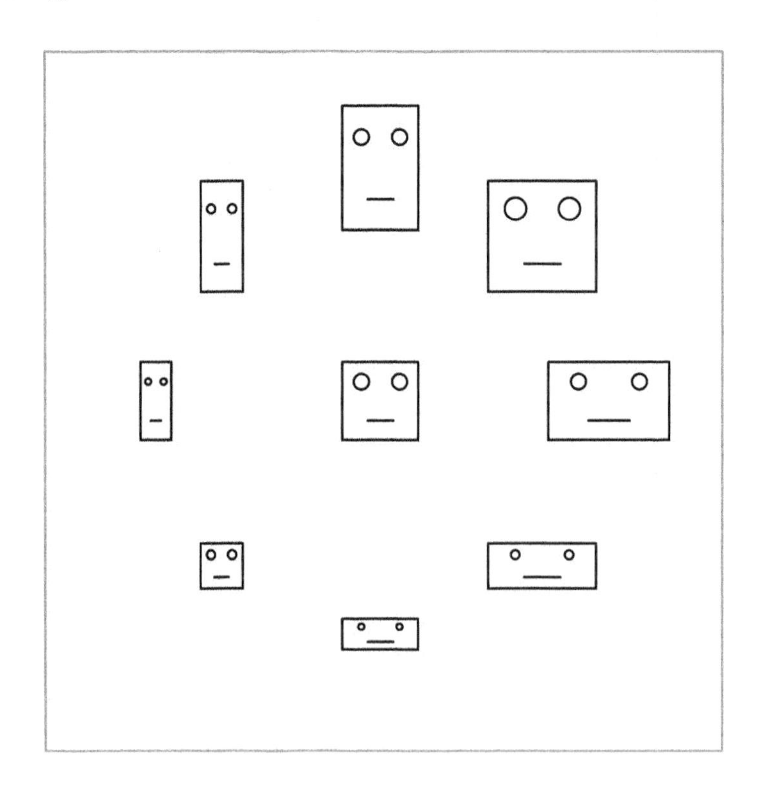

图8.22

绘制人脸。输出的例子可以由下面两段代码中定义的绘图函数和绘图对象生成

定义一个新的绘图函数是简单直观的，不管是否使用已有的绘图函数或已有的绘图对象。下面的代码定义了两个新的绘图函数来画一张脸。函数 faceA() 展示了绘图函数最简单的例子，包括调用其他绘图函数来生成输出（第 4 行到第 6 行）。函数 faceB() 展示了利用已有绘图对象的绘图函数，它只需将对象的构造函数的结果传到函数 grid.draw() 中即可（第 13 行到第 15 行）。

```
 1 faceA <- function(x, y, width, height) {
 2   pushViewport(viewport(x=x, y=y,
 3                         width=width, height=height))
 4   grid.rect()
 5   grid.circle(x=c(0.25, 0.75), y=0.75, r=0.1)
 6   grid.lines(x=c(0.33, 0.67), y=0.25)
 7   popViewport()
 8 }

10 faceB <- function(x, y, width, height) {
11   pushViewport(viewport(x=x, y=y,
12                         width=width, height=height))
13   grid.draw(rectGrob())
14   grid.draw(circleGrob(x=c(0.25, 0.75), y=0.75, r=0.1))
15   grid.draw(linesGrob(x=c(0.33, 0.67), y=0.25))
16   popViewport()
17 }
```

创建新的绘图对象可能会稍微难一点儿，但有几个工具能帮忙。下面的代码定义了两个用来创建表示脸的绘图对象的函数。函数 faceC() 展示了最简单的例子，它从已有的绘图对象中建立了一个 gTree，实际上只是为 gTree 创建了合适的子对象（第 5 到第 10 行）。

```
1 faceC <- function(x, y, width, height) {
2     gTree(childrenvp=viewport(x=x, y=y,
```

```
 3                         width=width, height=height,
 4                         name="face"),
 5           children=gList(rectGrob(vp="face"),
 6                         circleGrob(x=c(0.25, 0.75),
 7                                    y=0.75, r=0.1,
 8                                    vp="face"),
 9                         linesGrob(x=c(0.33, 0.67), y=0.25,
10                                   vp="face")))
11 }

13 faceD <- function(x, y, width, height) {
14   grid.grabExpr({
15                 pushViewport(viewport(x=x, y=y,
16                                       width=width,
17                                       height=height))
18                 grid.rect()
19                 grid.circle(x=c(0.25, 0.75),
20                             y=0.75, r=0.1)
21                 grid.lines(x=c(0.33, 0.67), y=0.25)
22                 popViewport()
23               })
24 }
```

函数 faceD() 展示了只使用已有的绘图函数创建新绘图对象时更难的问题。在这种情形下，一个解决方案是调用 grid.grabExpr() 函数抓取绘图函数的输出作为一个 gTree。

8.5 调试grid

使用 grid 所面对的困难之一是把我们的 R 代码与在屏幕上见到的图形联系起来。R 代码说明要画什么，但是如果代码出错了，结果通常会显示一个空白界面。在视图情形下，即使代码是正确的，结果也不是那么明显，因为视图本身是不可见的。这一节为调试grid绘图代码提供了几个提示和工具。

grid.ls()函数（见7.2节）用来列出当前页面中所有的绘图元件和视图，当然在有些情形下它还需要先调用grid.force()函数（见7.7节）。

我们检查视图在页面的哪个位置时可以做的最简单的事情之一是调用grid.rect()函数围绕当前视图画一个矩形。

当我们使用grid图层时，用grid.show.layout()函数对于画一个流程图来显示页面是如何被图层分割是有用的。

最后，gridDebug包提供了gridTree()函数，用以绘制展示当前页面中绘图元件和视图谱系的点边图。该包还有一个grobBrowser()函数可以生成当前grid输出的SVG版本，以及交互访问图中绘图元件名称的工具提示。

本章小结

我们可以写出以生成图形输出为目的的简单grid绘图函数。这样的函数不应该假设能在整个设备上画出，而应该假设它们会在一个grid视图中绘图。为函数所创建的每个视图命名，使用upViewport()而不是popViewport()可以让其他人为这个函数生成的输出作注释。为函数生成的所有绘图元件命名可以让其他人编辑这个函数的输出（移除、添加或获取绘图元件）。

创建一个绘图对象表示函数生成的输出，这种做法需要花费更多心思为绘图对象类设定方法，但是会带来额外的好处。大部分绘图对象都是包含了高级描述和表示生成输出的子绘图元件的gTree。gTree使得其他人可以与高级描述交互工作，同时可以访问低级的绘图元件。若绘图元件能提供关于所需绘图空间的信息，那会很有用。最后，绘图元件让其他人可以将它作为一个更高级的gTree的子对象。

第3部分
绘图引擎

第9章　图形格式

本章预览

本章介绍如何生成不同格式的图形输出。绘图函数的输出最初是画在屏幕上的，但是本章会介绍如何将图形保存在硬盘文件上。我们会讨论不同目的下各种图形格式的优劣。有时，相同的 R 代码在不同格式下会生成稍有差异的输出，所以我们也会讨论这些差异。

这一部分将讨论 R 中的核心图形引擎，它由 grDevices 包提供。这一章和下一章的内容适用于本书提到的几乎所有绘图函数和扩展包。

grDevices 包是标准 R 安装的一部分，正常情况下会默认载入所有 R 会话中。非标准安装中，可能会需要利用如下命令去访问核心绘图函数（即使 grDevices 已经载入，这行命令也没有任何害处）。

```
> library(grDevices)
```

图形引擎为 R 中的几乎所有绘图函数提供了两个主要的功能：支持生成不同图形格式的输出，这部分会在本章讨论；支持指定绘图参数的值，比如颜色和字体，这部分会在第 10 章讨论。

9.1　绘图设备

这本书的第 1 部分和第 2 部分中，我们曾含糊地提到“图形窗口”或图形输出会画在“页面”或“屏幕”上。这一章将会明确说明图形输出会画在哪里，又是怎样被记录的。

在典型的交互式 R 会话中，图形窗口会在绘图函数第一次被调用的时候自动打开，图会被画在这个窗口的屏幕上。对于简单应用，不需要用户决定图形输出应该画在哪里，因为已经有合理的默认设置了。然而，若要生成一个报告（例如在一个 PDF 文档中），将图画在屏幕上就没什么用了。反之，我们需要将图以 PDF 的格式作为文件保存在硬盘上。这一节将会介绍如何将图导入一个文件而不是画在屏幕上，以及如何指定文件的格式。

在使用流行的 R Studio 界面时，有一个显示图形的绘图“窗口（pane）”。偶尔用一下还可以，但是它并不完全像正常的绘图设备一样，所以为了对图形进行更精细的控制，建议用本章下面介绍的做法，即显式打开一个绘图窗口（或文件）。

在 R 的术语中，图形输出被导向一个特定的绘图设备。一般来说，需要先打开绘图设备，然后再依次调用绘图函数，以在设备上生成输出。`dev.new()` 函数开启默认的设备，这个默认设备也可以由 `options("device")` 给定，但每个设备都有自己特定的函数。比如说，`pdf()` 函数打开一个文件，并将图形输出保存为 PDF 格式。下一节会全部给出这种函数的列表。对于基于文件的设备，使用 `dev.off()` 函数在图形输出绘制完成之后关闭设备也是很重要的。

下面的代码展示了如何以 PDF 格式生成简单的散点图。这个输出被存储在名为 `myplot.pdf` 的文件中。

```
> pdf(file="myplot.pdf")
> plot(pressure)
> dev.off()
```

这个模式简单修改一下就可以生成 PNG 格式的输出（保存在名为 `myplot.png` 的文件中），如下所示。

```
> png(file="myplot.png")
> plot(pressure)
> dev.off()
```

也可以同时开启多个设备，但只有一个设备在当前是活跃的，所有图形输出都会发送到这个设备中。

在打开了多个设备时，有函数用来控制哪一个设备是活跃的。可以用 dev.list() 函数获得打开的设备的列表。该函数给出了每个打开了的设备的名字（设备格式）和编号。函数 dev.cur() 只返回当前活跃的设备的信息。dev.set() 函数可以通过指定合适的设备编号设置活跃设备，而函数 dev.next() 和 dev.prev() 可以用来选择设备列表中下一个 / 上一个设备作为活跃设备。

dev.size() 函数可以用来获取当前设备的尺寸，可以以英寸、厘米或者像素为单位。

所有打开的设备可以用 graphics.off() 函数来同时关闭。但 R 会话结束的时候，所有打开的设备都会自动关闭。

9.2 图形输出格式

表 9.1 给出了打开设备的全部函数和对应的输出格式。

表9.1

R 支持的图形格式和打开合适的绘图设备的函数

函数	图形格式
屏幕设备	
x11() 或 X11()	X Window 窗口（Cairo 图形）
windows()	Microsoft Windows 窗口
quartz()	MacOS X Quartz 窗口
文件设备	
postscript()	Adobe PostScript 文件
pdf()	Adobe PDF 文件
svg()	SVG 文件
win.metafile()	Windows Metafile 文件（只支持 Windows）
png()	PNG 文件
jpeg()	JPEG 文件
tiff()	TIFF 文件
bmp()	BMP 文件
pictext()	LATEX PicTEX 文件
xfig()	xfig FIG 文件
bitmap()	Ghostscript 的多种格式

这些函数都有若干个参数，允许用户指定诸如窗口的物理尺寸或要创建的文件这类内容。

因为图形格式的不同，所以相同的 R 代码几乎不能在不同的设备上生成一样的输出。比如说，一个图的 PDF 版本很难和该图的 PNG 版本一样。字体在不同格式间是很难完全一致的。

我们会在接下来的章节中进一步讨论不同图形格式间的差异特征。

9.2.1　矢量格式

绘图设备主要可以分为两类：矢量格式和光栅格式。在矢量格式中，图像由一组数学形状描述，比如说，从一个（x,y）位置到另一个位置的线段。在光栅格式中，图像包含一个像素的阵列，每个像素上记录了诸如颜色之类的信息。向量格式画出的线段看起来像下面这样，它只需要画出线的两个端点。

```
2 2 moveto
8 6 lineto
```

相比矢量格式，同样一条线的光栅格式会像下面这样，其中包括指定哪些像素需要画出来显示直线（像素为 1 的值将被画出）。

```
0 0 0 0 0 0 0 0 0 0
0 0 0 0 0 0 0 0 1 0
0 0 0 0 0 0 1 1 0 0
0 0 0 0 1 1 0 0 0 0
0 0 1 1 0 0 0 0 0 0
0 1 0 0 0 0 0 0 0 0
0 0 0 0 0 0 0 0 0 0
```

矢量格式包括 PDF、PostScript 和 SVG。光栅格式的例子有 PNG、JPEG、TIFF 和所有屏幕设备。

因为 R 绘图引擎基本上是基于向量的，所以 R 图像可以忠实地在基于向量的设备上生成。

在光栅设备上生成输出的时候，图像质量会比不上向量设备，但这可以通过用更高的分辨率（更多像素）或者通过一个实现了反锯齿的光栅设备（它可以帮助生成更光滑的线）来改善。

一般来说，如果需要使用不同尺度查看图像，矢量格式是优于光栅格式的，但如果图像很复杂的话，光栅格式会生成更小的文件。对于大部分需求，矢量格式通常都是最好的选择，但是有时候，当图像看上去很复杂的时候（比如包括大量数据点的时候），使用光栅格式会更合理。

有时需要使用第三方软件来对 R 图像作更进一步的修改。在这种情况下，我们需要考虑对图形的特定修改，比如说，移除特定的形状只能在矢量格式的图像上进行。而另外的修改，比如将图像中所有像素变成透明，在光栅图像上进行会更容易。因为将矢量图转换成光栅图很容易而反之很难，有时候甚至是不可能的，所以通常若图像需要修改，从 R 中生成矢量图像通常是合理的选择。

PDF

PDF 是常用的格式，大部分原因是浏览软件比如 Adobe Reader 广泛传播。这也是一种很精细复杂的格式，所以它可以忠实地生成 R 图形系统可以实现的输出。

以 PDF 格式生成 R 图像的主要设备是 `pdf()` 方法。

第一个参数是要生成的文件名字。默认地，这会生成一个文件，这个文件可以包含数页输出。9.5 节介绍如何为每一页输出生成独立的文件。

默认情况下 `pdf()` 方法生成一个 7 英寸的方形文档，但可以通过 `width` 和 `height` 参数以英寸为单位定制文档的物理尺寸。也可以利用 `paper` 参数指定标准的纸张尺寸，如 `a4`。然而，纸张尺寸是与实际图形的宽和高独立的，除非将宽度和高度都设为 0，这样图像会扩展以适应纸张的尺寸（在边沿减去 0.25 英寸）。

`pdf()` 方法默认的（无衬线的）字体是 Helvetica，但可以用 `family` 参数来重新指定一个默认值。比如说，设为 `serif` 会使用 Times 字体，而设为 `mono` 则会使用 Courier 字体，关于字体选择的更多信息可参见 10.4 节。

在非英语使用地区，有必要为文件指定合适的**编码**，尽管 `pdf()` 会尝试自动决定。

R 还为有非常大的字符集的地区提供一些支持，比如说中文 hanzi、日文 kanji 和韩文 hanja。对于这些情形，有几种预定义的 CID 键值（CID-Keyed）字体，它们也已经包含在 `pdfFonts()` 生成的列表中。也可以通过 `CIDFont()` 函数来定义新的字体，但这需要对相关字体技术有相对详细的了解。

`pdf()` 方法并不会将字体嵌入 PDF 文件中。这一点是很重要的，因为 PDF 浏览软件会替换掉没有内嵌到 PDF 文件又无法在阅读 PDF 文件的系统上找到的字体。如果使用非标准字体且发生了字体替换，得到的图像可能会有缺失的字体，至多会看上去不够整洁。这告诉我们应该使用在图形被浏览时所使用系统上已经安装的字体（比如默认的 Helvetica、Times 或 Courier 字体），又或者使用 `embedFonts()` 函数将所有字体都嵌入 PDF 文件中。在后面这种情况下，必须在生成 PDF 文件的系统上安装所有涉及的字体。

总的来说，使用标准字体的输出图形都是没问题的，但使用了更具异国情调的字体的图都应调用 `embedFonts()` 函数确保图形可以在任意系统上被正确浏览或打印。

在保存包含文本的 PDF 格式的图像时，系统会默认使用字距来对某些字符对的位置作微小的调整。比如说，小写的‘a’在大写的‘T’旁边时，字符之间会比小写的‘a’旁边靠着小写的‘o’更紧密。这个功能可以通过 `useKerning` 参数来开启或关闭。

另一种特殊情况会在画自相交的多边形时发生。主要有两种算法来确定这种多边形的内部点：非零环绕规则和偶 - 奇规则。不幸的是，R 绘图引擎没有为自交的多边形显式指定一个填充规则，所以默认会使用非零环绕规则。参数 `fillOddEven` 可以将规则改为偶 - 奇规则。

还有一种在 R 中生成 PDF 输出的方法是基于 Cairo 图形库使用 `cairo_pdf()`。尽管它依赖于更多软件库的安装，但它能为字体提供更好的支持，包括字体的自动嵌入。这个 PDF 方法的不利之处是对复杂图像有时会生成光栅输出格式。

PostScript

PostScript 可以看作 PDF 的前身。某些程度上，PostScript 比 PDF 更复杂，但它不支持一些更现代的特征，比如半透明颜色和超文本链接。这意味着 PostScript 输出不能忠实地生成 R 图形系统可以生成的内容。

生成 PostScript 输出的主要方法是使用 `postscript()` 方法。这和前面讨论的 `pdf()` 方法有很多相同的特点，包括字距调整和多边形填充规则等。

设备尺寸方面稍有不同，`paper` 设置比宽度和高度设置更重要。比如说，在“a4”PostScript 页面上，图形默认会填满页面。R 生成的 PostScript 与封装的 PostScript（EPS）兼容，这便于在其他文档中导入 R 生成的图像（见 9.3 节），要控制图形的尺寸需要指定 `paper="special"`，同时设定合适的宽度和高度。在这种情况下，通过 `horizontal=FALSE` 为页面设置直向列印是一个好主意。`setEPS()` 函数可以为 `Encapsulated PostScript` 输出设置合理的默认值。

PostScript 方法和 PDF 方法的另一个不同之处是 PostScript 中使用的所有字体都必须通过 `fonts` 参数在设备初次打开的时候“预声明”。

postscript() 方法的一个局限是它不支持半透明。若尝试画出半透明颜色，就会出现警告。若 PostScript 是所要求的格式，那么一种方法是生成 PDF，再用第三方软件如 ImageMagick 转换成 PostScript。另一种选择是使用基于 Cairo 的设备 Cairo_ps()。然而，这两种方法都可能在 PostScript 文件中生成光栅元素，这意味着图像的质量会有所下降。

SVG

SVG 是一种有巨大潜力的图像格式，因为它提供了开放的标准矢量格式，和 PDF 一样精细复杂，而且可以嵌入网页中。所有流行的网络浏览器都支持 SVG，SVG 输出通过 svg() 方法实现。

因为 R 绘图引擎的限制，我们不能通过 svg() 方法利用更多 SVG 的高级功能，如组合操作和动画，不过第 13 章介绍了 gridSVG 包，该包可以使用更多的高级 SVG 功能。9.7 节介绍的一些扩展包也提供了部分 SVG 功能的访问。

Windows Metafile

Windows Metafile 是一种重要的向量格式，因为它能和微软产品如 Word、Excel 和 PowerPoint 很好地兼容。这种格式只能在 Windows 系统生成。Windows Metafile 文档可以通过 win.metafile() 函数生成。

9.2.2 光栅格式

用户最常遇到的光栅设备就是屏幕上的图形窗口。这是浏览图像最快和最简单的方法。屏幕设备在不同操作系统上是不同的：通常，Linux 上是基于 Cario 的 X Window 设备，MacOS X 上是 Quartz 设备，Windows 系统上是一个基本 Windows 设备。这些设备有一定的差异（见 9.4 节），所以 R 代码不大可能在不同平台上生成相同的结果。在 Linux 和 MacOS X 上都有一个 X Window 设备，该设备不支持某些图形特性，但是比基于 Cairo 的设备要快。

在把图像保存到文件中的时候，我们可以选择若干种光栅格式。PNG 格式令人满意，因为它是无损的，这意味着它用一种没有信息损失的方法来压缩图像（绝大部分光栅格式通过压缩图像来节省空间）。也就是说，可以在不损失图像质量的情况下编辑 PNG 文件。相比之下，JPEG 格式采用有损压缩，所以尽管 JPEG 文件通常比 PNG 文件小，但是多次编辑 JPEG 会导致图像质量下降。但是，JPEG 压缩更适用于有大量不同区域的复杂图像（比如照片），而 PNG 格式在包含线与文本、大量区域为纯色的简单图像的情况下表现得更好。因此，PNG 格式通常更适于绘制统计图形，虽然对 image() 或 contour() 绘图函数是个例外。

JPEG 格式不支持半透明，而 PNG 格式支持，但只是在 Windows 上部分支持，而且在 Linux 和 MacOS X 上需要通过默认的基于 Cairo 的设备支持。

PNG 和 JPEG 都不支持文档中的多个页面，所以如果打开了 `png()` 设备，而且生成了多个页面的输出，那么会生成若干个 PNG 文件而不只是一个文件（默认地，文件名会被自动编号）。

TIFF 是一种非常精细复杂的格式，允许多页光栅输出保存在单个文件当中。网页浏览器对它的支持不算太好，但书籍和期刊文章出版者喜欢它。

确定光栅图像的尺寸不像确定矢量图形尺寸那么简单。光栅图像的 `width` 和 `height` 用像素的数量而不是用实际的英寸数来指定。光栅图像的实际尺寸由它被浏览的设备的分辨率决定。举例来说，72 像素宽的 PNG 图像在一个分辨率为 72dpi（每英寸点数）的屏幕上是一英寸宽，但在一个 96dpi 的屏幕上是 0.75 英寸。

可以通过 `res` 参数来为光栅图像指定固定的分辨率，但展示图像的时候不一定会按照这个设定进行。比如说，网页浏览器将图像展示在网页上时，会使用屏幕的分辨率（所以图像的尺寸会随屏幕分辨率改变），但若光栅图像被导入 LATEX 文档中，图像的分辨率会被固定。

按照一般的经验，光栅图形用在网页上时，没有必要为分辨率的设置而担忧，但若该光栅图像用于 LATEX 或 Microsoft Word 文档，那么应该设置分辨率，特别是在需要高质量的图像时。

因为光栅图像的实际尺寸是任意的，所以很难控制其中的文本尺寸。`pointsize` 参数用来指定图像中文本默认的尺寸，但这还是依赖于展示图像的设备的分辨率。相对于 `res` 参数，文本的尺寸用大点（1/72 英寸）给出。这意味着文本的尺寸计算和图像表示的分辨率是一样的。当光栅图像被导入其他文档的时候，其结果是可以预期的，但是若图像以屏幕分辨率展示，其结果可能会比较混乱。

总的来说，图中文字的实际尺寸依赖于文本的尺寸、图像的尺寸、图像的分辨率以及图像是以屏幕分辨率展示还是以图像原来的分辨率展示。

9.2.3 R Studio

R Studio 集成开发环境（IDE）包含一个图像输出会默认显示其中的“绘图窗口”（plot pane）。这个绘图窗口不是标准的 R 绘图设备。它对探索图形分析是有用的，但是如果你希望对最终结果进行精确控制，还是应该打开并使用直接的 R 图形方法，比如，调用 `pdf()` 或 `png()`。

一般来说对所有的“GUI”R 界面，这个提醒都是适用的。为了得到图形输出的最佳结果，除了使用“另存为”菜单选项，更建议使用的方法是直接控制 R 绘图设备的打开和关闭。

9.3 在其他文档中使用R绘图系统

R 绘图系统主要有两种用途。一种是直接将图像输出到屏幕上，供探索性数据分析使用。另一种是以某种文件格式生成精细调整好的图像，供更大型的文档如网页或打印报告使用。这一节讨论与后者相关的一些问题。

其中要考虑到的一个重要问题就是最终文档的图片中文本的实际尺寸和线的实际宽度。文本必须可读，而线在打印分辨率上要够宽，这样它们才不会在影印的时候消失。

矢量图形默认生成一个 7 英寸的方形文档。使用 12-point、线宽 1/96 英寸的无衬线字体。这个图像本身适合浏览，但对常用的文档来说太大了，比如说在 A4 页上导入的时候。

最好的方法是以最终出现在终稿上所需的尺寸生成图像，并显式指定字体尺寸和线宽。

9.3.1 LATEX

诸如 PDF 和 PostScript 之类的标准向量格式很适合在 LATEX 文档中引入。不过，有一种情况需要指定更多的 LATEX 选项。

LATEX 在数学公式的字体排版方面做得非常好。R 的数学注释功能尝试模拟 LATEX，但是未能做得一样好，特别是字体不是 TEX 数学字体的时候。

有一种特别的 cmsyase 字体可以在 R 里面用 TEX 数学字体画出数学公式。这个功能可以利用 R 的 fontcm 实现。

生成专门为 LATEX 文档所用的图形输出的一种方法是使用 `pictex()` 方法。它从 PICTEX 包中生成 LATEX 宏来画图。它的主要优势就是图中文本的字体和 LATEX 文档其余部分的字体是一样的。不幸地，该函数非常底层，除了非常基本的图形都不适用（它甚至不支持颜色）。更复杂的选择见 9.7 节。

9.3.2 “生产性”软件

微软软件产品相互之间能很好地协同工作，也能很好地使用微软格式，但是和其他的软件产品和格式配合得则没有那么好。这对矢量图形格式来说尤其如此，所以可能在微软产品比如 Word 和 Excel 中使用得最好的矢量格式就是 WMF 格式（Windows Meta-File）。微软产品可以很好地配合标准的光栅格式，尽管也有 Windows 特定的 BMP 格式。

Open Office 软件在文档中对 PDF 图像有更好的支持，也能很好地配合标准光栅格式一起工作。

9.3.3　网页

传统上，在网页中使用图像的标准方式就是使用光栅格式，比如 PNG。随着更新的网络浏览器对 SVG 支持的增强，该格式现在成为更合适的选择。

9.4　特定设备特性

不是所有绘图设备都是等价的。相同的 R 代码会随绘图设备格式的不同生成稍微不同的图形输出。

矢量设备的表现在所有平台（Windows、Linux 和 MacOS X）上都相当一致，而光栅设备的表现会更依赖于平台。另外，在特定平台上，保存为光栅格式的图的外观和它们在屏幕上的外观一样。

差异很明显的地方是字体的选择。如同 10.4 节描述的一样，标准字体集总是可用的，尽管它们在不同平台上有稍微不同的外观（比如说，Windows 上默认的“衬线”字体是 Arial，而在 Linux 上是 Helvetica）。10.4 节对在不同绘图设备上如何选择字体提供了更多的细节介绍。

在有些设备上，字体大小并不能准确指定。举个例子，直接在原始 X Window 上使用位图字体的时候，只有有限的字体大小集可选，而且这个选定的大小集会随安装的字体而变化。对于 PostScript 和 PDF 格式，字体大小可以被适当指定为任意大小。

反锯齿（anti-aliasing）可以通过使线和文本变得光滑来显著地提高光栅图像的质量。对反锯齿的支持在不同绘图设备上也是不同的。若想在别的文档中使用光栅图像，那么生成高分辨率的图像是另一种改善图像质量的方法。

相比于 Linux 和 MacOS X，Windows 屏幕设备对半透明颜色的支持不够完善。

在 Linux 和 MacOS X 上，默认的屏幕和光栅设备是基于 Cairo 的，当然也可以通过 X Window 系统来直接生成屏幕输出和光栅格式，但这通常会生成质量较差的图像，比如说，没有支持半透明和反锯齿，但是渲染会更快，所以在生成复杂图像的时候可以考虑选用。

另一种在各平台上生成更一致的光栅格式图像的方法是使用 `bitmap()` 函数。其缺点是需要安装额外的软件包（Ghostscript）。9.7 节将介绍生成其他跨平台一致图像的方法。

9.5 多页面输出

对于屏幕设备，开启新页面的工作包括在生成更多输出之前清空窗口。R 的一些“GUI 界面”提供了一个“绘图历史”功能，可以返回之前屏幕的输出，但是在大部分屏幕设备上，之前页面的输出是没有保存的。

如果一段代码生成若干页的图，devAskNewPage() 函数可以在每次开启新页面之前用来强制生成一个用户提示。这允许用户在指示 R 继续生成新页面之前轻松地浏览每一个页面。

对于文件设备，输出格式决定了是否支持多页面输出。比如说，PostScript 和 PDF 支持多页面输出，而 PNG 不支持。我们通常会为每个页面指定生成一个单独的文件，特别是对不支持多页面输出的设备。这通过在打开设备时指定参数 onefile=FALSE 来实现，此外还要为文件名指定诸如 file="myplot%03d" 一类的模式，其中 %03 会被三位数码代替（用 0 填充），来表明每个已创建文件的“页码”。

9.6 显示列表

R 为每个开启的设备保存一个显示列表，这个列表是设备当前页面输出的记录。当设备被重新设定大小的时候，它可以用来重新画出输出，此外，它还可以用来将输出从一个设备复制到另一个设备上。

函数 dev.copy() 从活跃的设备复制所有输出到另一个设备。如果目标设备的长宽比（设备实际高度和实际宽度的比率）和活跃设备的长宽比不一样，那么复制会变形。函数 dev.copy2eps() 类似于 dev.copy()，但它保持复制的长宽比不变并创建一个 EPS（Encapsulated PostScript）文件，该文件适合嵌入其他文档（比如，LATEX 文档）。dev2bigmap() 函数也是一个类似的函数，因为它也会保持图像的长宽比不变，但它通过 bitmap() 方法生成可用的某种输出格式。

函数 dev.print() 尝试打印活跃设备上的输出。默认地，这涉及复制一个 PostScript 然后运行由 options("printcmd") 指定的打印命令。

如果图像特别复杂或者同时打开很多设备的话，显示列表会占用大量内存。为避免这种情况，我们可以关闭显示列表功能，输入下面的表达式即可：dev.control(displaylist="inhibit")。如果关闭了显示列表，设备重新调整尺寸时图像不能再重新画出，输出也不能在设备之间复制。

还有一个 `recordPlot()` 函数，它将显示列表保存在一个 R 变量中。这个变量可以传入 `replayPlot()` 函数中来画出保存过的图形。

9.7 扩展包

有若干个 R 的扩展包提供了大量 grDevices 包没有提供的其他图形格式。一般来说，这些格式和核心设备一样工作，有一个函数用来以合适的格式开启一个设备。为了控制设备的其他特性，诸如字体,(这些扩展包)还提供了其他函数。表 9.2 列出了提供绘图设备的部分扩展包。

表9.2

R 扩展包提供的图形格式以及打开对应绘图设备的函数

函数	图像格式	包
`Cairo()`	多种格式	Cairo
`tikz()`	LATEX PGF/TikZ 文件	tikzDevice
`devSVGTips()`	SVG 文件	RSVGTipsDevice

Cairo 包的有用之处在于它允许基于 Cairo 的图形输出在任何平台上(尽管需要先安装 Cairo 图形库)。这样有一个优势：基于 Cairo 的屏幕设备上的输出在所有平台上都是很相似的，而且基于 Cairo 文档设备的输出在屏幕设备上的输出也是非常相似的。

tikzDevice 包提供了生成为 LATEX 文档所用的图形输出的一种复杂解决方案。主要的优点是图中的文本字体会与 LATEX 文档中的字体匹配，而且可以在图中文本中使用 LATEX 的简单数学公式语法。

RSVGTipsDevice 包提供了另一种生成 SVG 输出的方法，它的优点在于允许在 SVG 文件中加入提示文本和超链接。gridSVG 包更深入地实现了这一思想，这部分内容将在第 13 章介绍。

本章小结

R 绘图系统可以生成多种不同的图形格式。在交互式应用中，图形输出会画在屏幕上，但是也可以保存到文档中。在将图像保存到文档中的时候，矢量图形格式通常可以生成比光栅格式质量更好的输出，但是如何选择图形格式仍然依赖于图像的用途(比如说，用在 LATEX 文档中还是在网页中)。

第10章 绘图参数

本章预览

本章介绍如何在R中指定绘图参数，包括如何指定颜色，如何生成一组连续的颜色，如何指定绘制文本所需的字体，以及如何生成特殊的数据符号和绘制数学公式所需的格式。本章内容有助于用户掌握R中几乎所有绘图函数控制输出的参数。

绘图参数是绘图函数中那些能够影响图像外观的细节内容的参数。这些参数用于在图像的基本结构上对图像进行修饰。本章的示例内容包括如何着色，如何设置绘制线条的宽度，以及如何设置绘制文本的字体。

尽管R绘图函数库是由两个完全不同的绘图系统组成，即基础绘图系统和grid绘图系统，但在不同的绘图系统之间设置绘图参数的方式是基本一致的。

10.1 颜色

在R中设置颜色的最简单方式是使用颜色的名称。例如，设置颜色参数为`red`之后输出的图形将是（非常鲜艳的）红色。R能够识别一大类颜色名称。输入`colors()`（或者是`colours()`）命令可以查看已知颜色名称的完整列表。

也可以使用标准的颜色空间类型来指定颜色。例如，`rgb()`函数允许一个颜色被指定为一个红－绿－蓝(RGB)强度的三元组。使用这个函数，红色将被指定为`rgb(1,0,0)`。函数`col2rgb()`能够用来查看一个特定颜色名称的RGB值（尽管得到的颜色值范围为0到255而不是0到1）。

```
> col2rgb("red")

      [,1]
red    255
green    0
blue     0
```

另一种设定 RGB 颜色的方式是提供一个形如“#RRGGBB”形式的字符串，其中每一对 RR、GG、BB 都表示一个由两个十六位数字组成的范围在 0（00）到 255（FF）的数值。在这种指定方式中，红色由“#FF0000”表示。

在 R 中，对 RGB 颜色的指定由相关的 sRGB 颜色空间（IEC 标准 61966）来解释。

此外，R 中还有一个 hsv() 函数，它通过设置色调 - 饱和度 - 值（HSV）来设置颜色。颜色空间的这个术语比较深奥，但是粗略地说：hue（色调）对应于彩虹颜色中的一个位置，从红色（0），经过橙色、黄色、绿色、蓝色、靛蓝色、到紫色（1）；saturation（饱和度）表示颜色是阴暗（灰白）还是鲜艳（色彩饱满的）；而 value（值）则表示颜色是亮的还是暗的。对（鲜艳的）红色设置的 HSV 值为 hsv(0,1,1)。函数 rgb2hsv() 函数用于将一个颜色的 RGB 值转换成 HSV 值。

```
> rgb2hsv(255, 0, 0)

  [,1]
h    0
s    1
v    1
```

相比于 rgb() 或者 hsv() 函数，更好的选择是使用 hcl() 函数。与 hsv() 函数类似，该函数指定颜色为一个 hue（色调）值、一个 chroma（色度）值（或者称为鲜艳度，与 saturation 相似），以及一个 luminance（亮度）值（或称为明亮度值，与 value 相似）。红色对应于 hcl(12,179,53)。

hcl() 函数优于 hsv() 函数的方面是前者能够在（极坐标）CIE-LUV 颜色空间中工作，

在该颜色空间中一个单位的距离与人们感知上的颜色的连续变化相接近，例如保持色度值和亮度值为常数，而仅仅改变色调的值将产生在观察者视觉效果大致相似的颜色。

灰度级颜色则可以通过调用 gray() 函数（或者 grey() 函数）指定。这些函数接受一个元素值在 0（黑色）到 1（白色）的数值向量作为参数。

最后一个设置颜色的方式是简单地将颜色指定为一个预先定义好的颜色集合中的整数值序数。预定义的颜色集合可以通过 palette() 函数来查看和调用。在默认的调色板中，红色被指定为整数 2。

10.1.1 半透明颜色

R 中所有存储的颜色都有一个 alpha 透明值。alpha 值为 0 表示完全透明而 alpha 值为 1 表示完全不透明。当没有指定 alpha 值时，颜色默认是完全不透明的。

rgb() 函数可以在设置颜色时为颜色指定一个 alpha 透明值，这个操作通过简单地向函数提供 4 个值来实现。例如，rgb(1,0,0,0.5) 指定了半透明红色。此外，颜色也可以通过指定一个以“#”开头并且后面跟着 8 个十六进制数字的字符串来指定。在这种情况下，最后两个十六进制数字指定一个范围在 0 到 255 的 alpha 值。例如，“#FF000080”指定了半透明的红色。

颜色也可以被指定为 NA，这通常被解释为完全透明（即不绘制任何图形）。一个特殊的颜色名称 transparent 也可以被用来指定颜色为完全透明。

警告：如果一个绘图设备不支持半透明，那么半透明颜色会被渲染成完全透明的。

10.1.2 颜色的转换

除了前面介绍的 RGB、HSV 和极坐标 CIE-LUV 颜色空间，还有许多其他指定颜色的方式，R 提供了 convertColor() 函数来帮助用户在不同颜色空间进行转换。

下面的代码展示了一个例子，在该例子中，red 被转换到极坐标 CIE-LUV 颜色空间。这是一个非常有用的转换，因为函数返回值中的 L 分量可以用于将颜色转换到灰度级。col2rgb() 函数用于获取一个分别包括红色、绿色以及蓝色分量的矩阵，这些分量通过除以 255 被归一化到一个 0 到 1 的数值范围内，然后将矩阵转置从而使颜色分量在不同的列中。转换是将 R 本地的颜色空间 sRGB 转换到 CIE-LUV 颜色空间。

```
> convertColor(t(col2rgb("red")/255), "sRGB", "Luv")

             L        u        v
[1,] 53.48418 175.3647 37.80017
```

函数返回结果的 L 分量对应于前面 hcl() 函数指定 red 的值。u 分量和 v 分量不对应于 hcl() 函数示例中的 h 和 c 分量，因为 hcl() 函数作用于极坐标系，而 u 分量和 v 分量则是 CIE-LUV 颜色空间中的笛卡尔坐标系。

另一个有用的工具是 adjustcolor() 函数，该函数允许调整一个已经存在的颜色中的某个分量。例如，下面的代码接受了 red 作为参数，并将其调整为半透明。

```
> adjustcolor("red", alpha.f=.5)

[1] "#FF000080"
```

函数返回的结果对应于前面显式指定颜色为半透明红色的例子。

colorspace 包为在一个更大范围的颜色空间之间进行转换提供了更多的工具。

10.1.3 颜色集合

在一个图形中，通常不只需要一种颜色，例如为了区分不同类别的数据符号，选取美观或者对应某种方式（例如一组颜色集合中颜色的亮度以某种规则逐步递减）的颜色通常比较困难。表 10.1 列举了一些 R 提供的用于生成颜色集合的函数。这些函数都接受一个数值作为参数并返回该数值种类的颜色。例如，下面的代码由 rainbow() 函数生成了 5 种颜色。

```
> rainbow(5)

[1] "#FF0000FF" "#CCFF00FF" "#00FF66FF" "#0066FFFF"
[5] "#CC00FFFF"
```

表10.1

用于生成颜色集合的函数。R 函数可以用来生成一系列的颜色集

名称	描述
rainbow()	颜色按照从红色开始，经过橙色、黄色、绿色、蓝色、靛蓝色最后到紫色的顺序变化
heat.colors()	颜色按照从白色开始，经过橙色，然后到红色的顺序变化
terrain.colors()	颜色按照从白色开始，经过棕色，然后到绿色的顺序变化
topo.colors()	颜色按照从白色开始，经过棕色，然后绿色，最后到蓝色的顺序变化
cm.colors()	颜色按照从浅蓝色开始，经过白色，然后到浅洋红色的顺序变化
gray.colors()	一个灰度渐变颜色集合

表达式 example(rainbow) 的输出为由上述函数生成的颜色集合提供了一个非常漂亮的视觉概括。

表 10.1 中除了 gray.colors() 函数的每个函数都通过沿着 HSV 颜色空间的某一个路径移动间隙均匀的步数来选择一个颜色集合。正如前面所提到的，一个视觉上更加均匀的颜色集合可以通过在 CIE-LUV 颜色空间中操作获得。例如，下面的代码在 CIE-LUV 颜色空间中生成了 6 个随着色调均匀变化的颜色，但是这些颜色都具有相同的色度值（固定色度值为 50）以及相同的亮度值（固定亮度值为 60）。

```
> hcl(seq(0, 300, 60), 50, 60)

[1] "#C87A8A" "#AC8C4E" "#6B9D59" "#00A396" "#5F96C2"
[6] "#B37EBE"
```

还有许多扩展包，可以为生成颜色集合提供更多的函数，比如 RColorBrewer 和 pals 包。

colorRamp() 函数和 colorRampPalette() 函数与前面介绍的函数有一点不同，因为这两个函数不是颜色集合生成器，而是颜色集合函数的生成器。这两个函数接受一个颜色集合以及需要作用的颜色空间作为参数，并在颜色空间中内插值出一条路径（或者是用直线连接起始颜色或者是内插出一条穿过给定颜色的光滑曲线），然后这两个函数返回一个函数，调用该函数能够从插值路径中选择一组颜色。

上面两个函数的一个区别是 colorRamp() 函数能够基于一组范围在 0 到 1 之间的数值

产生一个生成颜色的函数，类似于 gray.color()，colorRampPalette() 函数则产生一个能够像 rainbow() 函数那样生成 n 种颜色的函数。

这两个函数的另一个区别是 colorRamp() 函数返回一个由红色、绿色、蓝色颜色分量组成的矩阵，而 colorRampPalette() 函数返回一个颜色向量。

下面的代码展示了使用 colorRampPalette() 函数产生的颜色生成函数，该颜色生成函数能够生成范围为 blue 到 gray 的颜色。然后用这个颜色生成函数生成 5 种颜色。

```
> bluegray <- colorRampPalette(c("blue", "gray"))
> bluegray(5)

[1] "#0000FF" "#2F2FEE" "#5F5FDE" "#8E8ECE" "#BEBEBE"
```

10.1.4　颜色指定对设备的依赖

R 向绘图设备传递的颜色是 sRGB 颜色。在绘制图形到屏幕设备的时候这种颜色空间是非常合适的，因为大多数的计算机显示器都支持在 sRGB 中工作。同时，在网页中所使用的颜色也是典型的 sRGB，因此 R 所生成的光栅文件格式，例如 PNG，也应该能够在这些设备中正常工作。

但是，最后显示的颜色效果在不同的设备中（例如在屏幕中，或者打印到纸上，或者通过投影仪显示）会有相当大的区别，因为颜色的显示依赖于屏幕、打印机墨水，或者投影仪的物理性质。当一个图像以 PDF 或者 PostScript 格式保存的时候，R 会记录真实使用的 sRGB 颜色，这样打印机或者阅读器就有可能显示正确的结果。

10.2　线条样式

用户可以控制线条的宽度、绘制线条时线条是实线还是虚线，以及线条端点或者拐角处的样式。

10.2.1　线条宽度

可以简单地设定数值来设置线条的宽度，例如，lwd=3，这个数值是 1/96 英寸的倍数，在某些屏幕设备中的下限值为 1 像素。线条宽度的默认值是 1。

10.2.2 线条类型

R 绘图系统支持一个固定的预定义线条类型集合，集合中的类型可以由名称来指定，例如，`solid` 或者是 `dashed`，也可以由一个整数序数来指定（见图 10.1）。此外，用户也可以通过数字字符串来指定定制的线条样式。在这种情况下，字符串的每一个数字是表示绘制线条或者空隙的“单位”个数的十六进制数值。奇数位的数值指定线条长度，偶数位的数值指定空隙的长度。例如，一条点线是通过设置 `lty="13"` 来指定的，该设置的意思是绘制一条线条长度为一个单位，空隙长度为三个单位的线条。一个单位对应于当前的线条的宽度，因此产生的线条根据线条宽度缩放，但是依赖于绘图设备。用户最多可以指定 4 个这样的线条－空隙对。图 10.1 展示了可用的预定义线条类型以及一些自定义线条类型的例子。

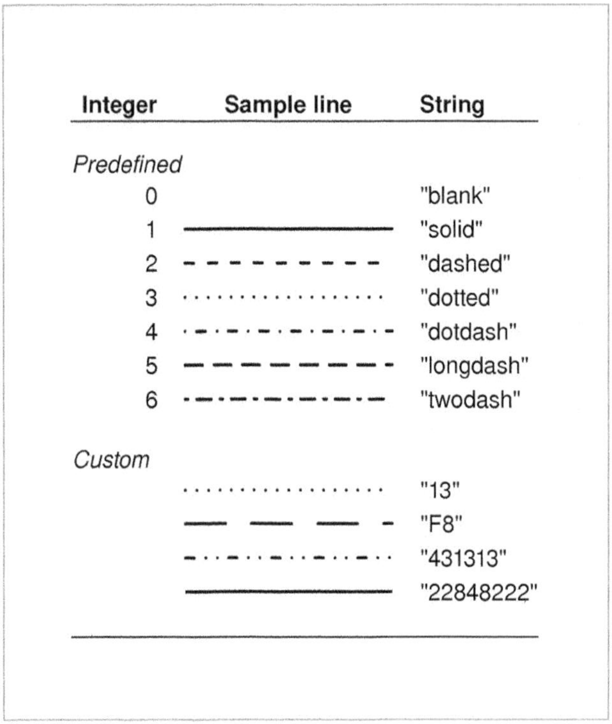

Integer	Sample line	String
Predefined		
0		"blank"
1		"solid"
2		"dashed"
3		"dotted"
4		"dotdash"
5		"longdash"
6		"twodash"
Custom		
		"13"
		"F8"
		"431313"
		"22848222"

图10.1

预定义的和自定义的线条类型。线条类型可以通过如下方式指定：一个预定义的整数，或一个预定义的字符串名称，或者一个包含十六进制字符的指定一个自定义线条类型的字符串

10.2.3 线条的端点和连接

当绘制粗线条时，选择绘制线条拐角（连接处）的样式以及线条端点的样式变得十分重

要。R 为这两种情况提供了 3 种样式：线条端点可以被设置成 round 或者扁平的（扁平的有两种类型，square 或者 butt）；而线条连接方式，可以是 mitre（尖的）、round 或者是 bevel。它们之间的区别可以以图形的方式最简单地展现出来（见图 10.2）。

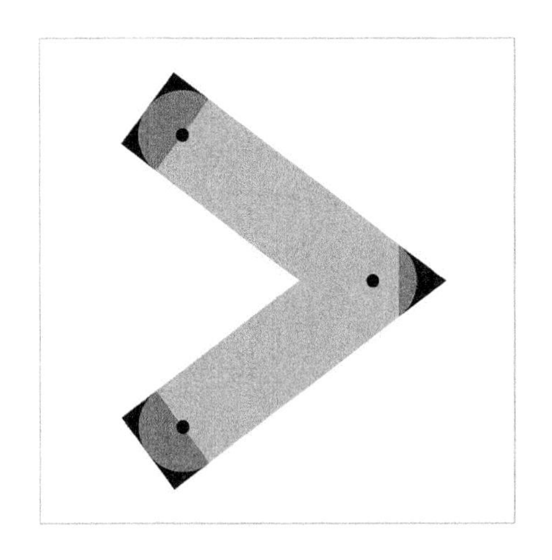

图10.2

线条连接和线条端点样式。图中绘制出 3 条通过相同的 3 个点（由图中的黑色圆点表示）的粗线，这 3 条粗线的端点以及连接样式是不同的。最先绘制的黑色线条采用了 square 端点样式以及 mitre 连接方式；之后在黑色线条上方绘制的深灰色线条采用了 round 端点样式以及 round 连接方式；最后在它们之上绘制的浅灰色线条采用了 butt 端点样式以及 bevel 连接方式

当连接样式是 mitre 时，如果连接处的角度过小，那么连接样式会被自动转换成 bevel 样式，这是为了避免连接处太尖了。在自动转换位置上的点由一个尖角限定值控制，该值由斜接长度除以线条宽度的比值来指定。默认值是 10，这意味着当连接角度小于 11 度时，转换就会发生。另一个标准值是 2，意味着连接角度小于 60 度时发生转换，还有值为 1.414 意味着连接角度小于 90 度时发生转换。最小的尖角限定值是 1。

用户需要注意线条连接样式将会影响到同样由线条连接的矩形和多边形的拐角。

10.3　数据符号

用于绘制数据点的数据符号可以通过一个整数，该整数是 26 个预设数据符号（见图 10.3）中一个符号的序数，或者直接设置为一个单一字符来指定。有一些预定义的数据符号（pch 参数范围为 21 到 25）允许内部填充颜色与边界颜色不同。

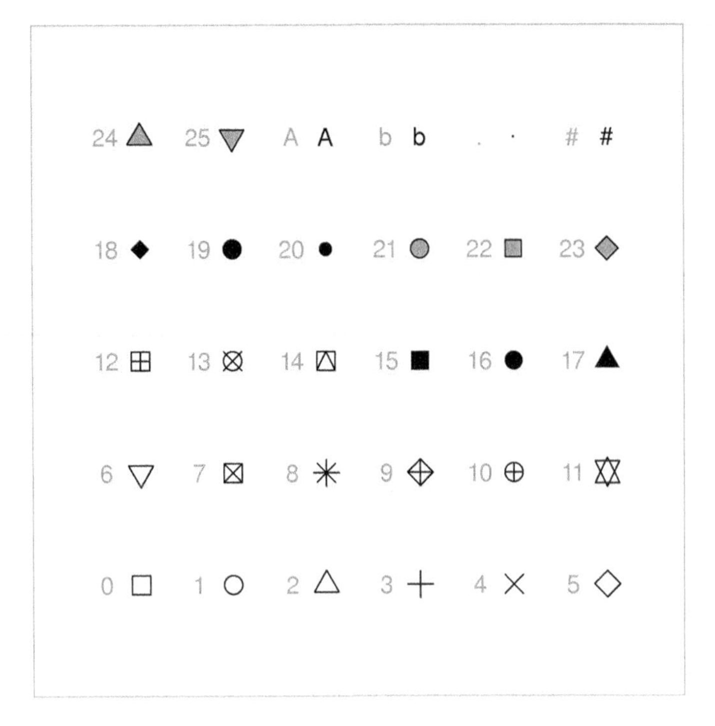

图10.3

R 中的数据符号。一个特定的数据符号通过指定一个范围在 0 ~ 25 的整数或者一个简单的字符被选中。在图表中，相对应的整数或者字符被绘制成灰色的并在对应数据符号左边展示

整数值大于 32 小于 127 时，该值将作为 ASCII 码值，相应的字符将被画出。

如果 `pch` 参数是一个字符，那么这个字符将被用来绘制数据符号。字符“.”作为一个特殊情况对待，这种情况下绘图设备试图绘制出一个非常小的点。

`text()` 和 `grid.text()` 函数也可以用来绘制单个字符，这极大地拓展了“图形符号”的可能范围（依赖于字体和系统的位置）。

10.4 字体

我们在绘制图形或图形中的文本时，R 需要知道在文本中用什么字体。在 R 中指定字体包含指定字体族（例如 Helvetica 或者 Courier），以及指定字体外观（例如 bold 或者 italic）。如果什么也不指定，就使用默认设置，即简单的无衬线（sans serif）字体（例如 Helvetica 或 Arial）。

下面的代码做了一个简单的展示（使用 grid 函数）：第一个表达式以默认（无衬线）字体绘制文本；第二个表达式指定字体族是衬线字体；第三个表达式指定字体外观为粗体。结果展

示在图 10.4 中。

```
> grid.text("hello", x=1/4)
> grid.text("hello", x=2/4,
            gp=gpar(fontfamily="serif"))
> grid.text("hello", x=3/4,
            gp=gpar(fontfamily="serif", fontface="bold"))
```

hello	hello	**hello**

图10.4

在 R 中指定字体。左边的 hello 是默认的简单无衬线字体。中间的 hello 则指定了衬线字体族，而右边的 hello 则进一步指定了粗体外观

上面的代码展示了字体族和字体外观仅用字符值，例如 `serif` 和 `bold` 指定时的结果。10.4.1 小节介绍 R 中为指定字体族提供的字符值集合，10.4.2 小节将介绍关于字体外观的字符值集合。

这个在 R 中指定字体的简单方法不允许我们从系统完整的字体中进行选择；10.4.1 小节介绍了一般情况下关于字体的更多细节，以及处理 R 局限性的一些方法。可以仅为每个绘制文本的函数调用指定一种字体（例如，不可能在一个字符串文本中为强调某个单词而单设字体）；10.5 节提供了一定程度上绕过这个限制的方法。

10.4.1　字体族

这一节将介绍可以用来指定字体族的值。

有一些字体集合是所有绘图设备都支持的且独立于设备的。它们是 sans，即无衬线字体，如 Arial；serif，即衬线字体，如 Times；还有 mono，即等宽字体，如 Courier（见图 10.2）。大多数绘图设备默认的字体族是 sans。

R 也包含了 Hershey 轮廓字体，该字体可以用于所有的输出格式。表 10.2 展示了 Hershey 字体族中所有的字体名称。这些字体都是轮廓字体，通过简单地描绘每个字符的轮廓来渲染字体。在很大程度上，Hershey 字体是低质量的过时的罕见字体，但是它们可能是在所有可能的输出设备和平台上得到完全相同的文本输出结果的最简单方法了。Hershey 字体还是某些非常

见字符和模式图的来源字体。例如，下面的代码用来画出图 10.5。demo(Hershey) 的输出包括了这些特殊字符的全部集合。

```
> chars <- sprintf("\\#H%04d", 861:866)
> chars
> grid.text(chars, x=1:6/7, gp=gpar(fontfamily="HersheySans"))
```

表10.2

R 中包含的独立于设备的字体族以及 Hershey 字体族。一个字体族由一个字符值指定

名称	描述
设备 - 独立字体族	
"serif"	衬线变 - 宽字体
"sans"	非衬线变 - 宽字体
"mono"	等 - 宽 "打字机" 字体
Hershey 字体族	
"HersheySerif"	衬线变 - 宽字体
"HersheySans"	非衬线变 - 宽字体
"HersheyScript"	衬线 "手写体" 字体
"HersheyGothicEnglish"	哥特体字体
"HersheyGothicGerman"	哥特体字体
"HersheyGothicItalian"	哥特体字体
"HersheySymbol"	衬线符号字体
"HersheySansSymbol"	非衬线符号字体

图10.5

Hershey 字体集中的特殊字符

除了指定这些独立于设备的字体族，还可以使用特定的字符族名称，例如"Comic Sans"。然而，有效字符名称的种类和需要设置的数量依赖于两件事情：首先，字体必须安装在系统中

（考虑绘图的人数以及绘图者是否安装了同样的字体也是很重要的事情）；其次，在我们使用的不同绘图设备上字体的指定也是不同的。接下来的几小节包括不同标准绘图设备的多种选择。

简单来说，如果你希望使用一种特定字体，最简单的方法是使用基于 Cairo 的绘图设备之一：Linux 中是默认的屏幕设备，PDF 输出中是 `cairo_pdf()`，或者是 Windows 下的 Cairo 包。如果什么都不能用，万不得已的情况下可以试一下 showtext 包。往下读更多的细节讨论吧。

屏幕字体

当我们在屏幕绘图设备上绘制文本时，所用的字体通常依赖于我们的操作系统。

在 Windows 下，屏幕设备可以使用任何安装在计算机上的字体，但这些字体必须首先在 R 中使用 `windowsFont()` 和 `windowsFonts()` 函数进行“注册”。例如，如果我们知道 Algerian 字体安装在计算机上，下面的代码在 R 中以“AG”为名字注册了该字体，那么就可以通过指定字体族“AG”来利用该字体绘制文本。

```
> windowsFonts(AG=windowsFont("Algerian"))
> grid.text("hello", gp=gpar(fontfamily="AG"))
```

extrafont 包提供了几个有用的函数让这个过程变得简单：使用 `font_import()` 函数来导入安装在计算机中的完整字体列表；使用 `loadfonts()` 函数在 R 中一次性注册所有安装在计算机中的字体。

```
> library(extrafont)
> font_import()
> loadfonts(device="win")
```

还有一个 `fonts()` 函数用来展示已经被导入的字体列表。下面的代码和输出结果展示了在一台 Windows 10 计算机中导入的前几个字体。

```
> head(fonts())

[1] "Agency FB" "Algerian"  "AR BERKLEY" "AR BLANCA"
[5] "AR BONNIE" "AR CARTER"
```

调用 `loadfonts()` 函数后，就意味着我们可以使用下面的代码绘制“AR BONNIE”字体的文本了。

```
> grid.text("hello", gp=gpar(fontfamily="AR BONNIE"))
```

在 Linux 下，默认屏幕设备最可能是 Cairo 绘图设备。这种情况下，我们仍能够使用安装在计算机上的任何字体，而且选择特定字体变得更加简单——我们只需指定字体族名称（这里不需要“注册”步骤）。

gdtools 包提供了一个 `sys_fonts()` 函数来列出在 Cairo 设备中能用的所有字体。例如，下面的代码和输出展示了一台 Ubuntu 16.04 计算机中能用的前几个字体名称。

```
> library(gdtools)
> fonts <- sys_fonts()
> head(as.character(fonts$family))
```

```
[1] "Tlwg Mono"          "Courier New"     "Gillius ADF"
[4] "STIXIntegralsUpD" "STIXIntegralsD" "NanumMyeongjo"
```

下面的代码展示了在 Ubuntu 计算机上，任何一个字体名称都可以在绘制文本时直接使用。

```
> grid.text("hello", gp=gpar(fontfamily="Tlwg Mono"))
```

在 Linux 下的另一个选择是使用简单的 X Window 绘图设备。一个简单的 X Window 绘图设备不能生成最高质量的输出，所以我们不太可能担心像字体这样的细节调整。尽管如此，如果我们希望使用非标准字体，还是必须先使用 `X11Fonts()` 函数定义字体，然后在 R 中利用 `X11Fonts()` 函数注册它。

`X11Fonts()` 函数既可以用来查看已有的字体，也可以用来定义新字体。下面的代码提供了前一种用途的例子，它允许我们查看 X Window 特定的字体格式。

```
> X11Fonts("sans")
```

```
$sans
[1] "-*-helvetica-%s-%s-*-*-%d-*-*-*-*-*-*-*"
```

下面的代码展示了我们如何设置一个新字体。在确定一台 Ubuntu 计算机安装了“bitstream charter”字体集合（例如，使用实用程序 xlsfonts）后，我们使用 X11Font() 函数创建一个新的字体描述，然后在 R 中使用 X11Fonts() 函数注册该字体。

```
> charterFont <-
      X11Font("-*-bitstream charter-%s-%s-*-*-%d-*-*-*-*-*-*-*")
> X11Fonts(charter=charterFont)
```

现在，当我们在 X Window 设备上绘制文本时，就可以用“charter”作为指定字体族了。

```
> grid.text("hello", gp=gpar(fontfamily="charter"))
```

在 MacOS X 计算机上，默认屏幕设备是 Quarz 绘图设备。如同 Windows 和 X Window，有一个 quartzFont() 函数用来定义新字体族，有一个 quartzFonts() 函数用来在 R 中注册字体族。定义一个 MacOS X 字体需要 4 个字体名称，分别表示正常的字体外观、粗体、斜体以及粗斜体。下面的代码展示了注册一种“Avenir”字体的例子。

```
> avenirFont <- quartzFont(c("Avenir Book", "Avenir Black",
                             "Avenir Book Oblique",
                             "Avenir Black Oblique"))
> quartzFonts(avenir=avenirFont)
```

现在我们就可以在 Quarz 设备下使用“avenir”字体绘制文本。

```
> grid.text("hello", gp=gpar(fontfamily="avenir"))
```

光栅格式下的字体

当我们使用光栅绘图设备时，比如 PNG 或 JPEG，可用的字体以及指定新字体的方法与我们使用屏幕绘图设备时的方法相同，所以前面介绍的方法都适用于此。

PDF 和 PostScript 字体

生成 PDF 和 PostScript 的矢量绘图设备在所有操作系统中都是一样工作的。这意味着与我们在屏幕绘图设备中所看到的相比，在PDF输出结果中得到的可能是稍微不同的文本，但PDF结果应该对任何人在任何计算机上看到的都是一样的。

PDF和PostScript绘图设备都是用的Type1字体。一种Type1字体至少由两个独立的文档组成：一个文档包含字体中单个字母的描述，另一个包含字体度量标准信息——字符的上升、下降以及宽度等。在R中，可以利用Type1Font()函数定义新的Type1字体，需要提供4个或5个字体度量文档。前4个文档分别描述正常、粗体、斜体和粗斜体字体外观的字体标准，如果还有第5个文档的话，它用来描述符号字体外观的字体标准。

符号字体外观用来绘制数学公式，与其他用到的任何字体都不同（见10.5节）。绘图设备提供了默认的符号字体，所以在定义新Type1字体时不需要考虑了。

一旦定义了一种Type1字体，要在生成PDF的pdfFonts()函数或生成PostScript的postscriptFonts()函数中使用的话，还必须进行注册。下面的代码提供了一个例子，其中定义了新字体，注册它从而可在PDF绘图设备中使用，然后利用该新字体绘制文本（见图10.6）。

```
> flubber <- Type1Font("flubber",
                       rep(file.path(getwd(), "Type1",
                                     "flubber.afm"), 4),
                       encoding="WinAnsi.enc")
> pdfFonts(flubber=flubber)
> pdf("flubber.pdf", width=4.5, height=.5)
> grid.rect(gp=gpar(col="gray"))
> grid.text("hello", gp=gpar(fontfamily="flubber"))
> dev.off()
> embedFonts("flubber.pdf", outfile="flubber-embedded.pdf",
             fontpaths=file.path(getwd(), "Type1"))
```

hello

图10.6

使用名为“flubber”的自定义字体在PDF绘图设备上绘制文本

PDF格式文档的一个额外复杂之处是字体不必包含在PDF文档中。这意味着，我们在浏览 PDF 文档时，如果所用的计算机上没有所需要的字体，那么 PDF 浏览器可以替换其他字体从而使我们仍可以看到文本。然而，这个结果通常不那么令人满意。确实可以看到文本，但格式通常是难看的。为避免这个问题，我们可以把字体镶嵌到 PDF 文档中作为其组成部分。这就是 `embedFonts()` 函数调用在上面代码中的作用。如果我们利用 `embedFonts()` 函数镶嵌了字体，那么 PDF 文档对任何人在其他任何计算机上看起来都是一样的，无论他们的计算机上是否安装了文档中所用的那种自定义字体。

Type1 字体是单字节字体，即这种字体只能包含至多 256 个不同的字符。不可能把所有语言中的所有字母和符号都用 256 个字符包含在内，所以两种不同字体可能包含两种不同的字符集。这意味着一种 Type1 字体可能还需要一个解码文档，它提供了包含在字体中的字符列表。

在我们定义一种 Type1 字体时，我们可以为字体指定一个解码文档。指定方式可以通过一个解码文档的完整路径，或是利用来自于包含在 R 中的标准解码文档的名称来完成。例如，R 提供了一个解码文档“ISOLatin1.enc”，它除了包含基本的英文字符 ASCII 值，还包含欧洲重音字符集，如 é 。

在 TrueType 或 OpenType 格式下有许多新式字体可用，但它们通常可以在 R 中转换成 Type1 格式使用。

前面在 Windows 中使用自定义字体背景下曾经提到 extrafont 包，当在 PDF 和 PostScript 绘图设备下使用时，也有类似的工具。由 `font_import()` 函数导入的字体可以成批注册供 PDF 和 PostScript 使用，只要改变 `loadfonts()` 函数中的参数即可。例如，下面的代码注册了所有导入的系统字体来供 PDF 输出使用。实际上，extrafont 包仅导入已经安装过的 TrueType 字体，但是它自动把 TrueType 字体转换成 Type1 字体。

```
> loadfonts(device="pdf")
```

SVG 字体

SVG 绘图设备是 Cairo 设备（如同 Linux 下的默认屏幕设备）。这意味着字体选择是简单直接的（只要需要的字体安装在系统中）。SVG 设备还生成与其他基于 Cairo 的输出相同的结果。例如，在 Linux 下，屏幕设备上的一幅图像看上去应该与 SVG 结果完全等同。不同格式间一致性的代价是 SVG 中的文本以路径形式渲染。这意味着，`svg()` 方法中非常小的文本的渲染看上去不如在 `pdf()` 方法中那么好（因为字体中的隐含信息，该信息用来告知渲染如何绘制一个非常小的文本，在字体转换成路径的过程中丢失了）。文本在 svg() 输出中只是一个路径的事实还意味着我们不能在所得 SVG 文档的文本中进行搜索。

这个文本性能是针对 svg() 绘图设备而言的，它不是 SVG 的一般特征。第 13 章介绍了其他在 R 中得到 SVG 输出的方式，其中字体选择和文本渲染是非常不同的。

Cairo 字体

Cairo 绘图设备是几个 R 绘图设备的支持设备。前面我们已经提到过在 Linux 下默认的 Cairo 屏幕设备（它也生成 PNG 和 JPEG 输出），以及 SVG 绘图设备。

另外，还有 PDF 和 PostScript 设备的 Cairo 版本，通过 cairo_pdf() 函数和 cairo_ps() 函数实现。使用这些绘图设备的好处之一是它们支持更多的字体（所有安装在计算机中的字体）。这些设备还能自动镶嵌字体。而且这些 Cairo 绘图设备还支持 UTF8 文本，这意味着它们可以绘制任何语言的任何字母或符号（只要字母或符号包含在字体中），例如，如果我们希望绘制一个带有长音符号的“a”字母，在 Cairo 设备下就很容易完成。没有必要注册字体或指定编码，我们只需要命名字体然后使用 Unicode 转义指定字母。下面的代码提供了一个例子，仅通过名称选择“Ubuntu”字体（见图 10.7）。

```
> cairo_pdf("cairo.pdf", width=4.5, height=.5)
> grid.rect(gp=gpar(col="gray"))
> grid.text("m\U0101ori", gp=gpar(fontfamily="Ubuntu"))
> dev.off()
```

图10.7

在 Cairo PDF 绘图设备下绘制的带有长音符号字母的文本

在 Windows 下，默认屏幕设备，以及针对 PNG 和 JPEG 输出的默认光栅设备，不是基于 Cairo 的。这种情形下，我们可以选择对光栅输出使用 Cairo 绘图，通过对 png() 函数设置 type 参数来实现。还有一个 Cairo 包在 Windows 的屏幕中生成基于 Cairo 的输出。

有一个对所有输出都不使用 Cairo 绘图的原因是它有时在矢量格式下也生成光栅输出（例如，在图像半透明时）。

LATEX 字体

一个特别重要的字体集是在 LATEX 文档中默认的计算机现代字体（Computer Modern fonts）。如果要绘制包含在 LATEX 文档中的图像，我们也许会希望为图形标签使用计算机现代字体，使其与主要文本相匹配。

计算机现代字体在 Type1 版本中可用（例如，Linux 下的 fonts-cmu 包），所以方法之一就是安装它们，然后使用前面介绍过的在 `pdf()` 设备或在基于 Cairo 的设备中使用 Type1 字体的操作指南。fontcm 包（基于 extrafont）显著简化了这个过程。

另一个选择是使用 tikzDevice 包，该包提供了 `tikz()` 设备。它使用 TEX（通过 pgf/Tikz）生成图形输出，所以简单地使用 LATEX 计算机现代字体。这个绘图设备还在文本内解释 TEX 命令，包括数学公式。下面的代码展示了一个例子（见图 10.8）。

```
> library(tikzDevice)
> tikz("params-tikz.tex", width=4.5, height=.5)
> grid.rect(gp=gpar(col="grey"))
> grid.text("hello \\TeX{} $\\sum_{i=1}^n x_i$")
> dev.off()
```

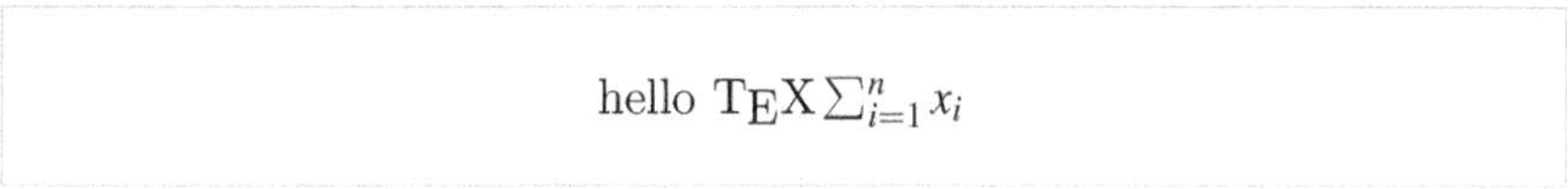

hello TEX $\sum_{i=1}^{n} x_i$

图10.8

利用 `tikz()` 设备生成的 R 绘图输出

符号字体

当我们在图形中绘制数学公式时（见 10.5 节），R 使用一种特殊的符号字体，它包含数学公式需要的特殊字符，并且忽略正常文本的当前字体选择。

大多数绘图设备不允许用户选择不同的符号字体，但是可能为 Type1 字体指定自定义字体然后应用到 PDF 或 PostScript 输出中。选择符号字体的困难之处在于我们选择的字体必须遵循 Adobe 符号编码。

为字体设置编码并非易事，但是在一种特殊情形下已经有人为我们做了很多工作。fontcm 包提供了一种符号字体，基于计算机现代数学字体进行了编码，以在 R 中使用，从而使得数学公式更接近 LATEX 生成的外观。

正如在 LATEX 字体一节中所提到的，另一种用 LATEX 字体生成 R 绘图（包括数学公式）的方法是利用 tikzDevice 包中的设备。

showtext 包

在 R 绘图中选择字体的最后一个解决方案是 showtext 包。这个方法的优点是它提供了最广泛的可用字体，包括 Google Fonts，并且它可以在所有绘图设备中使用。不足之处是文本以路径绘制而不是以合适的字体（类似于 `svg()` 设备所做的），所以在某些情形下（例如，非常小的文本）它将生成低质量的结果。这个方法还需要额外的函数调用来激活 showtext 功能。下面的代码展示了一个简单的例子：我们选择用 `font_add_google()` 设置的字体，将我们想用的字体名称映射为在 R 中使用的字体族名称；然后用 `showtext_begin()` 函数激活 showtext 渲染；接着使用我们在第一步中定义的字体族名称绘制文本；最后用 `showtext_end()` 关闭 showtext。最终结果如图 10.9 所示。

```
> library(showtext)
> font_add_google("Special Elite", "elite")
> grid.rect(gp=gpar(col="grey"))
> showtext_begin()
> grid.text("hello", gp=gpar(fontfamily="elite"))
> showtext_end()
```

hello

图10.9

由 showtext 包提供的 Google Font（Special Elite）绘制的 R 文本

10.4.2 字体外观

字体外观通常由一个 1 到 4 之间的整数值来指定。表 10.3 展示了从数字到字体外观的对应关系。

表10.3

可用字体外观的整数指定以及它们的含义。关于字体外观命名的指定，参见表6.5。合法字体外观的范围对于不同的Hershey字体族是不同的，但是最大可用值通常是4或者小于4. 当字体族是“HersheySerif”时，该字体族提供了很多可用的特殊字体外观

整数	描述
1	罗马字体或者正体
2	黑体
3	斜体
4	黑体与斜体
5	符号
对于HersheySerif字体族	
5	西里尔体
6	斜西里尔体
7	日文字符

grid绘图系统也允许通过名称指定字体外观（见表6.5）。

R绘图系统仅有粗体、斜体以及粗斜体的字体变化，而其他绘图系统提供了更大范围的可能选择。例如，CSS font-stretch性质允许指定字体的“压缩”或“扩展”变形。

当然，在R中绕开这个限制是可能的，比如通过在字体族名称中指定一种诸如压缩的变形。下面的代码提供了一个简单的例子，展示了带有字体外观变形的正常Ubuntu字体族，以及Ubuntu压缩字体族（见图10.10）。

```
> cairo_pdf("cairo-faces.pdf", width=4.5, height=.5)
> grid.rect(gp=gpar(col="grey"))
> grid.text("hello", x=1/5,
            gp=gpar(fontfamily="Ubuntu"))
> grid.text("hello", x=2/5,
            gp=gpar(fontfamily="Ubuntu", fontface="bold"))
> grid.text("hello", x=3/5,
            gp=gpar(fontfamily="Ubuntu", fontface="italic"))
```

```
> grid.text("hello", x=4/5,
            gp=gpar(fontfamily="Ubuntu Condensed"))
> dev.off()
```

hello **hello** *hello* hello

图10.10

由 Ubuntu 字体绘制的 R 绘图文本。最右边的文本以指定为压缩字体的字体族中的压缩字体绘制。

10.4.3 多行文本

在绘制文本时可以通过插入新行转义符 `\n`，在一段文本内实现分行，例如下面的例子。

```
"first line\n second line"
```

此外，简单地通过在多行中输入字符值也可以产生相同的效果，如下面的代码所示。

```
> "first line
  second line"
```

```
[1] "first line\n second line"
```

文本的竖直分割可以通过一个线高参数来控制，该参数表现为一个倍数（2 表示一个双行间距的文本）。

10.4.4 区域设置

R 支持多字节区域设置，例如 UTF-8 区域等，这意味着 R 支持输入多字节字符值。在有些设备中将这些字符作为图形输出的一部分可能会有一些问题。例如，在 PostScript 以及 PDF 设备中 Type1 型字体只支持单字节编码，因此需要指定一个合适的编码方式以使这些设备能够生成特殊字符。基于 Cairo 的设备，`cairo_pdf()` 和 `cairo_ps()` 是绕开这个问题的一个好办法。

10.4.5　转义序列

还有一个问题是如何打出那些不能直接表示在我们键盘上的字符。一个方法是在字符值中使用 R 允许的转义序列。这包括简单的对非打印字符的转义序列，比如 \n 表示开始一个新行，\t 表示一个空格；形如 \nnn（其中 n 表示一个八进制数字）的八进制序列，例如 \351 表示 é（在 ISOLatin1 区域位置）；形如 \xnn（其中 n 表示一个十六进制数字）的十六进制序列，例如 \xE9 表示 é（在 ISOLatin1 区域位置）；形如 \unnnn（其中 n 表示一个十六进制数字）的 Unicode 序列，例如 \u00E9 表示 é。

10.4.6　反锯齿

文本的外观以及它的细节可以通过反锯齿得到很大的改进，例如沿着字形边缘的灰色像素使边缘显得更光滑（见图 10.11）。当我们生成矢量格式的输出时，比如 PDF，我们不必担心这个问题，因为它由渲染 PDF 文档的浏览器或打印机来处理这个问题。然而，在我们生成光栅输出时，比如 PNG，或在屏幕绘图上，我们需要指定是否希望使用反锯齿，如果希望的话，使用哪一种。

test　test　test

图10.11

左边文本关闭了反锯齿设置，中间文本设置了灰度反锯齿，右边文本设置了亚像素反锯齿

X Window 设备不进行文本反锯齿操作，所以在这种设备下没有这种问题。在基于 Cairo 的设备中，可以把 antialias 参数设置为 none 从而不进行反锯齿，设置为 gray 来使用灰度像素，以及设置为 subpixel 来使用亚像素反锯齿。默认的选择基于 R 所运行的系统，通常是“gray”。亚像素反锯齿意味着像素的红、绿、蓝分量被调整以创建一个光滑的边缘（而不是使用完整像素）。应用得当时，亚像素反锯齿会生成比灰度反锯齿更光滑的结果，但是亚像素反锯齿不总能在所有显示中用得很好。

在 Windows 下，对光栅设备，antilias 参数可以设置成 none、gray 或者 cleartype，其中后一种情形生成亚像素渲染。在 MacOS X 下，除非指定 antilias="none"，否则 Quarz 设备总是使用反锯齿。

10.5　数学公式

这一节的内容不再关注绘图参数，而是关注如何为绘制文本指定字符值提供重要的信息。

任何 R 绘图函数在绘制文本时都需要同时接受一个常规字符值（例如，`some text`）和一个 R 的表达式，通常后者来自于 `expression()` 函数的调用。如果一个表达式被指定作为文本被绘制出来，那么该表达式会被解释为一个数学公式并赋予合适的格式。本节提供了一些简单的例子来介绍如何绘制公式。关于这些可用特性的完整描述，请读者在 R 交互界面中键入 `help(plotmath)` 或 `demo(plotmath)` 查看。

当 R 的一个表达式作为图形输出中需要绘制的文本被传递给绘图函数时，表达式会被求值以用来产生一个数学公式。该求值与常规 R 表达式的求值有很大不同：给定的名称会被解释为特殊的数学符号，例如，alpha 会被解释为希腊字符中的 α ；给定的数学运算符号被解释为字面上的符号，例如，一个“+”号被解释为一个加号；而给定的函数将被解释为数学运算符，例如，`sum(x,i==1,n)` 会被解释为$\sum_{i=1}^{n} x$，图 10.12 展示了一些表达式的例子以及它们创建的图形输出。

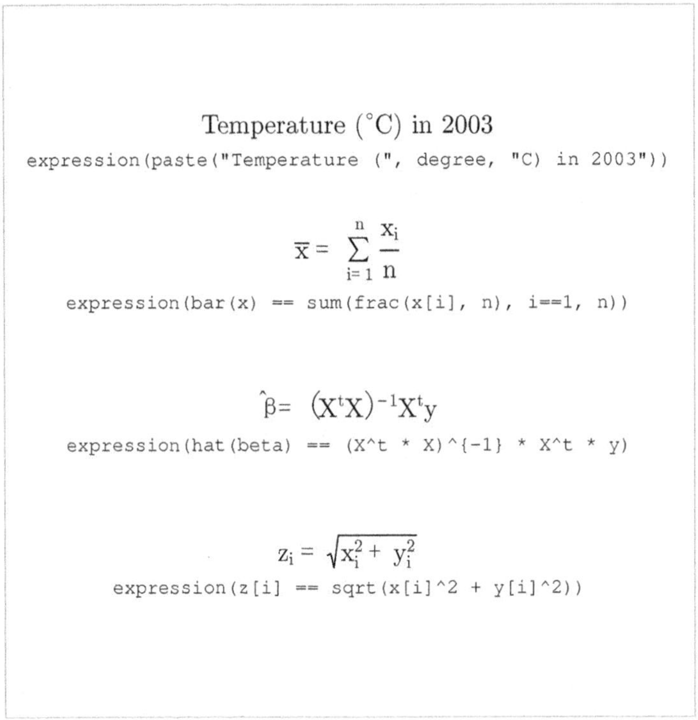

Temperature (°C) in 2003

`expression(paste("Temperature (", degree, "C) in 2003"))`

$$\bar{x} = \sum_{i=1}^{n} \frac{x_i}{n}$$

`expression(bar(x) == sum(frac(x[i], n), i==1, n))`

$$\hat{\beta} = (X^t X)^{-1} X^t y$$

`expression(hat(beta) == (X^t * X)^{-1} * X^t * y)`

$$z_i = \sqrt{x_i^2 + y_i^2}$$

`expression(z[i] == sqrt(x[i]^2 + y[i]^2))`

图10.12

图形中的数学公式。对于每一个例子，输出的结果使用了衬线字体，在该结果的下方使用了打字机字体来展示需要输出的 R 表达式

有些表达式中的运算符号会影响文本风格，进而使得在一段文本中很难控制字体外观。例如，下面的代码生成包含斜体和粗体单词的文本（见图 10.13）。

```
> grid.text(expression("We can make text "*
                       italic("emphasized")*
                       " or "*
                       bold("strong")))
```

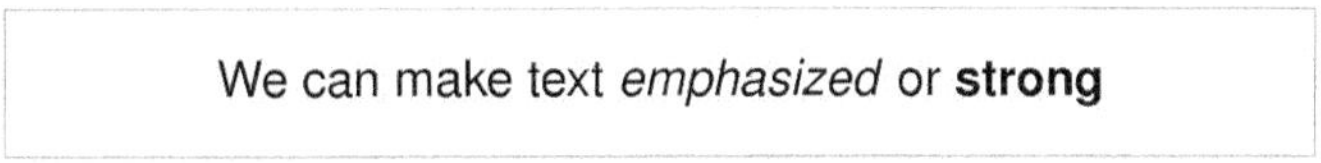

We can make text *emphasized* or **strong**

图10.13

通过在表达式中（在文本绘制函数调用中）使用 italic() 和 bold() 函数在同一段文本中使用多种不同字体外观

在某些情况下，例如，当在循环中调用绘图函数的时候，或者在另一个函数内调用绘图函数的时候，表示数学公式的表达式必须使用变量以及字面符号和常量中的值来构建。一个表达式中的变量名会被当作字面符号来对待（即变量名会被绘制出来，而不是变量的值）。在这种情况下解决的方式是使用 substitute() 函数来创建一个表达式。下面的代码展示了使用 substitute() 函数来生成一个标签，标签中的年份存储在变量中。

```
> myfunction <- function(year) {
    text(0.5, 0.5, substitute(paste("Temperature (",
                                    degree, "C) in ", year),
                              list(year=year)))
  }
```

数学注释的特性采用了单个字符的维度信息来表达公式的格式。对于某些输出格式，这些信息是不可用的，所以不能生成数学公式。

本章小结

在 R 中几乎所有的函数都有标准方法来指定颜色、字体、线条类型以及文本。有许多可以生成颜色集合以及特定颜色的函数。为文本指定字体是棘手的，因为它随格式和应用平台而变化。文本可以由 R 的表达式来指定，这样就可以绘制特殊字符并且为数学公式生成特殊的格式。

第4部分
整合绘图系统

第11章　导入图像

本章预览

本章介绍一些包和函数，它们能够从外部文件导入图像并使之成为R绘图输出的一部分。导入光栅图像和矢量图像有不同的包供使用。

3.4.1 小节和 6.2 节介绍了基础绘图系统和 grid 绘图系统里可用的基础图形集合。这些基础图形使我们可以绘制基本形状、文本和位图图像。它们构成了用 R 绘制更复杂图形的基础。

通过组合基本形状，可以产生无数种图片。但仍然有图像是 R 不能够产生的，另外，对于很多种类的图像，R 并不是最好的绘制方式。例如，不能使用 R 生成摄影图像，而且还有很多比 R 更好的软件可以用来绘制商标等艺术图像。

照片和商标等图像在图形或图片中很有用，比如，为图形提供背景图像，或者为图形添加公司或研究机构标识。上述情形下，在 R 之外创建图像，然后导入 R 可能是有必要的或者更方便的。

很多包提供了将图形导入 R 的工具，选择使用哪个包取决于原始图像的格式以及图像被导入后所进行的处理。图像格式可以分为光栅格式和矢量格式（见 9.2.1 小节）。将图像导入 R 的包通常处理其中一种格式。

11.1　月球和潮汐

为了提供将图像导入 R 的具体例子，本节考虑绘制一个图形来显示低潮时间与月相之间的关系。主图显示每天低潮出现的时间与本月日期以及月相的关系。该图形通过添加月球图像作为背景进行了“夸张”。

考虑这个图形的 3 个版本：一个使用由（美国）国家航空与航天局的伽利略飞船拍摄的月球北半球的光栅图像照片；一个使用来自开放美工图库的相对简单的矢量图像；还有一个来自

Pixabay 的相对复杂的矢量图像（见图 11.1）。后两张图的不同之处是更简单的矢量图仅使用了 R 绘图支持的基础图形，而更复杂的矢量图则使用了放射渐变填充，这已经超出了标准 R 绘图的能力。

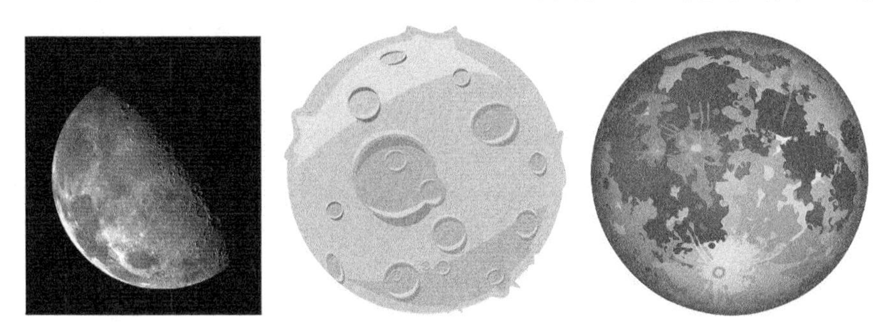

图11.1

月球的 3 幅图像。左图是从（美国）国家航空与航天局的伽利略飞船拍摄的照片选取的月球北半球的 JPEG 照片（图像编号：PIA00130）。中间图是来自开放美工图库的月球卡通图像。右图则是来自 Pixabay 的另一张月球矢量图像

图像的一个版本使用了光栅格式的月球图片作为背景，如图 11.2 所示。本章主要关注在绘制这张图像时涉及的两个概念性的步骤：一是外部图像必须读入 R；二是图像必须由 R 渲染。

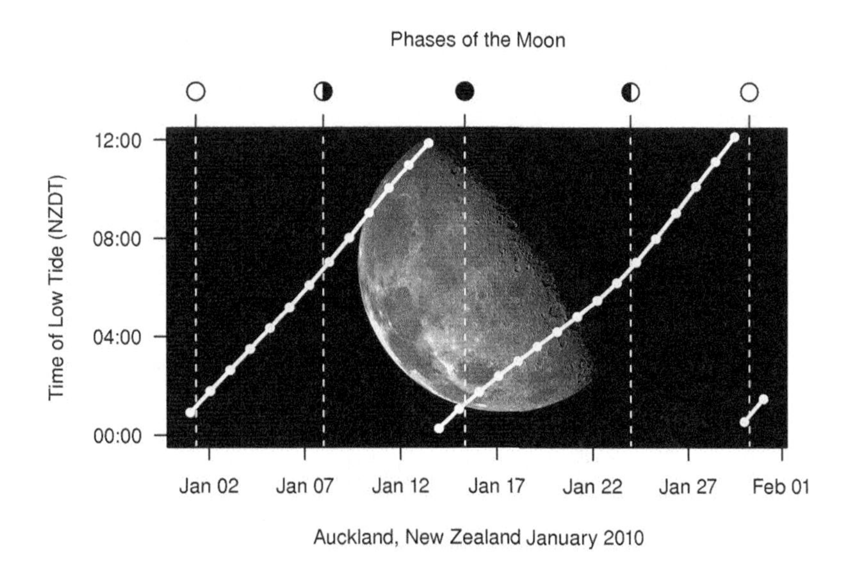

图11.2

光栅格式的月球照片作为背景。这张月球的光栅照片提供了 2010 年 1 月奥克兰的低潮时间线图的背景（数据来自新西兰土地局）

11.2 导入光栅图像

光栅格式的例子包括 JPEG 和 PNG。JPEG 文件的标准来源通常是数码相机拍摄的照片，而 PNG 图像则在网络上经常碰到。

导入光栅图像的第一步是找到能够读取外部图像文件格式的函数。很多包提供了读取图像格式的函数，表 11.1 列出了其中的一些。这些函数的重要区别在于它们能够处理的文件格式种类以及它们对其他软件的依赖程度（即需要安装多少其他软件）。

表11.1

能够将外部光栅图像读入 R 的包精选

包	函数	文件格式
png	`readPNG()`	PNG
jpeg	`readJPEG()`	JPEG
tiff	`readTIFF()`	TIFF
magick	`image_read()`	多种格式

magick 包提供了针对 ImageMagick 图像处理系统的 R 接口。这意味着它可以读取许多不同格式的图片。不足之处是为了该包能正常工作我们需要在系统中安装 ImageMagick。

`dev.capture()` 函数也可以用来以光栅图片格式获取当前的 R 绘图设备（针对基于光栅的设备，比如屏幕设备）。

把图片读到 R 中以后，接下来的步骤是绘制图片作为 R 图形的一部分。在基础绘图系统中，这意味着使用 `rasterImage()` 函数（见 3.4.1 小节），而在 grid 绘图系统中则意味着使用 `grid.raster()` 函数（见 6.2 节），因为这些函数可以相对于 R 图形的作图区域和坐标系绘制图像（见图 11.2）。

对于表 11.1 中列出的包，读取外部文件的结果是一个可以直接传递到 `rasterImage()` 或 `grid.raster()` 中的 R 对象。

在上面以月球图像为背景的线图例子中，原始图像是一个 JPEG 文件，所以下面的代码可以用来读取图像到 R。

```
> library(jpeg)
> moon <- readJPEG(system.file("extra", "GPN-2000-000473.jpg",
                               package="RGraphics"))
```

运行结果，moon 是一个 matrix 对象，所以在 grid 中绘制图像就如下面的代码这样简单。

```
> grid.raster(moon)
```

然而，这仅仅在当前页面绘制出了与原来图像一样大的图像。我们可以利用 grid.raster() 的参数或者通过在合适的 grid 视图中调用 grid.raster() 对图像位置和大小进行设置。

下面的代码在页面的左上角绘制了月球图像，仅指定了它的高度，所以它保持原来的宽高比，接着在右上角以固定的尺寸对图像进行变形，然后在页面底部从不同角度在一系列视图中绘制（见图 11.3）。

```
> grid.raster(moon, x=0, y=1, height=.5, just=c("left", "top"))
> grid.raster(moon, x=1, y=.75,
              width=.5, height=.25, just="right")
> for (i in seq(10, 90, 10)) {
    pushViewport(viewport(x=i/100, y=.25, width=.2, height=.2,
                          angle=i - 10))
    grid.raster(moon)
    popViewport()
  }
```

下面的代码展示了如何在一个基础图片中放置图像。这是用来生成图 11.2 的其中一段代码，完整的代码可以从异步社区本书页面网站上获取。

```
> plot(lowTideDate, lowTideHour, xlab="Date", ylab="Time of Day")
> width <- grconvertX(1.5, "in", "user")
> aspect <- nrow(moon)/ncol(moon)
> height <- grconvertY(1.5*aspect, "in", "user")
> rasterImage(moon, usr[1], usr[3] + (usr[4] - height),
              width, usr[4])
```

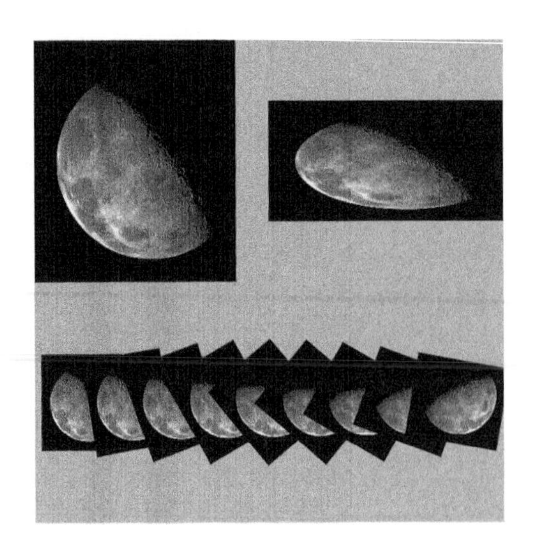

图11.3

在 grid 中绘制一幅导入的光栅图像。我们可以利用 grid.raster() 的参数对光栅图像的位置和大小进行设置（左上图和右上图），或者在合适的视图中绘制（底部）

这段代码中重要的一点是我们能相对 R 图像中的绘图区域和坐标系定位光栅图像，而且能以编程方式实现这一点。相比于使用其他不能访问 R 绘图区域和坐标系的软件对 R 图像和光栅图像进行组合，或者不能通过编程来控制实现的方式，上述做法要好得太多了。

不足之处是为了在图形中保持图像的宽高比可能有必要做一些计算。在这种情形下，我们使用函数 grconvertX() 和 grconvertY() 函数来帮助完成。在使用 grid.raster() 函数组合基于grid的图形和光栅图像时这不是一个大问题，因为grid可以访问更多有用的坐标系（见6.3节）。

如果一个包不能创建可以在 rasterImage() 或 grid.raster() 中使用的 R 对象，我们就不得不把图像转化成矩阵或数组。

11.3 导入矢量图像

矢量图像格式的例子包括 PDF、PostScript 和 SVG。这一节我们将介绍 grImport 包，它可以导入 PostScript 图像，还将介绍 grImport2 包，它可以导入 SVG 图像。

11.3.1 grImport 包

在 R 绘图中绘制一幅外部 PostScript 图至少需要 3 步。在最简单的情形下（此时原始图像已经是一幅 PostScript 图像），第一步是使用 PostScriptTrace() 函数“描绘”PostScript 图像。

PostScriptTrace() 函数将一幅 PostScript 图像转化为 XML 格式（使用 Ghostscript）。这一步仅需要对每个图像做一次。例如，下面的代码描绘了 PostScript 格式的卡通月球图像（图 11.1 的中间图像）。

```
> library(grImport)
> PostScriptTrace(system.file("extra", "comic_moon.ps",
                              package="RGraphics"),
                  "comic_moon.xml")
```

描绘的结果是一个 XML 文件，第二步是使用 readPicture() 函数把 XML 文件读取到 R 中。

```
> vectorMoon <- grImport::readPicture("comic_moon.xml")
```

第三步是渲染由 readPicture() 函数创建的对象，在这个例子中是 vectorMoon，或者使用 picture() 函数，它将在当前基础绘图图形区域绘制图像，或者使用 grid.picture() 函数，它将在当前 grid 视图中绘制图像。下面的代码展示了 grid.picture() 函数以几种不同的方式绘制 vetorMoon：默认是填充当前视图（在四周留有小的边缘）；我们可以通过保留默认的宽高比控制图像的位置和尺寸；或者也可以对图像进行变形处理（见图 11.4）。

```
> grImport::grid.picture(vectorMoon)
> grImport::grid.picture(vectorMoon,
                         x=0, y=1, just=c("left", "top"),
                         width=.2, height=.2)
> grImport::grid.picture(vectorMoon,
                         x=1, y=1, just=c("right", "top"),
                         width=.3, height=.1, distort=TRUE)
```

图 11.5 展示了在 grid 视图（绘图的数据区域）中对矢量月球图像更复杂的镶嵌。下面的代码绘制了该图的简单版本（图 11.5 的完整代码可以从异步社区本书页面下载）。

```
> library(lattice)

> xyplot(lowTideHour ~ lowTideDate, pch=16, col="black",
```

```
        xlab="Date", ylab="Time of Day",
        panel=function(x, y, ...) {
            grid.picture(vectorMoon)
            panel.xyplot(x, y, ...)
        })
```

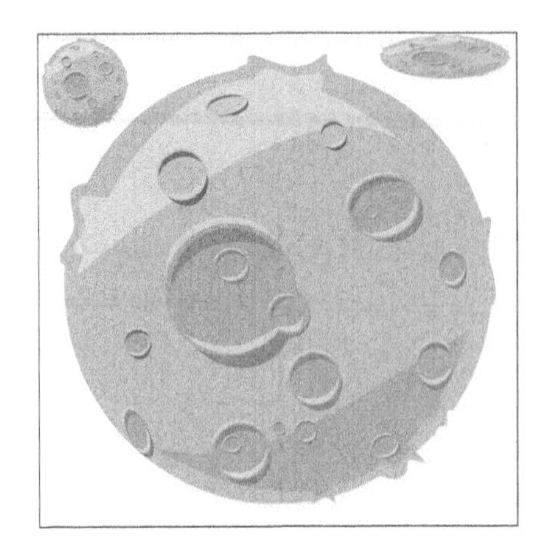

图11.4

在grid中绘制一幅导入的矢量图像。图像默认填充当前视图，或者我们可以利用grid.picture()的参数对图像位置和大小进行设置（左上图和右上图）

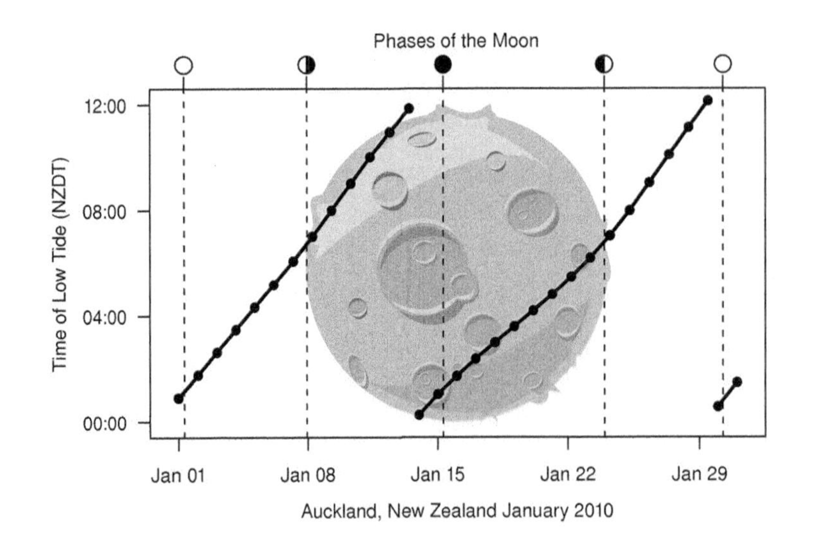

图11.5

矢量格式的月球照片作为背景。这张月球的矢量照片提供了2010年1月奥克兰的低潮时间线图的背景（数据来自新西兰土地局）

导入矢量图像的复杂性

如果原始图像不是 PostScript 格式，这时（最开始）就需要其他额外的步骤。在这种情况下，我们需要其他软件工具将图像转换为 PostScript。magick 包中有一个 `image_convert()` 函数可以完成这项任务。Inkscape 图像绘制软件在 SVG 图像转换方面有很好的表现。

一个危险是，针对复杂矢量图像，某些工具可能把图像或图像的某一部分转换为光栅格式。许多问题会随之产生，主要是因为矢量图像的内容比光栅图像内容有更多的变化。

光栅图像可以简单视为二维的像素数组。有很多不同的方式可以将像素数组存储在文件里，图像结构基本上保持不变并且非常简单。这意味着如何将光栅图像读入 R 或如何绘制光栅图像作为 R 图形的一部分很少有差异。读取和绘制光栅图像的函数具有相对少的参数。

相比之下，矢量图像由许多形状或路径组成。路径可能非常少，也可能非常多。这些路径可能互相重叠，甚至彼此相交。图像中也可能有文本（字母本质上是非常细致和复杂的路径），以及更复杂的情形是一条路径只是用来定义裁剪区域，它并不会绘制。

有时，这些复杂性意味着 R 将不能导入图像或者不能正确地渲染原始图像。任何情况下，读入一个矢量图像并渲染它需要多个步骤。特别是，有时需要处理矢量图像中的单个路径，而 grImport 包提供了一些工具来完成这些处理。

操作矢量图像

`readPicture()` 函数的一个方便特性是能够对其创建的对象取子集。例如，以下代码只绘制图像的前 4 条路径（见图 11.6）。

```
> grImport::grid.picture(vectorMoon[1:4])
```

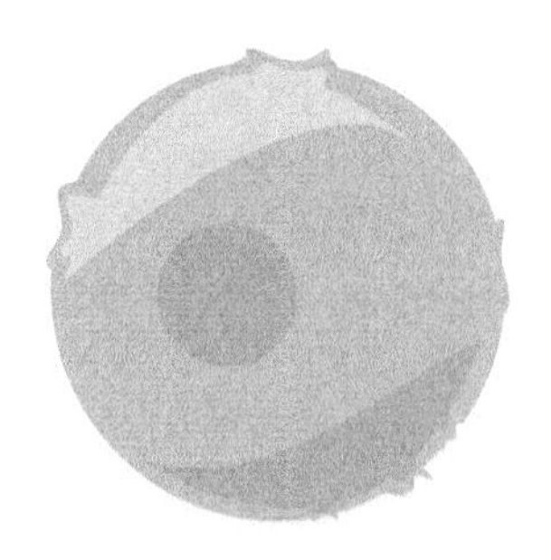

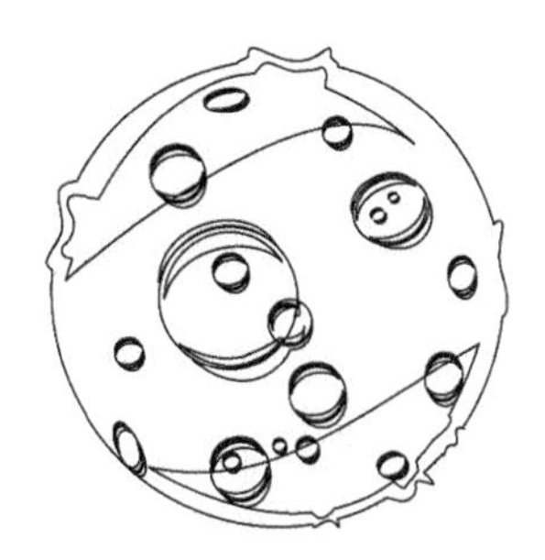

图11.6

左图是月球卡通图像（图 11.1）的“子集”，只由图像的前 4 条路径构成。右图中，月球卡通图像的路径只绘制了简单的轮廓，忽略了原始图像的填充色

picturePaths() 函数允许单独地检查每条路径。以下代码显示月球卡通图像中的前 6 条路径（见图 11.7）。

```
> grImport::picturePaths(vectorMoon[1:6], fill="white",
                         freeScales=TRUE, nr=2, nc=3)
```

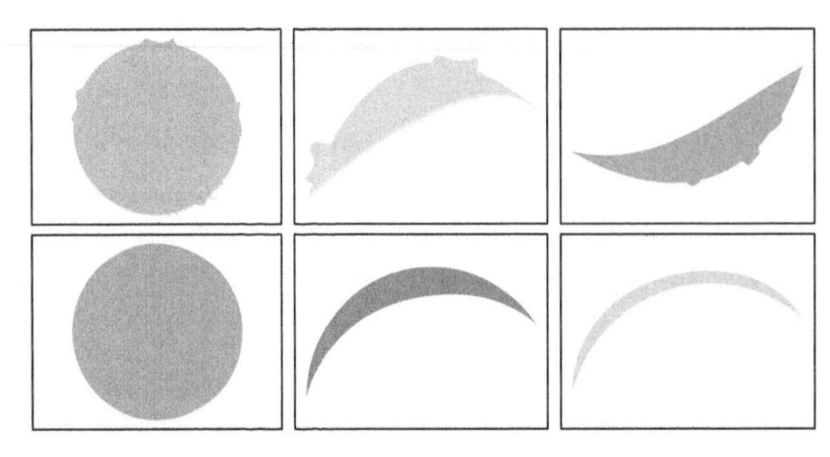

图11.7

图 11.1 的月球卡通图像里的前 6 条路径（形状）

注意到导入的图像本质上只是一系列的多边形轮廓也是有益的。以下代码通过忽略掉原始图像的颜色，只绘制每条路径的轮廓，产生“线框图”版本的月球图像（见图 11.6）。

```
> grImport::grid.picture(vectorMoon, use.gc=FALSE)
```

这些函数可以用来去除图像的特定部分，或者以不同的顺序渲染路径。这在需要用 R 绘图系统如实地重绘原始图像方面有时很有用。

作为数据符号导入图像

grImport 包提供了一个便利的函数 grid.symbols()，该函数可以以单个函数调用的方式在多个位置绘制导入的图像。例如，下面的代码在散点图中每一个数据点处绘制一幅矢量月球图像。

```
> xyplot(lowTideHour ~ lowTideDate, pch=16, col="black",
         xlab="Date", ylab="Time of Day", subset=1:10,
```

```
        panel=function(x, y, ...) {
            grid.symbols(vectorMoon, x, y, units="native",
                         size=unit(10, "mm"))
        })
```

在有大量数据点时用这个函数绘制将变得非常慢。

11.3.2 grImport2 包

grImport2 包类似于 grImport 包，只是这个包导入 SVG 图像而不是 PostScript 图像。显然在原始图像是 SVG 格式时适用使用该包。例如上一节中的 PostScript 月球卡通图像最初是一幅 SVG 图像。利用 grImport2 包我们可以直接将原始 SVG 图像导入，而不必利用 grImport 包先将其转换成 PostScript 格式。

如同 grImport 包，利用 grImport2 包导入图像至少有 3 步：预处理图像，读取图像到 R，在 R 中渲染图像。

grImport2 包能直接读取 SVG 文件，但是 SVG 文件必须由 Cairo 图片库生成。这意味着我们必须使用生成 Cairo SVG 的程序预处理 SVG 文件。rsvg 包中的 `rsvg_svg()` 函数是处理这一步骤的一种方式。在卡通月球的例子中，代码展示如下。这段代码从一个不是由 Cairo 图片库创建的原始 SVG 文件“`comic_moon.svg`”开始，生成一个新的 SVG 文件“`comic_moon_cairo.svg`”，它描绘了相同的图像，但可以由 grImport2 包读取。

```
> library(rsvg)

> rsvg_svg(system.file("extra", "comic_moon.svg",
           package="RGraphics"),
           "comic_moon_cairo.svg")
```

生成的 Cairo SVG 文件此时可以由 grImport2 包中的 `readPicture()` 函数读取到 R 中了。

```
> library(grImport2)
> moonSVG <- grImport2::readPicture("comic_moon_cairo.svg")
```

最后，生成的R对象moonSVG，可以由grImport2包中的`grid.picture()`函数绘制（在基础绘图包中不支持绘制这类R对象）。下面代码的结果展示在图11.8中。

```
> grImport2::grid.picture(moonSVG)
```

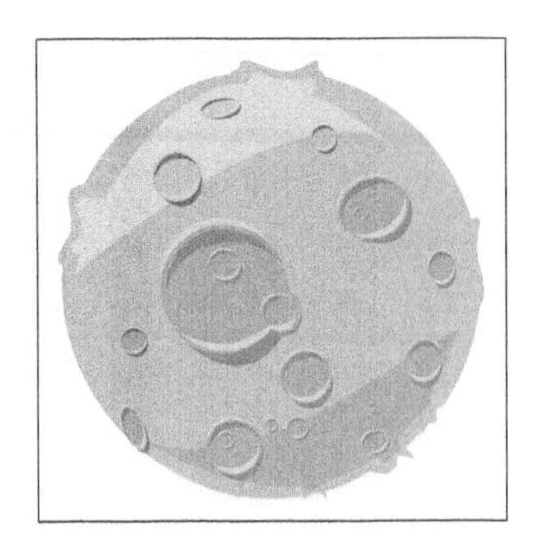

图11.8

月球卡通图像的grImport2渲染

grImport2包中的`grid.picture()`函数与grImport包中的同名函数以相同的方式运行；导入的图像绘制在当前grid视图中，填充视图（在四周留有小的边缘）并默认保留原始图像的宽高比。另外，我们可以在我们希望导入图像的视图中为导入图像指定位置和尺寸。

使用grImport2的主要好处是它允许我们导入比使用grImport时更复杂精细的图像。例如，图11.9展示了一个包含灰色矩形和文本线的简单测试图像，其中文本被简单的光栅图像覆盖。

图11.9

导入的测试图像。图像包含灰色矩形和文本线，文本被简单的光栅图像覆盖下面的代码展示了这个图像中的绘图元件。

```
> grid.ls(full.names=TRUE)
```

```
GRID.rect.1570
GRID.text.1571
GRID.rastergrob.1572
```

如果我们使用 grImport 导入图像，由于 grImport 不能导入图像中的光栅组件，因此在渲染图像时，光栅部分丢失，从而被其覆盖的文本部分就可见了（见图 11.10）。

```
> PostScriptTrace("importtest.ps", "importtest.xml")
> test <- grImport::readPicture("importtest.xml")
> grImport::grid.picture(test)
```

图11.10

用 grImport 处理图 11.9 的测试图像。测试图像的光栅部分不能导入，从而文本部分可见

grImport2 包的确能与其他部分一起导入光栅组件，所以它能正确地渲染测试图像（见图 11.11）。

```
> rsvg_svg("importtest.svg", "importtest-cairo.svg")
> test <- grImport2::readPicture("importtest-cairo.svg")
> grImport2::grid.picture(test)
```

图11.11

用 grImport2 处理图 11.9 的测试图像。测试图像的光栅部分被导入（从而文本部分不可见）

grImport2 包的一个有趣的特点是它甚至能导入 R 绘图不支持的图像内容。下面的例子展示了这一特点。我们有另一幅矢量月球图（见图 11.1 的右边图像），但这一次图像不仅包含几条填充路径，还包含几个径向渐变填充。

为了导入这幅图像，我们采用如前所述的步骤，用 `rsvg_svg()` 预处理图像，接着用 `grImport2::readPicture` 读取基于 Cairo 的 SVG 结果到 R 中。这就读取了图像的所有组并将它们分到 R 中，包含径向渐变填充。

```
> rsvg_svg(system.file("extra", "moon-26619.svg",
                       package="RGraphics"),
           "full-moon.svg")
> moon <- grImport2::readPicture("full-moon.svg")
```

如果我们在常规 R 绘图设备中绘制导入的图像，我们只能看到 R 绘图支持的图像组分；在这个例子中，只是几条填充路径（见图 11.12）。

```
> grImport2::grid.picture(moon)
```

虽然 R 绘图不支持某些 SVG 特殊的效果，但 SVG 图像的所有组分都能由 grImport2 导入。这意味着，如果我们使用 gridSVG 包（见第 13 章）生成 SVG 输出，我们可以在导出的 SVG 中再现导入的 SVG 组分。

图11.12

利用常规 R 绘图设备绘制的复杂矢量月球图像。图像的填充路径组分被渲染，但是径向渐变填充成分则没有被渲染

下面的代码展示了这一思想。首先，我们加载 gridSVG 包。然后用与之前相同的导入的 R 对象 moon 调用 grid.picture()，但这次我们指定 ext="gridSVG"，它告诉 grid.picture() 在渲染导入的图像时使用 gridSVG 包的功能。最后，我们调用 gridSVG 包的 grid.export() 来生成一个 SVG 文件，它包含原始 SVG 图像的所有原始组分（见图 11.13）。

```
> library(gridSVG)

> grImport2::grid.picture(moon, ext="gridSVG")
> grid.export("moon3gridsvg.svg")
```

图11.13

利用 gridSVG 绘制的复杂矢量月球图。图像的填充路径组分被渲染，而且图像的径向渐变组分也被渲染了

图 11.14 展示了一个在 grid 视图中更复杂的矢量月球图的镶嵌。下面的代码绘制了该图的

简化版本（图 11.14 的完整代码可从异步社区本书页面下载）。

```
> xyplot(lowTideHour ~ lowTideDate, pch=16, col="white",
         xlab="Date", ylab="Time of Day",
         panel=function(x, y, ...) {
             grid.rect(gp=gpar(fill="black"))
             grImport2::grid.picture(moon, ext="gridSVG")
             panel.xyplot(x, y, ...)
         })
> grid.export("moon-plot.svg")
```

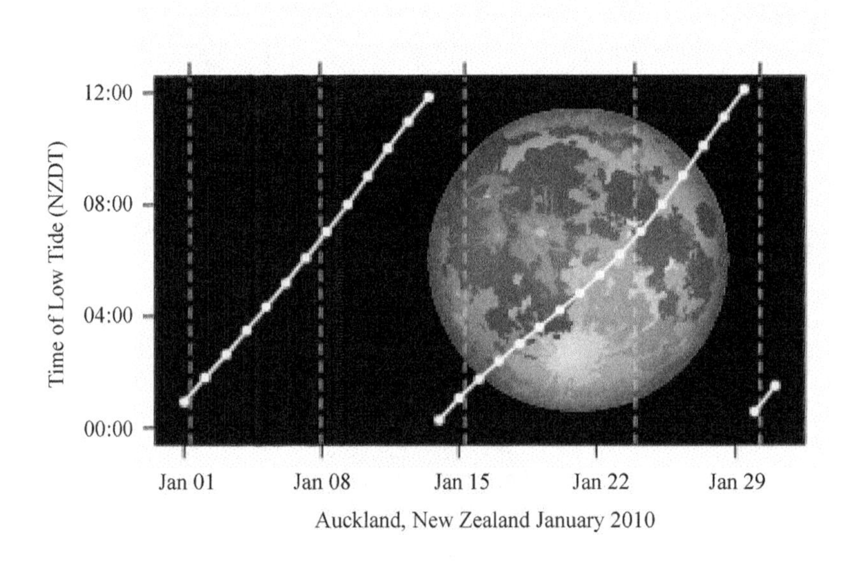

图11.14

包含径向渐变的复杂矢量背景图像的图片。矢量月球图提供了 2010 年 1 月奥克兰的低潮时间线图的背景（数据来自新西兰土地局）

grImport2 包中还有 `grid.symbols()` 函数，它可以使用导入图像作为数据符号，如同 grImport 中的函数一样。

虽然 grImport2 包提供了 grImport 包所没有提供的额外功能，但 grImport 包仍然很有用，有如下几个原因。如果原始图像是 PostScript，那么我们不需要将其转换为其他格式，从而不需去承担丢失或搞乱图像组分的风险。grImport 包还可以作为文本导入文本而不是总将文本转换为路径。

本章小结

很多包提供了将光栅图像读入 R 的函数。读入的图像可以使用基础或者 grid 基础图形绘制。grImport 包提供了读取 PostScript 矢量图像到 R 中并绘制它们的函数。grImport2 包提供了读取 SVG 矢量图像到 R 中并绘制它们的函数。

第12章 组合绘图系统

本章预览

本章介绍 gridBase 包和 gridGraphics 包，它们都能用于将基础绘图系统输出与 grid 绘图系统输出进行组合。

grid 绘图系统和基础绘图系统彼此完全独立地工作。这意味着，尽管可以将两个系统的输出绘制在同一页面上，但是通常不会期望两个系统的输出以任何合乎情理的方式相对应。

grid 绘图系统比基础绘图系统更强大也更灵活，而且 lattice 和 ggplot2 包提供了许多基础绘图系统中没有的功能。然而，使用基础绘图系统还是有必要的，因为许多 R 扩展包中的绘图函数基于基础绘图系统创建。显然，将包含范围广的基础绘图与强大而又灵活的 grid、lattice 以及 ggplot2 结合起来是很让人期待的。本章将聚焦于这一任务。

这一章将介绍两个包，gridBase 包和 gridGraphics 包，它们都提供了一些在许多情形下可以放心使用的函数，它们用来克服内在的不兼容性，以及以一种清晰的方式组合来自两个系统的输出结果。

这两个包的相对优势和劣势将在本章最后讨论。

12.1 gridBase包

12.1.1 使用 grid 注释基础绘图图形

gridBase 包有一个 `baseViewports()` 函数支持为基础绘图图形添加 grid 输出。该函数创建一组与当前基础绘图区域（见 3.1.1 小节）对应的 grid 视图（见 6.5 节）。通过调入这些视图，为基础绘图添加简单注释是可能的，比如使用 grid 单位确定线段和文本相对于各类坐标系的位置并添加它们，或者尝试添加更复杂的注释，这涉及进一步调入 grid 视图。

baseViewports() 函数返回一个由 3 个 grid 视图构成的列表。第一个视图对应基础绘图的内部区域。该视图相对于整个绘图设备，而且从“最顶层”（即，没有调入其他 grid 视图前）调入该视图才有意义。第二个视图对应基础绘图的图形区域，它是相对于内部区域而言的，当调入内部视图之后再调入它才有意义。第三个视图对应基础绘图的绘图区域，它是相对于图形区域而言的，在其他两个视图按正确顺序调入后再调入它才有意义。

该功能的一个简单应用是给基础绘图图形的边缘添加任意方向的文本。基础绘图函数 mtext() 允许文本的位置以行数为单位偏离绘图区域，但只能旋转 0° 或者 90°。基础绘图函数 text() 允许文本任意旋转，但文本位置只能相对于绘图区域里有效的用户坐标系（这不方便在图形边缘添加文本）。相比之下，grid 绘图函数 grid.text() 允许文本任意旋转以及可在 grid 视图的任何位置使用。下面的代码创建一个去掉了 x 轴刻度标签的基础绘图图形（见图 12.1）。[①]

```
> library(zoo)
> m <- factor(months(as.yearmon(time(sunspots))),
              levels=month.name)
> plot(m, sunspots, axes=FALSE)
> axis(2)
> axis(1, at=1:12, labels=FALSE)
```

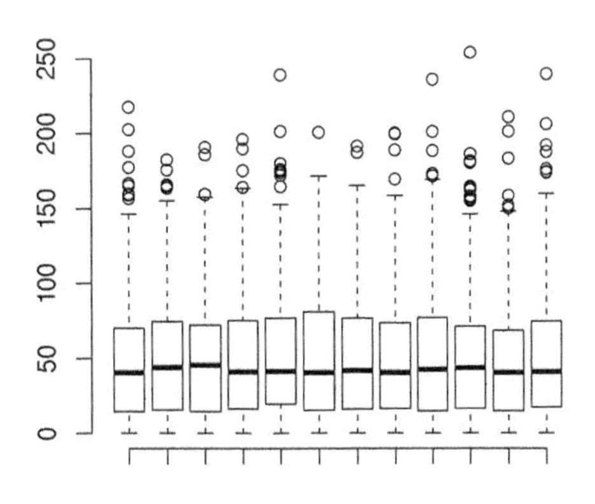

图12.1

没有 x 轴标签的基础绘图图形。刻度标签利用 gridBase 以 60° 的角度添加（见图 12.2）

① 本例使用的数据是 1749 年到 1983 年相对太阳黑子数的月度平均，可以从 datasets 包中的 sunspots 数据集得到。

接下来的代码使用 baseViewports() 创建对应基础绘图图形的 grid 视图，并调入这些视图。

```
> library(gridBase)
> vps <- baseViewports()
> pushViewport(vps$inner, vps$figure, vps$plot)
```

最后，使用 grid.text() 绘制旋转的标签（并清除弹出的视图）。最终输出如图 12.2 所示。这些标签可以相对于 x 轴尺度水平放置，从而使它们与刻度标签相对应，因为我们调入的 vps$plot 视图与基础绘图区域具有相同的坐标尺度（并且视图在页面中被定位在与基础绘图区域完全相同的位置）。

```
> grid.text(month.name,
            x=unit(1:12, "native"), y=unit(-1, "lines"),
            just="right", rot=60)
> popViewport(3)
```

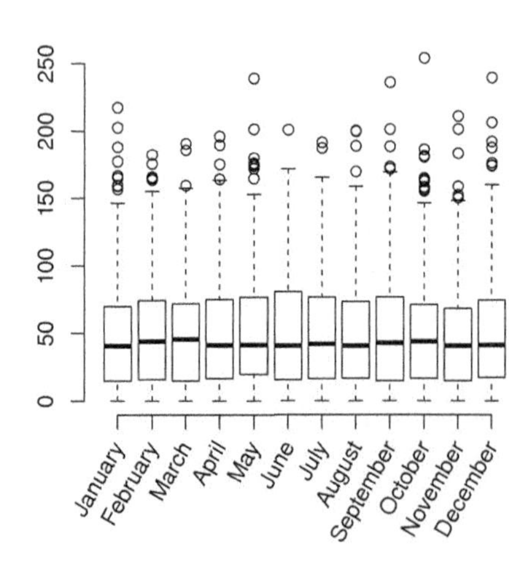

图12.2

利用 grid 注释基础绘图图形。这是来自图 12.1 的图形，x 轴标签由 grid.text() 绘制，利用了便利的坐标系（离开 x 轴的文本行数）以及将文本旋转任何角度的功能

12.1.2 grid 视图中的基础绘图图形

gridBase 包提供了一些为 grid 输出添加基础绘图输出的函数。有 3 个函数允许基础绘图区域与当前 grid 视图对齐：gridOMI()、gridFIG() 和 gridPLT()。这些函数使得在 grid 视图内绘制一个或多个基础绘图图形成为可能。第四个函数 gridPAR() 提供了一组绘图参数设置从而使得基础绘图 par() 设置可与当前 grid 绘图的部分参数设置相对应。

前 3 个函数返回合适的 par() 值来分别设置基础绘图的内部区域、图形区域和绘图区域。

这些函数的主要作用是允许用户使用 grid 创建复杂的图层，然后在图层的相关元素内绘制基础绘图图形。下面的例子利用这一思想创建一个 lattice 图形，其中每个面板包含了使用基础绘图函数绘制的谱系图。

第一步只涉及一些绘图数据的准备。创建一个谱系图对象，并将其切割为 4 个子树[①]。

```
> hc <- hclust(dist(USArrests), "ave")
> dend1 <- as.dendrogram(hc)
> dend2 <- cut(dend1, h=70)
```

接下来创建对应 4 个子树的哑变量。

```
> x <- 1:4
> y <- 1:4
> height <- factor(round(sapply(dend2$lower,
                                 attr, "height")))
```

现在定义一个绘制谱系图的 lattice 面板函数。该面板函数要做的第一件事是调入一个比 lattice 为面板创建的视图小一点的视图。其目的是保证谱系图上的标签有足够的空间。space 变量包含了最长标签的长度度量值。然后面板函数调用 gridPLT() 函数，并使用调用 par() 的结果来使基础绘图区域与刚调入的视图相对应。还要设置 new=TRUE 以便接下来调用 plot() 绘制下一个面板时不会创建新页面。最后，使用基础绘图函数 plot() 绘制谱系图（并且弹出面板函数调入的视图）。

---

① 本例使用美国暴力犯罪的数据，可从 datasets 包的 USArrests 数据集获取。

```
> space <- 1.2 * max(stringWidth(rownames(USArrests)))
> dendpanel <- function(x, y, subscripts, ...) {
    pushViewport(viewport(gp=gpar(fontsize=8)),
                 viewport(y=unit(0.95, "npc"), width=0.9,
                          height=unit(0.95, "npc") - space,
                          just="top"))
    par(plt=gridPLT(), new=TRUE, ps=8)
    plot(dend2$lower[[subscripts]], axes=FALSE)
    popViewport(2)
}
```

现在绘制主要图形。使用lattice组织面板和条形（grid视图），并使用上面定义的面板函数绘制每个面板内的基础图形的谱系图。

```
> library(lattice)
```

调用xyplot()函数产生最终图形（见图12.3）。

```
> plot.new()
> print(xyplot(y ~ x | height, subscripts=TRUE,
               xlab="", ylab="",
               strip=strip.custom(style=4),
               scales=list(draw=FALSE),
               panel=dendpanel),
        newpage=FALSE)
```

使用gridBase组合同一页面基础绘图系统和grid绘图系统输出的一个问题是两个系统会为哪一个开始绘制新的页面而产生冲突。在上面的代码中，在调用xyplot()之前先调用了plot.new()。像这样调用plot.new()，而不是使用grid.newpage()或者高级的lattice或ggplot2函数来开始新页面通常是一个好办法。因为基于grid的函数更倾向认为页面已经绘制了其他图形。

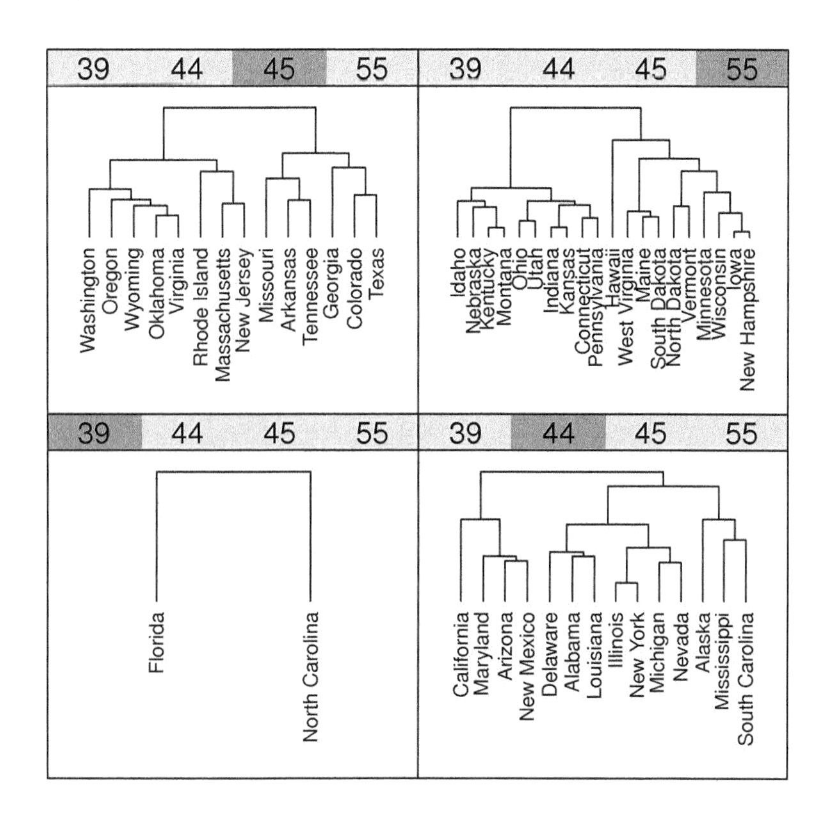

图12.3

在 lattice 输出内嵌入基础图形。面板的组织和坐标轴与条形的绘制都是通过使用 grid 的 lattice 完成的，但每个面板的内容是由基础绘图系统产生的谱系图

这也解释了在 `xyplot()` 调用外层又显式调用 `print()` 函数的原因，即方便使用 `newpage` 参数从而防止 `xyplot()` 自己创建新页面。通常的规则是：从一个基础绘图开始，然后对其添加 grid 输出而不是反过来。

12.1.3　gridBase 的问题与局限

gridBase 包提供的函数允许用户将来自两个差异很大的绘图系统的输出混合，但两个绘图系统的组合程度也存在局限。

例如，不能在旋转过的 grid 视图内嵌入基础绘图输出。一些基础绘图函数会修改本身的 `omi` 和 fig 等设置（比如，`coplot()`），这些函数的输出将不能正确地嵌入 grid 视图。grid 绘图设置用来匹配基础绘图设置（反之亦然）的计算只在设备大小不变的情况下才有效。如果使用这些函数在某个窗口内绘图，但窗口大小被调整，则基础绘图与 grid 设置几乎不再匹配了，绘制的图形也可能变得无意义。这也适用于在不同大小的设备间复制图形输出的情况。

recordGraphics() 函数提供了一种方法来避免这个问题，尽管正确使用该函数需要专门的知识。下面的代码展示了非常简单的应用。

```
> plot.new()
> recordGraphics({ print(xyplot(y ~ x | height,
                              subscripts=TRUE,
                              xlab="", ylab="",
                              strip=strip.custom(style=4),
                              scales=list(draw=FALSE),
                              panel=dendpanel),
                       newpage=FALSE)
                 },
                 list(),
                 globalenv())
```

对于这个问题的其他解决方案，参见 7.13 节。

12.2　gridGraphics包

gridGraphics 包采取另外一种非常不同的方式来组合基础绘图系统与 grid 绘图系统的输出。这个包有一个简单的主函数，grid.echo()，该函数的目的是把基础绘图等价转换成 grid 输出。

例如，考虑 12.1 节的基础绘图箱线图（见图 12.1）。我们可以使用下述代码绘制带有 x 轴标签的基础绘图箱线图（见图 12.4）。

```
> plot(m, sunspots)
```

我们通过调用 grid.echo() 函数把这个图转换成 grid 图形。

```
> library(gridGraphics)

> grid.echo()
```

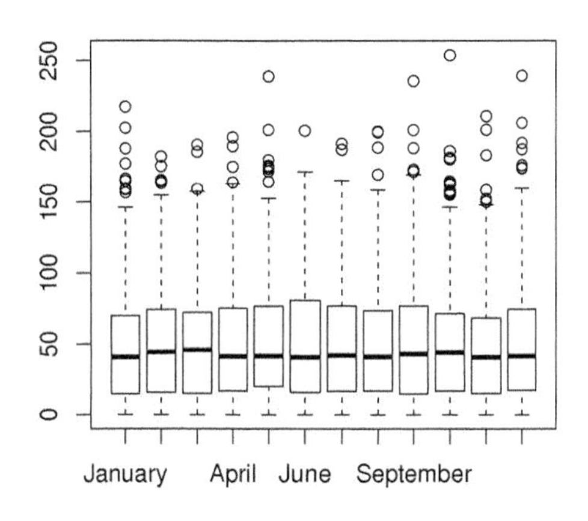

图12.4

基础绘图箱线图，类似于图 12.1，但包含了 x 轴坐标。图中没有显示所有的 x 轴标签，因为重叠的标签没有被渲染

这个图形是用 grid 进行绘制的。我们可以通过列出 grid 绘图元件看到这一点。

```
> grid.ls()
```

```
graphics-plot-1-polygon-1
graphics-plot-1-segments-1
graphics-plot-1-points-1
graphics-plot-1-segments-2
graphics-plot-1-segments-3
graphics-plot-1-polygon-2
graphics-plot-1-segments-4
graphics-plot-1-points-2
graphics-plot-1-polygon-3
```

```
graphics-plot-1-segments-5
...
```

12.2.1 使用 grid 编辑基础绘图图形

现在我们可以编辑 grid 绘图元件了，我们可以利用 grid 函数来编辑绘图元件以改变条形图标签的位置和方向。例如，下面的代码向上调整标签使其更接近 x 轴，让它们向右对齐，并且倾斜 60°（见图 12.5）。

```
> grid.edit("graphics-plot-1-bottom-axis-labels-1",
            y=unit(-1, "lines"), hjust=1, vjust=0.5, rot=60)
```

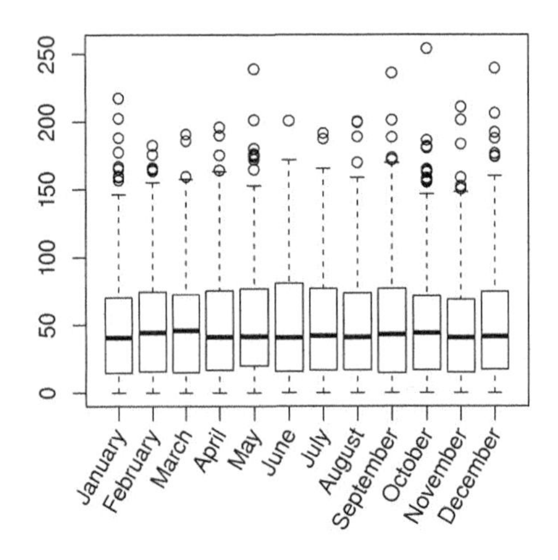

图12.5

来自图 12.4 的基础绘图箱线图，将其转换成 grid 版本，然后使用 grid.edit() 编辑以改变 x 轴标签

12.2.2 grid 视图中的基础绘图图形

grid.echo() 函数默认只转换当前页面的所有基础绘图输出。然而，我们还可以提供一个函数作为 grid.echo() 函数的第一个参数，这样它就可以转换由该函数生成的所有基础图形输出。这可以结合 grid.echo() 函数的 newpage 参数在 grid 视图中绘制基础图形；该基础绘图图形以当前 grid 视图大小绘制在离屏设备上，然后作为 grid 输出重复到当前视图上。

为了展示，我们重新回顾gridBase一节中的例子，在lattice图形中嵌入基础绘图图形（图12.3）。下面的代码中，dendpanel() 函数与 gridBase 中用过的 dendpanel() 函数非常类似，但不是先调用 par() 和 gridPLT() 来设置基础绘图图形区域，再直接调用 plot() 函数来绘制谱系图，而是仅调用 grid.echo()，然后给它传递一个函数以调用 plot() 来绘制谱系图。我们还指定 newpage=FALSE，从而 grid.echo() 仅在 lattice 面板视图中绘制。prefix 参数用来为生成的 grid 绘图元件命名。

```
> dendpanel <- function(x, y, subscripts, ...) {
    pushViewport(viewport(gp=gpar(fontsize=8)),
                 viewport(y=unit(0.95, "npc"),
                          height=unit(0.95, "npc"),
                          just="top"))
    grid.echo(function() {
                  par(mar=c(5.1, 0, 1, 0))
                  plot(dend2$lower[[subscripts]], axes=FALSE)
              },
              newpage=FALSE,
              prefix=paste0("dend-", panel.number()))
    popViewport(2)
}
```

xyplot() 函数的调用与 gridBase 情形下完全相同。我们在调用 xyplot() 函数时只提供 dendpanel() 作为面板函数，虽然我们不再担心调用 plot.new()。最后结果展示在图12.6 中。

```
> xyplot(y ~ x | height, subscripts=TRUE,
         xlab="", ylab="",
         strip=strip.custom(style=4),
         scales=list(draw=FALSE),
         panel=dendpanel)
```

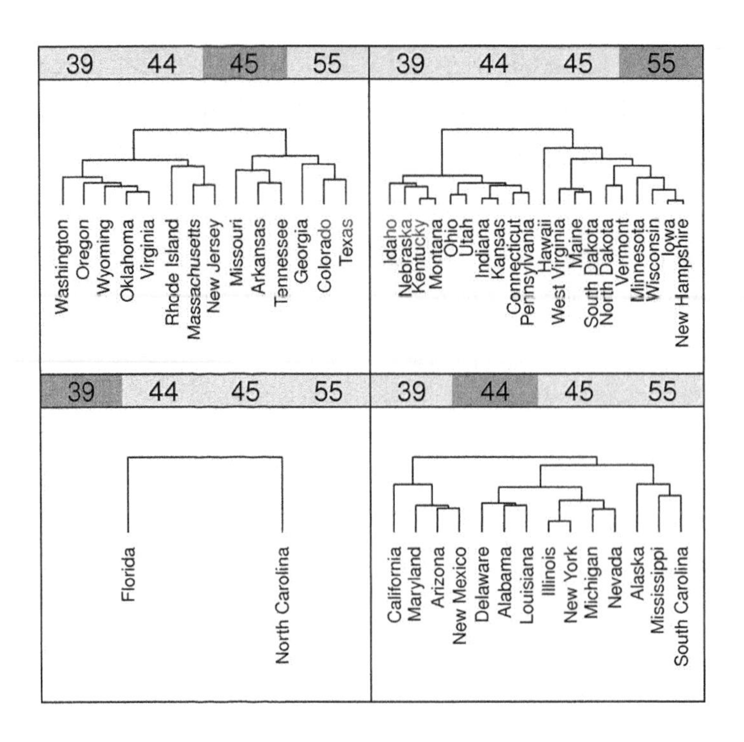

图12.6

一个 lattice 多面板图，各面板由基础绘图函数使用 `grid.echo()` 绘制

12.2.3 gridGraphics 的问题与局限

gridGraphics 包有几个局限，其中有几个与 gridBase 包相同。例如 `grid.echo()` 的输出无法从设备大小的改变（例如，重新设置屏幕绘图窗口大小或者从一个屏幕设备复制到另一个）中幸存。gridGraphics 包还有其自身的局限。例如，它不能精确地重现 `contourplot()` 的标签，在有些情形下可能会以与基础 `axis()` 函数稍微不同的方式删掉坐标轴标签。

但 gridGraphics 在某些方面的表现要好于 gridBase。例如，在 gridGraphics 中组合那些通常自己需要整个页面的基础绘图图形是可能的，如 `coplot()` 函数。下面的代码展示了这一思想，在同一页面组合了 `coplot()` 与 ggplot2 直方图（见图 12.7）。我们首先定义一个函数，`cpfun`，其中包含调用 `coplot()`。接下来，我们调入一个视图占据页面下部 70% 的区域，并且调用 `grid.echo()`，把函数 `cpfun` 赋给它（设置 `newpage=FALSE`），从而使它在页面下部 70% 的区域绘制 grid 版本的条件图。代码的剩余部分在占据页面上部 1/3 的视图中绘制 ggplot2 图形。

```
> cpfun <- function() {
    coplot(lat ~ long | depth, quakes, pch=16, cex=.5,
```

```
            given.values=rbind(c(0, 400), c(300, 700)))
  }
> pushViewport(viewport(y=0, height=.7, just="bottom"))
> grid.echo(cpfun, newpage=FALSE, prefix="cp")
> upViewport()
> library(ggplot2)
> pushViewport(viewport(y=1, height=.33, just="top"))
> gg <- ggplot(quakes) + geom_histogram(aes(x=depth)) +
      theme(axis.title.x = element_blank())
> print(gg, newpage=FALSE)
> upViewport()
```

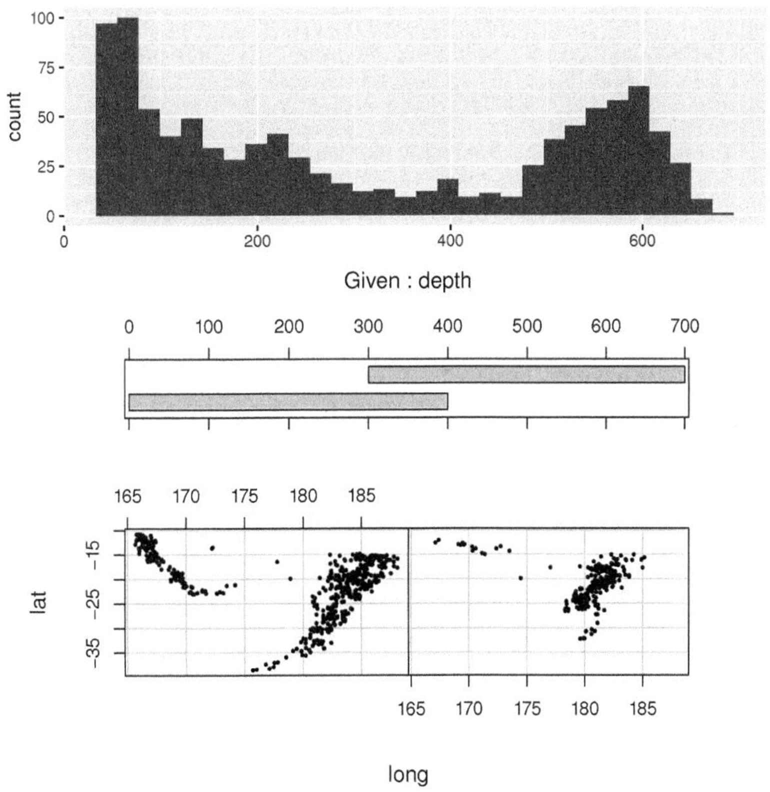

图12.7

一个coplot()条件图（通常它自己需要整个页面）与同一页上利用grid.echo()绘制的ggplot2直方图的组合

本章小结

gridBase包提供了将grid视图与基础绘图图形区域对齐的函数。这使得在基础绘图图形内绘制基于grid的输出以及在包括lattice和ggplot2图形等的grid视图内绘制基础绘图输出成为可能。

gridGraphics包提供了`grid.echo()`函数，这个函数把基础绘图输出转换成grid绘图输出。这还允许基础绘图图形绘制在grid视图中，而且还允许利用像`grid.edit()`这样的函数对基础绘图图形进行grid风格的操作。

第13章　高级绘图

本章预览

本章的重点在于考虑核心R绘图系统不支持的绘图效果和特征。本章关注gridSVG包，可以导出R绘图到SVG，从而可以使用SVG格式的高级特征。

核心R绘图引擎的强大之处在于生成复杂静态图形，以及对精细细节的灵活控制。然而，R绘图系统能做的有许多限制。例如，R绘图不能对渐变填充提供支持，所以图13.1中的图形在标准R绘图中是不可能绘制出来的。

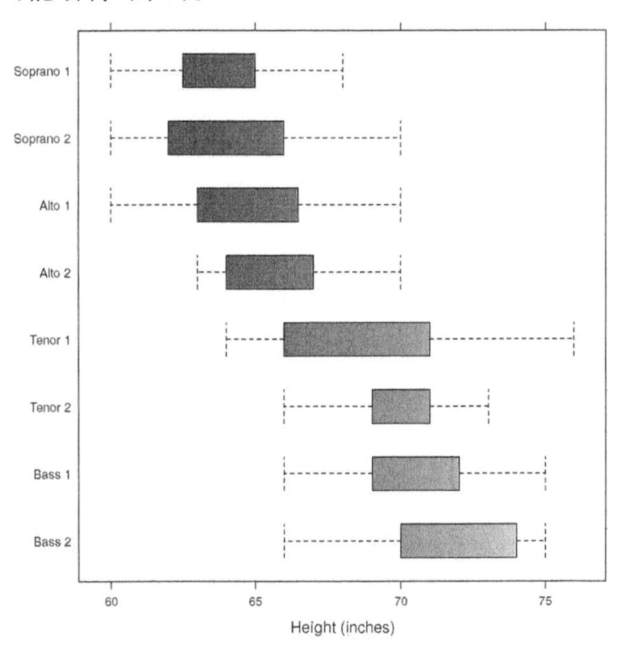

图13.1

一个lattice箱线图，箱子使用线性渐变方式填充（从黑到白）

本章将介绍 gridSVG 包，它提供了使用从 R 到 R 自身不能支持的高级绘图特征的方法。

```
> library(gridSVG)
```

13.1 导出SVG

gridSVG 包的主要函数是 `grid.export()` 函数。它从 grid 输出的当前页面生成一个 SVG 文件。例如，下面的代码在标准 R 绘图屏幕设备绘制一个 lattice 箱线图，然后调用 `grid.export()` 函数将图形导出为 SVG 文件（见图 13.2）。[①]

```
> library(lattice)
> bwplot(voice.part ~ height, data=singer,
         xlab="Height (inches)",
         par.settings=list(box.rectangle=list(col="black"),
                           box.umbrella=list(col="black"),
                           plot.symbol=list(col="black")))
> grid.export()
```

这个功能本身不是非常有用，因为标准 `svg()` 绘图设备已经可以生成 SVG 文件。另外，虽然标准 `svg()` 方法可以导出所有的 R 绘图输出，但 gridSVG 仅能导出 grid 输出。gridSVG 的价值在于允许高级 SVG 特征添加到图形中的那些函数。还有，gridGraphics 包允许我们转换所有的基础绘图到 grid 绘图（见 12.2 节和 13.7 节），这意味着实际上我们能以很少的一点额外工作在 gridSVG 中导出基础绘图图形。

作为一个简单的高级 SVG 特征的例子，我们考虑以线性渐变方式填充一个矩形。下面的 grid 代码绘制一个简单的没有填充颜色的矩形（见图 13.3 的左半边）。

```
> grid.rect(name="r")
```

① 本例使用的数据是歌手高度数据，根据声部分组，可以从 lattice 包中的 singers 数据集获得。

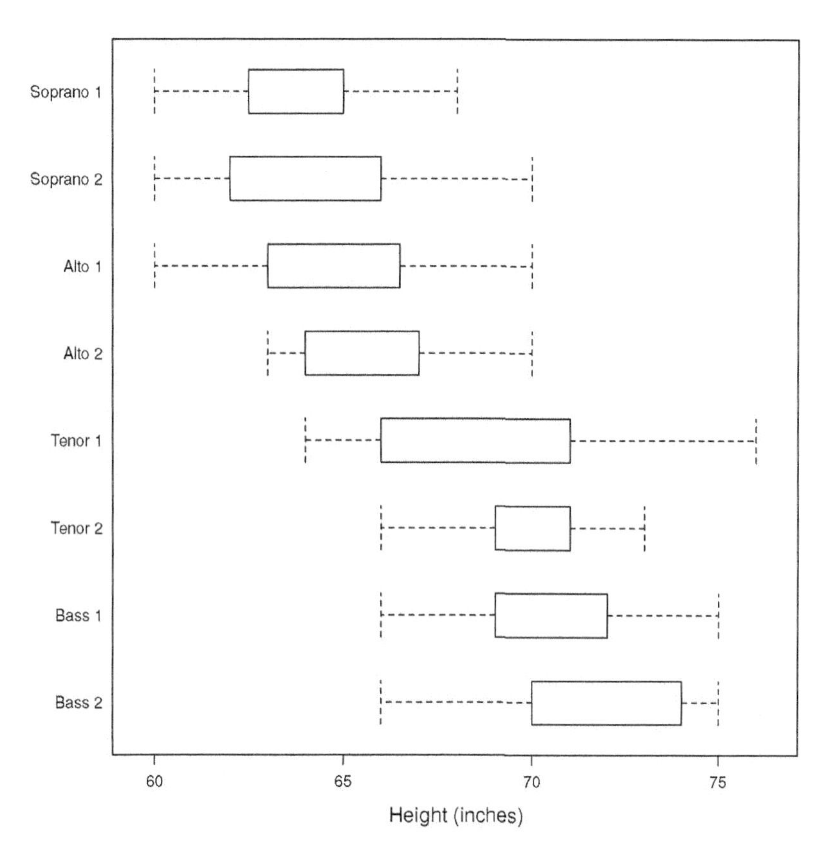

图13.2

一个 lattice 箱线图，利用 grid.export() 函数将图形导出为 SVG 文件

gridSVG 包提供了函数 linearGradient() 来描绘线性渐变填充，以及函数 grid.gradientFill() 来把渐变填充应用到 grid 绘图元件上。下面的代码使用这些函数定义一个水平的从黑到白再回到黑的线性渐变填充，然后应用这个渐变填充到之前绘制的矩形中。注意到我们使用了矩形的名称“r”来表示我们希望应用线性填充的绘图元件。

```
> gradient <- linearGradient(c("black", "white", "black"),
                             x0=0, y0=.5, x1=1, y1=.5)

> grid.gradientFill("r", gradient)
```

运行完这段代码后，在标准 R 绘图设备中没有任何事情发生改变，看上去仍然是图 13.3

的左边形式。这并不令人惊讶，因为标准R绘图不支持渐变填充。然而，如果我们调用grid.export()函数，将生成一个包含渐变填充的SVG文件。结果如图13.3的右边所展示的。

```
> grid.export()
```

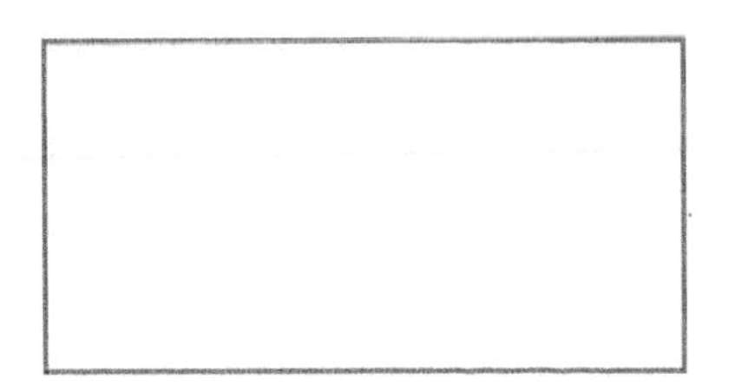

图13.3

左边是一个标准的grid矩形（没有填充）；右边是相同的矩形，水平线性渐变填充（从黑到白再回到黑）

默认地，调用grid.export()的结果是一个名为Rplots.svg的函数，但我们可以制定一个不同的文件名称作为grid.export()的第一个参数。

除了渐变填充，gridSVG包还提供了模式填充、剪切路径、不透明遮罩（opacity masks）以及图像滤镜等功能，所有这些都是标准R绘图设备所不能做的。表13.1提供了这些函数的完整列表，这些函数可以用来定义特殊的效果，以及把这些效果应用到grid绘图元件上，下面几节将逐一详细地探讨这些特征。

表13.1

在gridSVG包中可用的SVG特殊效果函数。在每种情形下，有一个函数定义效果，还有一个函数应用该效果到grid绘图元件中

效果	定义	应用
线性渐变	linearGradient()	grid.gradientFill()
径向渐变	radialGradient()	grid.gradientFill()
剪切路径	clipPath()	grid.clipPath()
滤镜	filterEffect()*	grid.filter()
不透明遮罩	mask()	grid.mask()
模式填充	pattern()	grid.patternFill()

*滤镜效果由一个或多个滤镜定义，比如由feGaussianBlur()函数定义的高斯模糊滤镜。

值得强调的一个事实是，应用 SVG 特殊效果的函数必须通过名称识别 grid 绘图元件。从某种意义上讲这是一件好事，因为我们能够定位一个特殊效果到图像的某一部分，而且可以在图像绘制完成后应用特殊效果。另外，为了函数能工作，我们需要对图像中的绘图元件命名。幸运的是，像 lattice 和 ggplot2 包都可以在它们创建的任何图像中的大部分绘图元件上完成这一合理的工作。然而，我们不能保证由其他人的代码创建的绘图元件也能合理命名，这种情况下应用 SVG 特殊效果到图像的正确部分可能有一定的困难。

13.2 SVG高级特征

这一节通过几个例子展示表 13.1 中的每种 SVG 特效。

13.2.1 渐变填充

除了上一节介绍过的线性渐变填充，我们还可以创建和应用径向渐变填充。radialGradient() 函数用来描绘填充而 grid.gradientFill() 用来填充一个或几个绘图元件。

径向渐变由一系列渐变的颜色集合加上集合中每种颜色的位置定义。下面的代码展示了一种最简单的情形，其中有一种颜色到另一种的渐变（本例中是从白到黑），形状的中心填充第一种颜色，形状的边缘填充第二种颜色。填充的形状是矩形（见图 13.4）。

```
> grid.rect(name="r1")
> rg1 <- radialGradient(c("white", "black"))
> grid.gradientFill("r1", rg1)
```

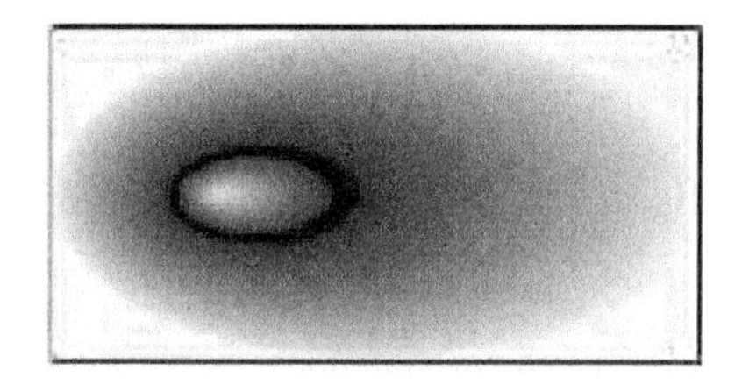

图13.4

左边是一个简单的从白到黑径向变化的矩形；右边是一个更复杂的径向渐变，从白到黑再回到白，渐变焦点偏向左侧，第一次变化快于第二次变化下一个例子展示稍微复杂一点的径向渐变。这次我们用3种颜色变化（白黑白），并且设置中心左边为渐变“焦点”。我们还指定第一次从白到黑的变化发生在从中心到边缘距离的前四分之一处，而且从黑回到白的变化更慢一些。最后结果是一种有偏的渐变，仍在矩形中变化（见图13.4）。

```
> grid.rect(name="r2")
> rg2 <- radialGradient(c("white", "black", "white"),
                        stops=c(0, .25, 1),
                        fx=.25, fy=.5)
> grid.gradientFill("r2", rg2)
```

在上面两个例子中，我们通过对grid.gradientFill()函数的第一个参数命名绘图元件，应用径向渐变到一个具体的绘图元件中。还可以通过指定grep=TRUE把第一个参数作为一个正则表达式，还可以通过指定global=TRUE允许填充对多个绘图元件起作用。

13.2.2 模式填充

填充形状的另一种方式是模式填充。这由pattern()函数创建并用grid.patternFill()函数应用到一个或多个绘图元件上。

一种模式基于一个grid绘图元件，例如下面的代码定义一种基于圆形的模式。

```
> dots <- pattern(circleGrob(r=.3, gp=gpar(fill="black")))
```

当一种模式填充应用到另一个绘图元件中时，模式被重复用于填充。我们称基本模式为一块“瓷砖块（tile）”，模式定义包括如何重复该瓷砖块以填充形状。默认地，瓷砖块开始于形状的左下角并且每个方向重复10次来填充形状（见图13.5）。

```
> grid.rect(name="r1")
> grid.patternFill("r1", dots)
```

下面的代码定义了不同的模式，仍然基于简单的圆形，但是模式从填充形状的中心开始，并且以固定的 1 厘米间隔填充（见图 13.5）。

```
> dotgrid <- pattern(circleGrob(r=.3, gp=gpar(fill="black")),
                     x=.5, y=.5,
                     width=unit(1, "cm"), height=unit(1, "cm"))
> grid.rect(name="r2")
> grid.patternFill("r2", dotgrid)
```

图13.5

左边是一个基于圆的模式填充的矩形，其中模式从矩形左下角开始，每个方向重复 10 次。右边也是一个基于圆的模式填充的矩形，但这次模式开始于矩形的中心且每隔 1 厘米重复一次

模式的定义不必仅仅基于单个简单的绘图元件。例如，下面的代码创建了一种模式填充，它是基于灰色矩形和白色圆形的一个组合。将这种模式应用到填充矩形中的结果如图 13.6 所示。

```
> c <- circleGrob(r=.25, gp=gpar(col=NA, fill="white"))
> r <- rectGrob(x=c(1, 1, 3, 3)/4, y=c(1, 3, 3, 1)/4,
                width=.3, height=.3,
                gp=gpar(col=NA, fill="grey"))
> p <- pattern(gTree(children=gList(r, c)),
               x=.5, y=.5,
               width=unit(2, "cm"), height=unit(2, "cm"))
> grid.rect(name="r3")
> grid.patternFill("r3", p)
```

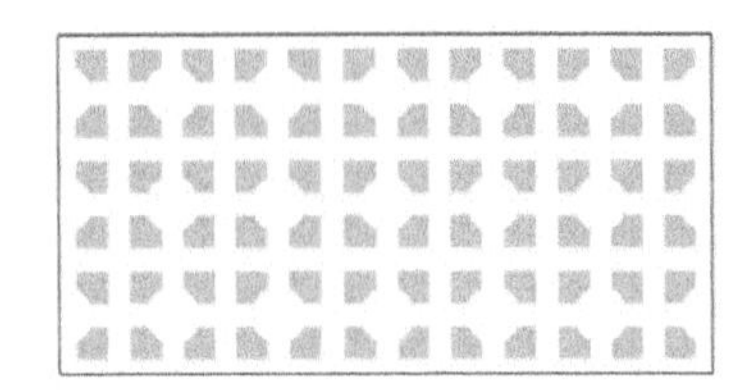
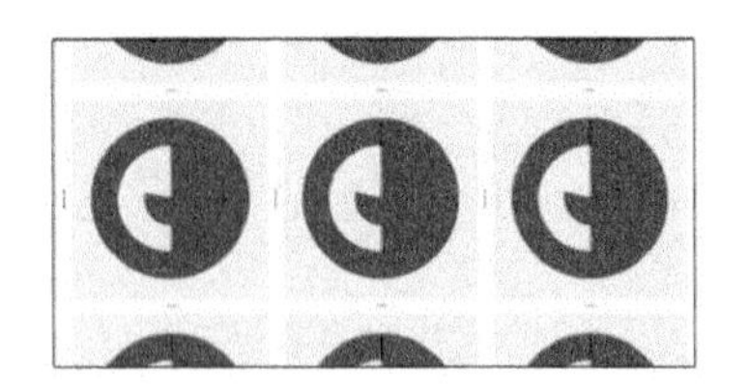

图13.6

左边是一个基于组合绘图元件的模式填充（在4个灰色矩形上部的一个白色圆形）。右边是基于ggplot2图形的一种模式填充

仅为了展示这种方法的一般性，下面的代码使用一个ggplot2图形作为填充模式的基础（见图13.6）。

```
> library(ggplot2)
> cxc <- ggplot(mtcars, aes(x = factor(cyl))) +
         geom_bar(width = 1, colour = "black") +
         coord_polar(theta = "y")
> gg <- ggplotGrob(cxc)
> p <- pattern(gg, x=.5, y=.5,
               width=unit(4, "cm"), height=unit(4, "cm"))
> grid.rect(name="r4")
> grid.patternFill("r4", p)
```

13.2.3 滤镜

滤镜是一种可以用于绘图元件的绘图操作。滤镜通过调用 filterEffect() 函数来定义，它包括调用特定滤镜效果函数如 feGaussianBlur()，然后通过调用 grid.filter() 函数进行应用。

下面的代码展示了简单的滤镜效果，它把高斯模糊效果应用在一个矩形中（见图13.7）。

```
> feSimple <- filterEffect(feGaussianBlur(sd=3))
> grid.rect(name="r1", width=.8, height=.8)
> grid.filter("r1", feSimple)
```

图13.7

左边是一个应用了高斯模糊滤镜的矩形（所以边界变得模糊）。右边是一个应用了更复杂滤镜效果的矩形。滤镜处理了原始矩形，向下向右补充了一部分，提取了矩形的不透明部分（即整个矩形，因为它由白色填充），模糊了操作结果，然后在上部组合了原始矩形。最终结果是带阴影效果的矩形

接下来的代码介绍了一种更复杂的滤镜效果，它是几个滤镜的组合。经滤镜处理后的图像又是一个简单矩形。首先，第一个滤镜提取原始图像的透明通道（alpha channel）（因为原始图像是不透明的，即整个矩形），然后向下向右补充，这个滤镜的结果被赋予标签“offOut”。而后第二个滤镜提取“offOut”滤镜结果然后对其模糊化，这个滤镜的结果被赋予标签“gaussOut”。第三个滤镜组合原始图像（矩形）和“gaussOut”滤镜结果从而产生最后的结果，即一个带阴影效果的矩形（见图13.7）。

```
> offset <- feOffset("SourceAlpha", result="offOut",
                     dx=unit(2, "mm"), dy=unit(-2, "mm"))
> blur <- feGaussianBlur("offOut", sd=3, result="gaussOut")
> blend <- feBlend("SourceGraphic", "gaussOut")
> feComplex <- filterEffect(list(offset, blur, blend))
> grid.rect(name="r2", width=.8, height=.8,
            gp=gpar(fill="white"))
> grid.filter("r2", feComplex)
```

表13.2列出了gridSVG支持的所有滤镜效果集合。

表13.2

gridSVG支持的滤镜效果集合

滤镜	描述
feBlend	把两个对象混合到一起
feColorMatrix	对颜色值应用矩阵变换
feComponentTransfer	颜色分量重新映射

续表

滤镜	描述
feComposite	使用 Porter-Duff 运算组合图形
feConvolveMatrix	应用矩阵卷积滤镜效果
feDiffuseLighting	使用透明通道照亮图像，使其成为一个凹凸贴图
feDisplacementMap	从滤镜输入移除像素值
feDistantLight	创建一个远距离光源
feFlood	创建并填充一个矩形区域
feGaussianBlur	对图像应用高斯模糊效果
feImage	绘制一幅参考图
feMerge	把图层组合到一起
feMorphology	对作品变形
feOffset	相对当前位置补偿输入图像
fePointLight	创建一个点光源
feSpecularLighting	使用透明通道照亮图像，使其成为一个凹凸贴图
feTile	以输入图像的瓷砖块模式填充一个矩形
feTurbulence	使用 Perlin 湍流函数创建图像

13.2.4 剪切路径

标准 R 绘图允许剪切图像输出，但仅针对矩形区域。在 gridSVG 中，我们能以任意路径剪切。

一个剪切路径可以用 clipPath() 函数定义，然后用 grid.clipPath() 函数把剪切应用到绘图元件上。类似于模式填充，剪切路径是基于 grid 绘图元件的。例如，下面的代码绘制一个带线性渐变填充的矩形（如同图 13.3），然后基于圆形应用剪切路径（见图 13.8）。

```
> grid.rect(name="r1")
> grid.gradientFill("r1", gradient)
```

```
> cp <- clipPath(circleGrob())
> grid.clipPath("r1", cp)
```

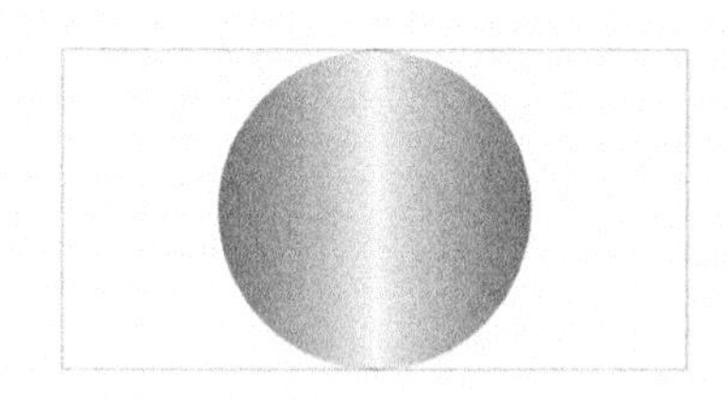
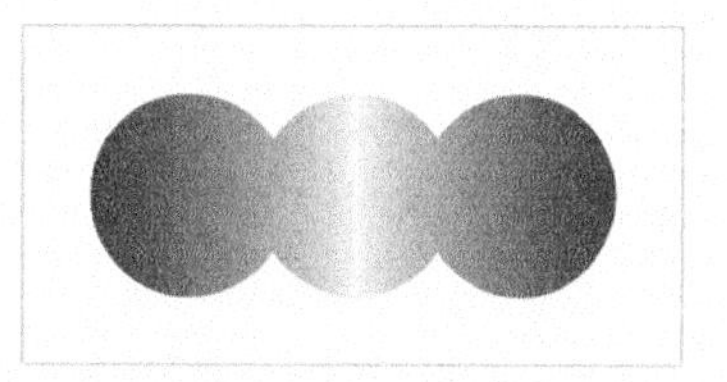

图13.8

左边是一个带线性渐变填充的矩形（如同图 13.3），使用圆形作为剪切路径进行了剪贴。右边是相同的矩形，使用 3 个重叠的圆形作为剪切路径进行了剪贴

下面的代码展示了剪切路径可由多于一个形状组成。这个例子中，剪切路径有 3 个重叠的圆形定义，最终的剪切路径是 3 个圆形的组合（见图 13.8）。

```
> grid.rect(name="r2")
> grid.gradientFill("r2", gradient)
> cp <- clipPath(circleGrob(x=1:3/4, r=.3))
> grid.clipPath("r2", cp)
```

13.2.5　遮罩

遮罩类似于剪切，因为它允许我们剔除图像的某一部分。然而，剪切仅描绘了要丢弃的图像的外部轮廓，而遮罩可以设置剔除的程度。

遮罩本身是一个包含白、黑和灰色成分的图像。当遮罩应用到另一幅图像中时，当遮罩是白色时，被遮盖的图像得以保留；当遮罩是黑色时，被遮盖的图像被丢弃；当遮罩是灰色时，被遮盖的图像变成半透明。

遮罩由 `mask()` 函数定义，并由 `grid.mask()` 函数应用到绘图元件上。下面的代码展示了一个简单的例子，遮罩是在黑色背景上的 3 个白色圆形集，它被应用到带有线性渐变填充的矩形中。结果与上一节的第二个剪切的例子完全相同（见图 13.9）。

```
> circlesOnBlack <-
      gTree(children=gList(rectGrob(gp=gpar(fill="black")),
                           circleGrob(x=1:3/4, r=.3,
                                      gp=gpar(col=NA,
                                              fill="white"))))
> m <- mask(circlesOnBlack)

> grid.rect(name="r2")
> grid.gradientFill("r2", gradient)
> grid.mask("r2", m)
```

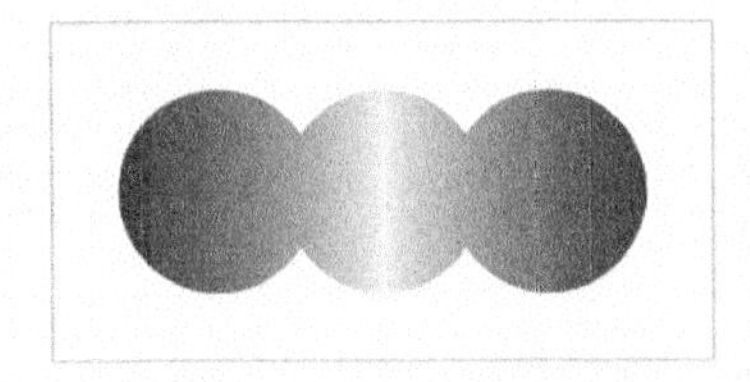

图13.9

黑白遮罩的应用。左边是遮罩本身（黑色背景上的3个重叠的白色圆形），右边是一个带有线性渐变填充的矩形，应用了前面的遮罩。只有遮罩是白色的填充矩形部分才是可见的

下面的代码创建了一个更复杂的遮罩。在这个例子中，我们使用线性渐变填充的矩形作为遮罩，然后应用这个遮罩到带有黑色背景的3个白色圆形上。此处遮罩是灰色的，被遮盖的图像变成了半透明（见图13.10）。

```
> grayGradient <-
      gTree(children=gList(gradientFillGrob(rectGrob(),
                                            gradient)))
> m <- mask(grayGradient)

> masked <- maskGrob(circlesOnBlack, m)
> grid.draw(masked)
```

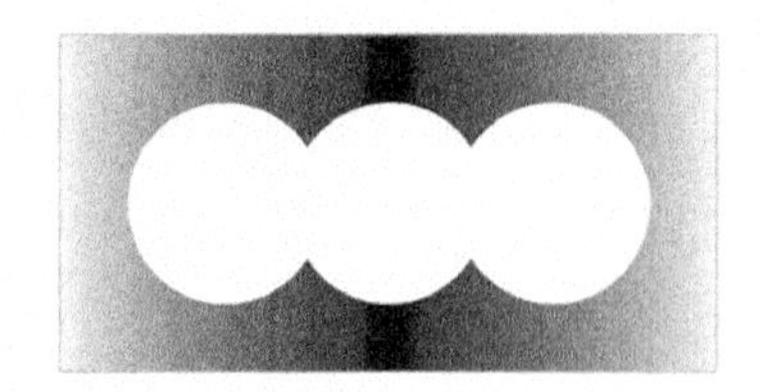

图13.10

灰度遮罩的应用。左边是遮罩本身（灰度线性渐变填充的矩形），右边是一个带有黑色背景的3个白色圆形集合，这几个白色圆形应用了前面的遮罩。当遮罩是白色时，圆形和黑色背景是不透明的；当遮罩是黑色时，圆形和黑色背景是半透明的

13.3　SVG绘图背景

除了应用特征到具体的grid绘图元件，向当前绘图背景添加剪切路径或不透明遮罩，从而使其影响所有后续的绘图也是可能的。这是 pushCilpPath() 和 pushMask() 函数的目的。这些函数类似于调入grid视图，因为它们影响绘图背景，但仅影响当前视图。函数运行后的剪切路径和不透明遮罩到下次调用 popViewport() 函数就不再起作用。我们还可以调用 popClipPath() 或者 popMask() 或者 popContext() 函数来恢复绘图背景，而不用离开当前视图。

下面代码与生成图13.8的左图的 grid.clipPath() 例子是完全等同的。在原始例子中，我们先绘制矩形，接着填充它，然后对其应用剪切路径。这一次，我们强制执行剪切路径，然后绘制矩形并填充它（然后结束剪切路径）。后一种情形的不同之处在于我们可以在函数 pushClipPath() 和 popClipPath() 调用之间绘制多个矩形。

```
> pushClipPath(path)
> grid.rect(name="r")
> grid.gradientFill("r", gradient)
> popClipPath()
```

13.4　SVG定义

剪切路径、不透明遮罩、滤镜、渐变填充以及模式填充都可以称为SVG定义。在使用这

些定义时包括 3 个步骤：创建定义、注册定义以及应用定义。目前为止的例子中，我们只碰到第一步和第三步，注册的步骤已经被自动处理了。例如，我们使用 linear.Gradient() 创建一个线性渐变填充定义，用 grid.gradientFill() 函数来应用这个线性渐变填充。

我们可以在使用诸如 registerGradientFill() 或 registerClipPath() 函数前显式地注册定义。这么做的原因之一是为了效率，因为在 SVG 文件中注册仅记录定义一次，这可以减少 SVG 文件的大小。如果我们不注册定义，当每次我们使用定义时，它都会有一个复制添加到 SVG 文件中。显式注册定义的第二个原因是注册步骤即为定义的含义被解释的过程。为了展示注册的概念，我们考虑之前介绍过的线性渐变。可以看到这个渐变是从（0，0.5）位置的黑色光滑过渡到（1,0.5）位置的白色。

```
> gradient <- linearGradient(c("black", "white", "black"),
                             x0=0, y0=.5, x1=1, y1=.5)
```

这些位置的含义是什么？默认的是，0 是填充对象的左侧点，1 是右侧点，但是，正如在本章开始所展示的例子（见图 13.1）那样，我们还可能希望利用一个相对于页面或整个图形定义的渐变填充几个对象。

为了得到后一种效果，我们不得不改变两件事情。首先，我们必须指定我们要用来描述渐变填充的坐标系。我们利用 gradientUnits 参数完成这一点，该参数可以取“bbox”（默认值）或者“coords”值。我们将通过如下一系列例子来展示这个差异。

下面的代码定义一个从黑到白再回到黑的线性渐变，始于（0，0.5）位置，终于（1,0.5）位置，此处这些位置是相对被填充对象（默认）的边界框而言的。

```
> gradientBBox <- linearGradient(c("black", "white", "black"),
                                 gradientUnits="bbox",
                                 x0=0, y0=.5, x1=1, y1=.5)
```

下面的代码中，我们应用填充到两个矩形上，因为渐变是相对每个矩形而言的，所以这两个矩形以相同的方式填充（见图 13.11）。

```
> grid.rect(1:2/3, 1:2/3, width=1/3, height=.2, name="r2")
> grid.gradientFill("r2", gradientBBox)
> grid.export()
```

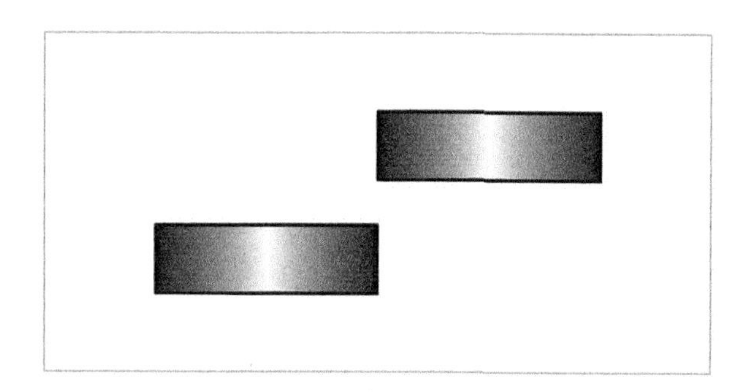

图13.11

以线性渐变填充的两个矩形，渐变是相对被填充对象的边界框定义的；两个矩形以相同的方式填充

如果我们定义相同的渐变填充，但是设置 gradientUnits="coords"，那么这个渐变填充是相对于整个页面而不是填充对象的边界框而定义的。

```
> gradientPage <- linearGradient(c("black", "white", "black"),
                                 gradientUnits="coords",
                                 x0=0, y0=.5, x1=1, y1=.5)
```

如果我们以这种渐变填充方式填充两个独立的矩形，那么这两个矩形基于它们在页面的位置而以不同的方式填充（见图 13.12）。

```
> grid.rect(1:2/3, 1:2/3, width=1/3, height=.2, name="r2")
> grid.gradientFill("r2", gradientPage)
> grid.export()
```

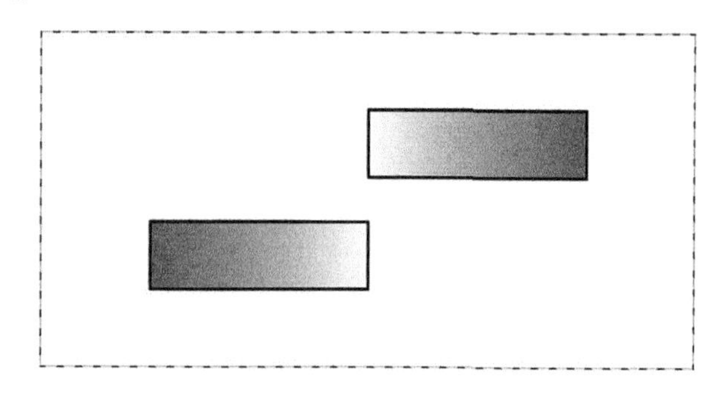

图13.12

两个以相对于整个页面（如虚线矩形所表示的）定义的线性渐变填充方式填充的两个矩形；每个矩形基于它所在页面的位置以不同的方式填充

最后，如果我们使用 gradientFill="coords" 定义一个渐变填充，当渐变填充被注册时，需要计算定义中的位置，这意味着我们可以控制渐变填充定义在页面中的位置（即，在绘图区域而不是在整个页面）。例如，下面的代码将重用上面的 pageGradient。然而，我们首先调入一个视图，该视图仅占据中间三分之一的页面（绘制一个虚线矩形来显示视图所在页面的位置，见图 13.13）。然后调用 registerGradientFill() 显式注册渐变填充，这意味着渐变填充定义在整个中部三分之一的页面上。然后两个独立的矩形以渐变方式填充，两个矩形的填充结果是不同的（因为它们在页面的不同位置上），并且与前一个例子也不同（因为渐变填充不是定义在整个页面上）。在调用 grid.gradientFill() 时，不像前一个例子提供一个渐变填充对象，我们通过标签识别一个注册的渐变填充（在这个例子中是 "g"）。最终结果如图 13.13 所示。

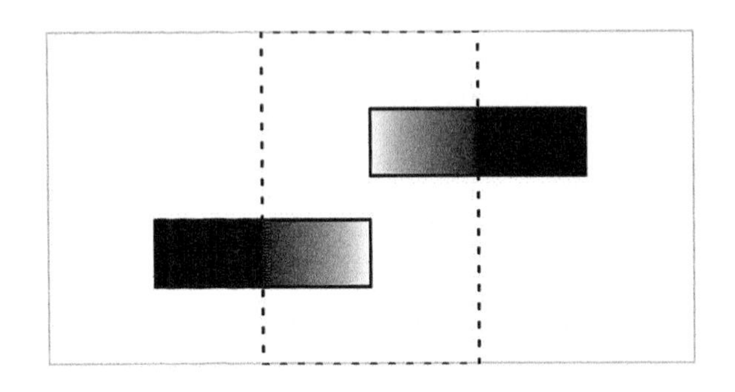

图13.13

两个以相对于页面中心三分之一位置（如虚线矩形所表示的）的视图定义的线性渐变填充方式填充的两个矩形；每个矩形基于它相对于视图所在的位置以不同的方式填充

在页面中心三分之一位置以外的地方，渐变填充仍保持黑色（渐变填充边缘处的值），但是这个行为可以通过 linearGradient() 函数中的 spreadMethod 参数控制。

```
> pushViewport(viewport(width=1/3, name="vp"))
> registerGradientFill("g", gradientPage)
> upViewport()
> grid.rect(1:2/3, 1:2/3, width=1/3, height=.2, name="r2")
> grid.gradientFill("r2", label="g")
> grid.export()
```

13.5 离屏绘制

grid.export()函数通过导出所有当前绘图设备到一个SVG文件的方式发挥作用。这需要我们首先在标准R绘图设备中绘制输出，例如在屏幕上绘制，然后再调用grid.export()函数。

gridsvg()函数提供了一种不同的工作方式。我们可以像任何其他R绘图设备（如pdf()）一样使用这个函数，以打开一个gridSVG绘图设备，然后在屏幕上不绘制任何内容；我们只在调用dev.off()来关闭gridSVG设备时通过保存SVG文件来结束。

不生成外部SVG文件也是可能的。如果我们把grid.export()函数的参数name设置为NULL，那么就不会生成SVG文件，而是返回一个列表，其中第一个元素是SVG代码在内存中的表示。这个对象是一个来自包XML的"XMLInternalNode"，它可以用来精细调整原始的SVG代码（使用XML包的其他函数）。例如，下面的代码在屏幕上不会绘制任何内容，但是会为图像生成SVG代码，然后从SVG代码中提取<circle>元素。

```
> pdf(NULL)
> grid.circle()
> svg <- grid.export(NULL)$svg
> dev.off()

> library(XML)
> getNodeSet(svg, "//svg:circle",
             namespaces=c(svg="http://www.w3.org/2000/svg"))

[[1]]
<circle id="GRID.circle.469.1.1" cx="252" cy="252" r="252"/>

attr(,"class")
[1] "XMLNodeSet"
```

本章的大部分例子都关注以具体的名称绘制grid绘图元件，然后通过指定绘图元件名称选择修改哪一个绘图元件。正如标准 grid 函数一样，有一些 grid.* 函数的 *Grob 版本，所以我们也可以直接对绘图元件进行离屏操作。例如，下面的代码创建了一个矩形绘图元件，但不画出它，然后对其添加渐变填充效果，最后绘制渐变填充的矩形。

```
> rect <- rectGrob()
> rectFilled <- gradientFillGrob(rect, gradient)
> grid.draw(rectFilled)
```

13.2.5 节也有一个这种方法的例子。

13.6 SVG字体

在 R 绘图中，我们可以为一段文本指定一种字体。例如，在 grid 绘图系统中，我们通过调用 gpar() 函数为 fontfamily 参数赋值来做到这一点，如下所示。

```
> grid.text("hello", gp=gpar(fontfamily="serif"))
```

在 SVG 图像中，因为 SVG 在网页中使用，这些网页又可以在许多不同的机器上浏览，所以我们无法确定浏览器上有什么字体，因此为一段文本指定一个字体列表是可能的。无论是什么软件用来浏览 SVG 文件，它们将依次查找字体列表直到发现一种可以用的字体为止。下面的 SVG 代码展示了一个例子，如果软件安装了 Helvetica 字体的话就使用 Helvetica，如果安装了 Arial 字体就使用 Arial，否则，就使用通用无衬线字体。

```
<text style="font-family: Helvetica, Arial, sans-serif">
    hello
</text>
```

gridSVG 包称这个字体列表为字体栈（font stack），并提供函数定义不同的字体栈。当我们导出包含文本的 R 图片时，为文本指定的字体族用来选择字体栈，该字体栈生成 SVG 文件中的字体列表。

有 3 种可用的字体栈，`getSVGFonts()` 函数返回当前的设置。

```
> stacks <- getSVGFonts()
> stacks

$sans
[1] "Helvetica"       "Arial"           "FreeSans"
[4] "Liberation Sans" "Nimbus Sans L" "sans-serif"

$serif
[1] "Times"
[2] "Times New Roman"
[3] "Liberation Serif"
[4] "Nimbus Roman No9 L Regular"
[5] "serif"

$mono
[1] "Courier"      "Courier New"  "Nimbus Mono L"
[4] "monospace"
```

`setSVGFonts()` 函数可以用来修改字体栈。下面的代码利用字体栈以及前几节的一些思想来创建使用手写体 Google 字体的 SVG 图像。

第一步是定义一个自定义字体栈。如果可用的话，字体栈使用 Google 字体“Satisfy”，或者任何其他可用的衬线字体。

```
> stacks$serif <- c("Satisfy", "serif")
> setSVGFonts(stacks)
```

现在我们绘制一张包含文本的图像，并指定“serif”字体族，这意味着 serif 字体栈将被使用。我们离线绘制并仅为这一图像抓取 SVG 输出。

```
> pdf(NULL, width=2, height=1)
> grid.text("hello", gp=gpar(fontfamily="serif"))
> svg <- grid.export(NULL)$svg
> dev.off()
```

接下来，我们添加一个节点到SVG输出，以确保浏览SVG的网页浏览器能找到Google字体。

```
> root <-
      xmlRoot(svg, "svg:svg",
              namespaces=c(svg="http://www.w3.org/2000/svg"))
> url <-
      "url('https://fonts.googleapis.com/css?family=Satisfy');"
> styleNode <-
      newXMLNode("style",
                 attrs=c(type="text/css"),
                 paste("@import", url))
> invisible(newXMLNode("defs", styleNode, parent=root))
```

最后一步是将修改的SVG代码写到一个文件中。最后的图像如图13.14所示。

```
> saveXML(root, "Figures/export-fonts.svg")

[1] "Figures/export-fonts.svg"
```

hello

图13.14

由gridSVG生成的SVG图像，其中文本使用了Google字体（“Satisfy”）

在 gridSVG 输出中处理字体的一个问题是文本的精确位置在非标准字体下将不再准确，因为 R 用来定位文本的字体量度不必与在最终屏幕上浏览的字体的字体量度一致。

13.7　导出基础绘图图形

虽然，正如名字所暗示的，gridSVG 在导出 grid 输出方面是有局限的，但 gridGraphics 包允许我们把任何基础绘图输出转换为 grid 输出，所以我们可以有效地输出任何 R 绘图。

下面的代码展示了其中包含的步骤。首先，我们绘制一个基础绘图图形……

```
> plot(mpg ~ disp, mtcars)
```

……然后我们转换基础绘图图形到 grid 绘图……

```
> library(gridGraphics)
> grid.echo()
```

……接着，或许在对绘图元件添加特殊的 SVG 特征之后，我们将绘图图形导出为 SVG 文件……

```
> library(gridSVG)
> grid.export()
```

13.8　导出其他格式的图形

gridSVG 包的一个主要局限是它只能生成 SVG 输出。对于包含网页图像或者一般的 HTML 文档来说，SVG 确实是一种优秀的图形格式，但是对由 LATEX 文档生成的 PDF 报告中包含的图像来说，它就不合适了。

如果我们希望生成包含 SVG 特殊效果的 R 图形，但是是以其他格式生成，比如 PDF，我们需要将从 `grid.export()` 生成的 SVG 转换为我们需要的格式。幸运的是，有几个程序可以完成这个转换，虽然结果的质量可能因程序不同而有所差异。例如，有些程序在转换带有特殊效果（如渐变填充）的 SVG 文件到 PDF 文件时会生成光栅结果。

Inkscape 对上述任务来说也是一个很好用的程序，而且还有一个额外的好处是它在 Windows 和 Linux 下都是可用的。在 Linux 下，对这一任务写代码还是相对直接的，它允许在自动的工作流（workflow）中包含这一转换。这本书的打印版本恰好就有这个问题，用类似下面代码的方式解决了这一问题。

```
> system("inkscape --export-pdf=output-file.pdf input-file.svg")
```

另外一个选择是使用“headless”浏览器，如下面的代码所示。

```
> system("chromium-browser --headless
           --print-to-pdf input-file.svg")
```

13.9 导出导入的图像

11.3.2 小节介绍了把 SVG 图像导入到 R 中的 grImport2 包。这个包的一个特征是它能导入 SVG 图像，SVG 图像包含标准 R 绘图所不支持的特征。

gridSVG 包可以与 grImport2 组合用来生成 SVG 输出，SVG 输出包含 R 本身不能渲染的导入图像。这一思想的例子在图 11.14 中已经展示过了。

本章小结

gridSVG 包将 grid 输出导出为 SVG 输出。这一超出标准 SVG 绘图设备的好处是可以把高级 SVG 特征添加到图像中并输出。这些特征包括渐变填充、模式填充、滤镜、剪切路径以及遮罩。基础绘图输出可以通过利用 gridGraphics 包首先转换为 grid 输出而被导出。